安全工程生产实习教程（矿冶类）

黄志安　张英华　主编

科学出版社
北　京

内 容 简 介

本书系统地介绍金属矿采矿、选矿、冶炼等处理过程中的危险有害因素的辨别和分析，并提出针对性的安全管理措施和应急预案；同时还详细地介绍煤矿的“一通三防”技术、矿山救护和避难硐室的相关内容。目的是使学生在对金属矿和煤矿的生产过程全面熟悉的基础上，重点对安全生产管理和安全防护等方面深入学习和实践。

本书适用于高等院校矿冶类安全工程专业本、专科生教学，也可供研究生和安全相关专业技术人员作为参考书使用。

图书在版编目(CIP)数据

安全工程生产实习教程．矿冶类/黄志安，张英华主编．——北京：科学出版社，2016.1

ISBN 978-7-03-046501-6

Ⅰ.①安… Ⅱ.①黄…②张… Ⅲ.①安全工程－生产实习－教材②矿业工程－安全工程－教材③冶金－安全工程－教材 Ⅳ.①X93②TD7③TF088

中国版本图书馆CIP数据核字(2015)第281724号

责任编辑：李 雪／责任校对：薛 静
责任印制：徐晓晨／封面设计：天佑书香

科学出版社 出版
北京东黄城根北街16号
邮政编码：100717
http://www.sciencep.com

北京九州迅驰传媒文化有限公司 印刷

科学出版社发行 各地新华书店经销

*

2016年1月第 一 版 开本：787×1092 1/16
2016年1月第一次印刷 印张：14
字数：322 000

定价：68.00元

（如有印装质量问题，我社负责调换）

前　言

安全工程专业实践教学体系包括课程实验、实习实践、毕业设计、科技创新等内容，其中实习实践是安全工程专业实践教学体系的重要组成部分，本教材是为安全工程实践教学而编写的。通过实习，学生可以熟悉矿山和冶金行业的安全生产工艺以及为达到安全生产而采取的相关措施。将课堂和实践相结合，可以增加学生对生产现场的感性认识，为后续课程的学习和毕业以后所从事的工作奠定基础，充分激发学生学习的积极性和主动性。

编者在参考国内外的矿山安全和冶金安全文献的基础上，结合国内的实际生产过程和自己的实践教学经验及科研成果，编写了本教材，以期能够为安全工程的实践教学提供一定的参考。本教材的编写与出版得到了北京科技大学十二五规划教材建设基金的资助。

本教材主要包括金属矿山及冶金和煤矿矿山两大部分实习内容。金属矿山及冶金主要包括露天矿、选矿厂、球团厂、烧结厂、炼铁厂、炼钢厂、轧钢厂和焦化厂八大板块的简要的生产工艺介绍、危险因素分析、安全管理措施和应急救援预案等；煤矿矿山主要包括对“一通三防”的前后因果分析和综合防治技术、矿山救护和紧急避险等内容。

本教材由黄志安、张英华担任主编，高玉坤、高娜担任副主编。参加编写工作的人员如下：黄志安编写第 1 章和第 2 章，张英华和高玉坤共同编写第 3 章，杜翠凤和刘双跃共同编写第 4 章，冯彩云和高娜共同编写第 5 章。同时研究生宋守一、孙倩、刘芳喆和杨飞同学也参与了校样工作。本教材是在首钢矿业公司、首钢股份公司迁安钢铁公司、迁安首钢焦化有限责任公司、开滦（集团）有限责任公司唐山矿业分公司实习基地进行生产实习时总结出来的，实习基地的各级领导和工程师给予了大力的协助和支持，在此表示衷心感谢！

由于编者水平有限，书中不足之处在所难免，恳请读者批评指正！

编者

2015 年 9 月

目　　录

第 1 章　实习概论…… 1
1.1　实习目的 …… 1
1.2　实习要求 …… 1
1.3　实习方式和进度安排 …… 2
1.4　考核的内容和方式 …… 2
第 2 章　露天矿开采、选矿厂、球团厂、烧结厂…… 4
2.1　单位简介 …… 4
2.2　露天矿开采实习内容 …… 4
2.3　选矿厂实习内容…… 16
2.4　球团厂实习内容…… 59
2.5　烧结厂实习内容…… 70
第 3 章　钢铁厂 …… 86
3.1　高炉炼铁的工艺流程及主要设备…… 86
3.2　高炉炼铁过程危险及有害因素分析…… 89
3.3　安全管理…… 93
3.4　炼铁厂应急救援预案…… 96
3.5　炼钢厂实习内容 …… 106
3.6　轧钢厂实习内容 …… 131
第 4 章　焦化厂…… 151
4.1　工艺流程及主要设备 …… 151
4.2　危险及有害因素分析 …… 153
4.3　安全对策措施 …… 155
4.4　安全管理 …… 159
4.5　应急救援预案 …… 165
第 5 章　煤矿安全…… 176
5.1　矿井通风系统 …… 176
5.2　瓦斯防治情况 …… 177
5.3　火灾防治情况 …… 187
5.4　粉尘防治情况 …… 189
5.5　矿山救护 …… 192

5.6 井下避险系统——避难硐室 …… 196
参考文献 …… 214
附表　实习日志 …… 216
索引 …… 217

第1章

实习概论

【本章要点】

安全工程生产实习是将所学的安全生产知识运用到实际的操作过程，安全生产实习教程可以为实习提供系统详尽的指导。本章主要介绍生产实习的目的和要求、实习的方式和安排，以及如何对实习进行考核等相关内容。

1.1 实习目的

生产实习是学生将所学的专业知识与实际生产相结合的一次实践活动，主要目的如下。

(1)通过生产实习巩固和扩展所学的知识与技能。

(2)运用所学的知识观测、调查、分析工矿企业在生产过程中存在的危险有害因素、安全对策措施、安全管理技术和方法。

(3)在实践中继续学习，增加实践知识，并对未来学习和工作的内容有更进一步的了解。

(4)学习现代化企业的生产方式和先进的安全管理模式及经验，了解现场技术人员的工作情况和对技术人员的要求，增强学习知识的自觉性。

(5)锻炼学生独立工作能力和从事科学研究的能力，为进一步学习本专业的课程建立感性认识。

(6)通过生产实习，能培养学生热爱安全工程专业，立志为国家的安全事业勤奋学习、奋斗终生的思想。

1.2 实习要求

生产实习要求学生在掌握进入工矿企业安全常识的前提下，应充分深入现场，全面熟悉工矿企业的各项安全技术和管理业务，并按生产实习大纲要求编写生产实习报告，具体要求如下。

(1)指导教师对实习工作全面负责。工作中应积极争取实习地点的领导及有关人员的支持，调动学生的积极性，做好学生的思想工作和技术内容指导。督促学生完成实习任务，并根据学生的实习态度、遵守纪律情况、独立工作能力和实习效果评价学生成绩。

(2)遵纪守法，注意实习和路途中的安全。

(3)发扬团结友爱、互帮互助的精神，搞好团结，为顺利完成实习任务营造良好的实习氛围。

(4)要虚心向现场工程技术人员及工人学习请教。

(5)学生要培养独立工作能力，以及独立思考、分析、研究问题的能力。

(6)在实习结束时，必须完成实习大纲所要求的实习内容，提交实习报告。

(7)学生在实习中违反纪律，不服从指挥，视情节轻重及本人态度按校规处理。

1.3 实习方式和进度安排

1. 实习方式

1)统一组织

安全工程的实习由学校统一组织安排，学生在老师的带领和指导下，到实习基地进行现场考察、实地调研、信息采集、归纳总结和提高认识。在实习的过程中老师主要起引导作用，启发学生的思维思考能力，培养和增强学生的动手能力，让学生主动地去发现去学习，提高解决实际问题的综合能力。

2)分组进行

为了培养学生的团结协作能力，按照每组 8～10 人的规模，将学生分成几个小组，同时设组长 1 名，并以小组为单位完成实习的讨论和学习任务。

2. 进度安排

实习时间共计 4 周，具体时间分配如下。

(1)实习动员看录像：1 天。

(2)金属矿山实习地：13 天(包括路途时间)。

(3)煤矿矿山实习地：3 天(包括路途时间)。

(4)收集资料和编写实习报告：3 天。

具体进度应事先与实习矿井有关人员商定后确定。

1.4 考核的内容和方式

1. 考核的内容

(1)对实习厂矿工艺流程及主要设备的了解情况。

(2)对实习厂矿危险和有害因素及产生原因的分析情况。

(3)对实习厂矿发生安全生产事故及职业危害的控制对策措施的掌握程度。

(4)对实习厂矿安全管理及存在问题的了解情况。

(5)对实习厂矿收集应急救援预案及其内容的了解情况。

(6)学生独立从事工作能力的考察。

(7)实习报告是否独立认真编写，内容是否正确、完备和真实。

(8)实习纪律的遵守情况及实习态度是否端正。

2. 考核的方式

实习成绩评定分三部分，即平时成绩、实习日志、实习报告。

1)平时成绩

平时成绩包括按时参加实习队组织的各项活动，实习中的态度，提出问题的多少，讨论时发言的情况，遵守纪律情况等。

2)实习日志

实习日志是学生每天实习活动结束后，对当天的实习内容进行概括总结、形成认识的一项成果。现场考察中，学生对所见所闻可能会因为各自的知识储备、时间限制等原因，不能形成全面系统的见解。为了使实习活动得到较好的效果，就需要一个思考、总结、归纳提升的过程，写实习日志正好可以达到这个目的。实习日志要求学生要有自己的独立见解，不可抄袭，一般以800字左右为宜(具体格式见附表)。

3)实习报告

实习报告是学生在实习活动结束之后对自己的实习内容的一个总结、分析和概括。编写实习报告是一个把平时课堂知识运用到实际的过程，是对实习内容系统化、巩固和提高的过程。

实习结束后学生按照生产实习大纲的内容要求，对生产实习的全过程进行分析总结，报告的内容要求如下：①整个生产实习的安排；②实习厂矿的概况；③实习厂矿的主要内容；④实习工作中的主要收获、体会、总结及合理化建议；⑤对生产实习的安排，实习领导工作和实习指导工作方面的改进意见；⑥参考文献。

实习报告的格式要求为：①封面；②目录；③正文；④参考文献。

实习报告是实习效果的集中体现，是考核成绩的重要依据，也是培养学习整理资料能力的一种方法，因此要求认真书写，按时完成。一律用钢笔(图表可用黑色圆珠笔)书写。每一个实习地写一份报告，单独写目录，然后装订成册。要求图标规范，文字简练，禁止使用文学和带有感情色彩的语言。字数要求不少于3万字(大约50页)。生产实习考核百分比如表1-1所示。

表1-1 生产实习考核百分比(单位:%)

考核指标	平时成绩	实习日志	实习报告
分值	30	30	40

第2章

露天矿开采、选矿厂、球团厂、烧结厂

【本章要点】

露天矿开采是把覆盖在矿体上部及其周围的浮土和围岩剥去，把废石运到排土场，从敞露的矿体上直接采掘矿石。开采出来的矿石需要送到选矿厂、球团厂、烧结厂进一步加工。本章主要介绍实习企业的生产工艺流程、危险有害因素辨识及如何采取安全管理措施防止伤害。实习的企业主要包括露天矿、选矿厂、球团厂、烧结厂。

2.1 单位简介

在冶炼之前都要进行一系列的工序，露天矿、选矿厂、球团厂、烧结厂实习单位的选择，原则上选择一些资产雄厚、设备齐全、工艺流程丰富的企业。

2.2 露天矿开采实习内容

2.2.1 露天矿开采工艺流程及主要设备

露天矿开采由剥岩、采矿和掘沟三个环节组成，其主要生产工艺程序包括穿孔、爆破、矿岩的采装、矿岩的运输及岩石的排卸。露天开采工艺流程图如图2-1所示。

1. 穿孔作业及安全要求

穿孔作业是露天矿开采的首道工序，是为爆破工作提供装放炸药的孔穴。穿孔质量的好坏，直接关系到其后的爆破、采装、破碎等工作的效率。

常见的穿孔方法有热力破碎穿孔和机械破碎穿孔两种方法。热力破碎穿孔是指使岩

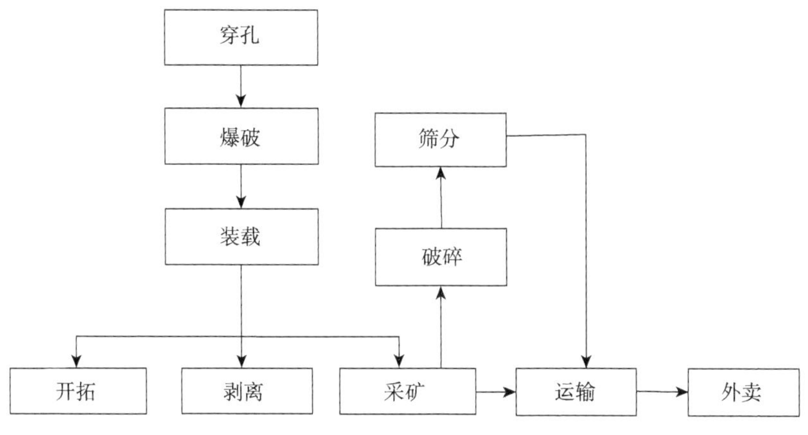

图 2-1　露天开采工艺流程图

石在热力作用下骤燃、膨胀、碎裂、剥落而成孔。机械破碎穿孔是指使用钻岩机械设备在岩石上面打孔的方法。

我国露天矿山常用的穿孔凿岩设备按穿孔深度分为浅孔凿岩机和深孔凿岩机[1]。浅孔凿岩机主要有凿岩机和凿岩台车。深孔凿岩机主要有牙轮钻机和潜孔钻机。目前主要应用设备包括牙轮钻机、潜孔钻机、凿岩台车。牙轮钻机和潜孔钻机的实物图如图 2-2 所示。

（a）牙轮钻机

（b）潜孔钻机

图 2-2　牙轮钻机和潜孔钻机的实物图

2. 凿岩作业及安全要求

(1)凿岩工属特种作业人员，必须经培训考试合格，取得特种作业证书，方能上岗作业。

(2)作业前应对设备进行认真点检，并详细检查作业场地有无塌方、危岩、障碍物等，确认安全后，方可启动设备，进行凿岩操作。

(3)钻孔过程中应经常观察孔口及设备运转情况，发现异常现象应及时处理；禁止凿干孔。

(4)停送电和启动设备时必须做到呼唤应答，凿岩机移动前应查看机下是否有人或障碍物，机上是否有滑动物件，提升钎杆时，钻机大架、平台上严禁站人。

(5)包扎电缆线时，必须断电，挂安全警示牌或设专人看守。未经修理人员许可，不准送电。大雨时不准停、送高压令克。

(6)处理电气故障、清扫配电箱柜、修理或调整电磁抱闸必须切断电源。

(7)电缆线不准放在泥浆水里或金属物上，如遇车辆通过电缆线时，应用木材或石块保护，以防压坏电缆线。

(8)操作空气开关和拉电缆线时，必须戴好绝缘手套或使用绝缘棒。变压器开关送电前，应检查确认变压器壳体是否漏电后方可操作。

(9)清扫、坚固、注油及修理转动部件时，必须停机进行并切断电源。

(10)采场爆破发出第一次报警信号前，凿岩机必须开到安全可靠的地点停机避炮，并将门窗关好。放炮完毕后要检查、清扫平台和顶部后方可送电。

(11)大、中型爆破，应将电缆线拉出爆区，爆破后应检查确认，发现电缆线有破损应及时包扎。

(12)修理提升电磁抱闸时，必须将旋转机构托住，防止松闸后自动坠落。放钻具时不准用手托钻头。

(13)修理或更换风管必须停风。孔口有人工作时，不准向冲击器送风。

(14)凿岩机移动时，突出部位距台阶边缘必须保持3m以上，并设专人指挥。抱闸制动不灵不准开机，钻机停放或作业时，纵轴线应垂直地面；台阶宽度不足时钻机纵轴线与台阶坡顶夹角不得小于45°，突出部位距台阶边缘不得小于2.5m。严禁停放在爆堆或松方地点。

(15)钻机不宜在15°的坡面上行走，如必须通过此路面时，应放下钻架，并采取防倾覆措施。

(16)起落大架前将钻杆、旋转减速箱拴牢，并详细检查起落机构是否卡紧，任何人不得在大架下逗留通行。如发现钢丝绳锈蚀或断丝(断丝超过10%)，则必须更换。

(17)电炉罩盖必须齐全，人离开时必须切断电源，凿岩司机操作室内严禁用明火取暖。夜间应有良好的照明。

(18)凿岩机驾驶室内必须配备消防设施，以防电器起火。

3. 爆破作业及安全要求

爆破作业是露天矿开采的重要工序，为随后的采装、运输、破碎提供适宜的矿岩物。所以，爆破工艺的好坏，对后续工作有着很大的影响。露天矿山的爆破形式有浅孔爆破、深孔爆破、硐室爆破、药壶爆破及药包外覆爆破(多用于矿岩的大块二次破碎)，下面简要介绍三种爆破形式。

1)浅孔爆破

所谓浅孔爆破是相对于深孔爆破而言的。这种爆破方法，炮孔直径较小(一般为 28～75mm)，孔深一般为 5～8m。由于孔径、孔深的限制，其爆破量较少，不能满足大型装运设备的要求。因此，这种爆破方法主要用于小型露天矿或地质条件较复杂，以及对爆破下来的矿石在几何形状上有特殊要求的情况下。大、中型露天矿仅用这种爆破方法进行二次爆破处理根底或工作面上悬浮的孤石。

在正常的小台阶开采中，通常采用垂直钻孔，有的采矿场也采用水平钻孔，以利于孔底爆破扩孔时岩渣的排除，并增大装药量，达到增大爆破矿岩量的效果。

2)深孔爆破

深孔爆破就是用钻孔设备钻凿较深的钻孔，作为矿用炸药的装药空间的爆破方法。露天矿的深孔爆破主要以台阶的生产爆破为主。

深孔爆破的钻孔设备主要是潜孔钻机和牙轮钻机。其钻孔可钻垂直深孔，也可钻倾斜炮孔。倾斜炮孔的装药较均匀，矿岩的爆破质量较好，为采装工作创造好的条件。

为减少地震效应和提高爆破质量，在一定条件下可采取大区微差爆破，炮孔隔装药或底部间隔装药等措施，以便降低爆破成本，取得较好的经济效益。

3)硐室爆破

硐室爆破是将比较多或大量炸药装在爆破硐室巷道内进行爆破的方法。因其爆破量大，也叫硐室大爆破。露天矿仅在基本建设时期及特定条件下使用。采石场在有条件且采矿需求量很大时采用。

硐室爆破可分为松动爆破和抛掷爆破两大类。松动爆破又可分为弱松动和强松动爆破；抛掷爆破又可分为抛扬、抛坍和定向抛掷爆破。

4)爆破作业的安全要求

爆破是一项特殊的危险性作业，由于其接触的是炸药、雷管、导火索等易燃易爆物品，所以爆破安全具有特殊的重要性。

(1)运输安全要求如下：①要当地公安部门批准。②按规定的路线和时间，由专车(船)专人负责押运。③押运人员不准随身携带容易引起爆炸的危险品。④炸药、雷管、导火索不准同车(船)装运。⑤装卸时要轻拿轻放，并放置妥当。

(2)保管安全要求如下：①炸药和雷管必须分库存放。②库房要设警卫。③库房内严禁吸烟和带入火种，并严禁人员穿带铁钉的鞋进入。④在仓库内，炸药拆箱要在殉爆安全距离外进行，并严禁用力敲打。⑤现场存药量不准超过一天的用量，并放在有专人看守的安全的库房内。⑥运输和保管人员必须经过专业培训、考试合格。

(3)领用安全要求如下：①要有严格的领用管理制度。②炸药和雷管必须由炮工负责在白天领用。③炸药和雷管要分别装入非金属容器内，严禁装入衣袋。④保管和领用人双方必须当面点数签收。⑤领用人要亲自送往现场，中途不得转手他人。⑥每人携带的炸药量不得超过 20kg，带药人之间要保持 15m 以上的距离。

(4)爆破安全要求：爆破工要经专业培训考试，持证上岗操作；爆破施工要经当地公安部门同意；连接导火索和火雷管。连接导火索需要在专用加工房内进行，且加工房内不得有电气设施和金属设备。切割导火线和导爆索时，必须要用锋利的小刀，工作台上不得放有雷管；严禁用剪刀剪断或用石器、铁器等敲断；导火线的长度要能保证点火人员脱离危险区，但不得小于1m；导爆索严禁撞击、抛扔、践踏。加工起爆药包要注意以下几点：必须在爆破现场于爆破前进行，并按所需数量一次制作使用完；装药要用木棒或竹棒轻塞，严禁用力抵入或用金属棒捣实；往药包上装雷管必须是在爆破地点进行；装药与制作起爆药包人员严禁穿带有铁钉或铁掌的鞋；暴风雨或打雷、闪电天气严禁加工起爆药包；硐室法爆破室在安装起爆体前要用低压照明，安装起爆体时要用非金属的手电照明或用室外光照明。

(5)放炮必须做到以下几点：①有专人负责指挥。②设立警戒范围及信号标志，规定警戒时间，派出警戒人员。③起爆前要再次进行安全检查确认。④炮工隐蔽所要坚固，至起爆点的道路必须畅通。⑤炮工必须记清爆炸炮数。无盲炮时，在最后一炮响过5min后；有盲炮或炮数不清时，在最后一炮响过20min后，检查排险人员方可进入工作面。⑥施工人员必须等解除警戒后方可进入施工现场。

(6)处理盲炮是一项十分谨慎而且危险的工作，必须严格按照技术和安全规定进行。

4. 采装作业及安全要求

采装工作是露天开采生产过程的中心环节。通俗地讲，采装的实际生产能力，基本就是矿山的生产能力。采装工作，通常是用装载设备将矿岩从爆堆或实体中挖取，装入运输容器中。露天矿使用的挖掘设备主要有挖掘机、索斗铲、液压铲和轮胎式前装机。各种单斗挖掘机示意图如图2-3所示。

挖掘机和前装机作业时应遵守的安全规定主要包括以下几点。

(1)工作时不准铲装超过斗容的大块矿岩，不准用铲斗冲破大块矿岩，不准用铲斗挑挖工作面上的浮石和伞檐。

(2)禁止铲斗从车辆驾驶室上方越过，卸载时要保持铲斗平稳；如发现台阶坡面上有片帮或浮石塌落危险时，必须迅速驶出危险区，经采取措施排险后，方准继续作业。

(3)挖掘机电缆不得受到碾压、撞击、浸泡和小于90°弯曲；不准用铲斗牙挑拨电缆。

5. 运输作业及安全要求

露天开采矿山，矿山运输的基建投资总额约占总基建费用的60%，运输成本占矿山总成本的50%以上，可见运输工作的重要性。尤其运输工作成为制约矿山生产薄弱环节的露天矿，合理地选择运输类型，正确组织、加强运输管理工作，是保证露天矿正常生产和取得良好经济效益的必要条件。其主要运输方式有以下几种，即自卸汽车运输、铁路运输、胶带运输机运输、斜坡提升运输、联合运输。

露天矿运输作业的安全要求主要包括以下几点。

(1)山坡填方的弯道，坡度较大的填方地段及高堤路基路段外侧应设置护栏、挡车墙等，夜间装卸矿点应有良好的照明。

(2)车辆进入作业面装车，应停在挖机尾部回转范围0.5m以外，以防挖机回转撞坏车辆。

(3)装车时禁止发动机熄火，关好驾驶车门，不得将头和手臂伸出驾驶室外，禁止

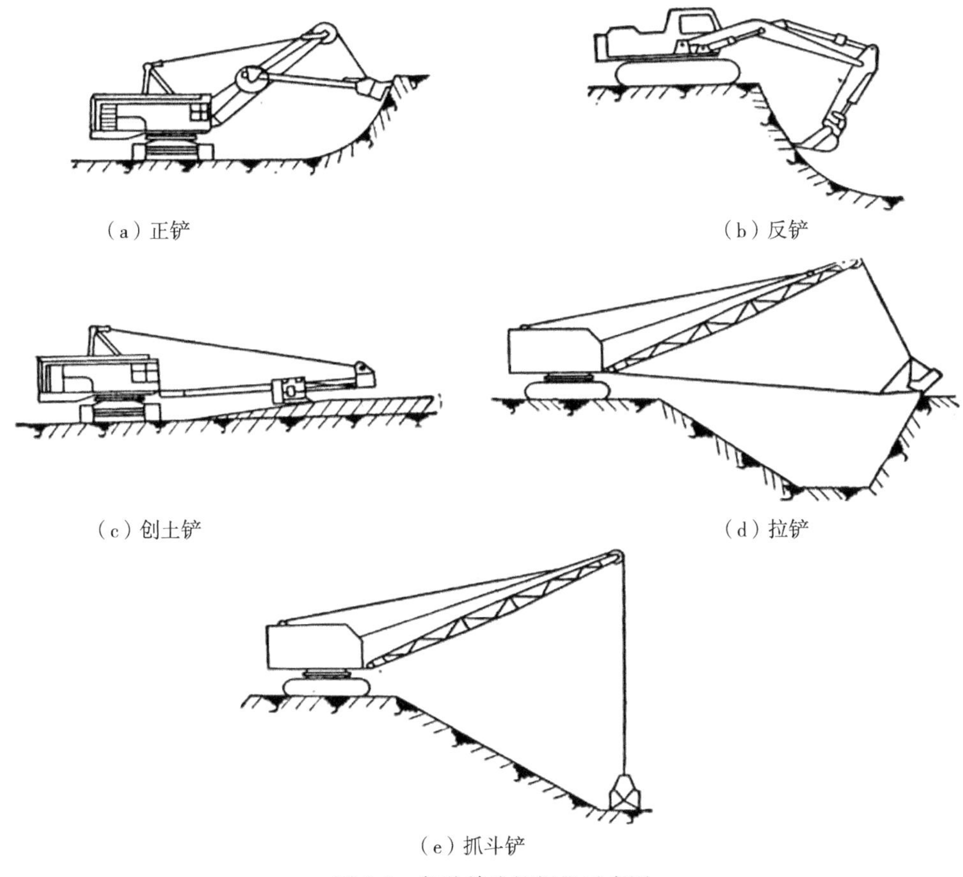

(a) 正铲　(b) 反铲

(c) 刨土铲　(d) 拉铲

(e) 抓斗铲

图 2-3　各种单斗挖掘机示意图

检查、维护车辆。

(4)装好车后应听到发出的信号，汽车方能驾出装车地点。

(5)禁止用溜车方式发动车辆，下坡行驶时严禁空挡滑行。在坡道上停车时，司机不能离开，必须使用停车制动并采取安全措施(塞轮胎、挂倒挡、方向偏向山)。

(6)机动车在矿山道路上宜中低速行驶，急弯、陡坡和危险地段应按矿山规定限速行驶。

(7)在矿山道路上正常作业条件下，严禁超车，前后车保持适当距离。

(8)雨雾天和烟尘弥漫影响能见度时，应开启防雾灯(黄色)与标志灯，靠山体右侧减速行驶，前后车距离不少于 30m(靠左靠右由矿山确定)。

(9)视距不足 20m 时，应靠山体一侧暂停行驶，并不得熄灭前后的警示灯，驾驶员不得离开车辆。

(10)冰雪和雨季道路较滑时，应有防滑措施，并减速行驶，前后车距不少于 40m，禁止超车、转急弯、急刹车或拖挂其他车辆(一般出现以上情况停止作业)。

(11)夜间行车必须有良好的照明，并禁止使用远光灯，在装载或卸载时应关闭大灯。

(12)车辆靠近边坡或危险路段时，要防止倒塌和崩落，上下坡要判断准确，反应迅速，操作灵活，做好随时停车的准备，要与前车拉开适当的距离，防止前车突然停车时，司机反应不及时造成事故。

(13)生产主干线、坡道上禁止无故停车。

(14)卸矿地点必须设置牢固可靠的挡车设施，并设专人指挥，挡车设施高度不得小于该卸矿点各种车辆最大轮胎直径的五分之二。

(15)汽车进入排卸场要听从指挥，卸完后应及时落下货箱，务必确认货箱落下后方可开车，严禁货箱竖立刮坏高压线路和管道等。

(16)车辆顶起或下落货箱时不准车辆两边有人靠近，工作完毕后应将操作器放置空挡位置，防止卸车时货箱自动升起引发事故。

(17)自卸车严禁运载易燃易爆物品，除驾驶室外，脚踏板及车厢内不得载人，严禁在运行中升降货箱。

(18)要加强对机动车辆进行检查和维护保养，保证机动车安全运行同时保证车辆前后灯光正常，方向刹车传动、雨刮灵活可靠。

(19)矿山道路行驶的技术操作必须做到“安全六戒，三让”。“六戒”：一戒侵占对方路面；二戒猛打方向；三戒脱挡滑行；四戒盲目高速，滥用紧急制动；五戒强超抢会；六戒气压不足，刹车喷水不足又连续点压制动踏板。“三让”：一让是在矿山道路上行车遇坡道，不管是坡头、坡中还是坡底空车必须让重车先行；二让是不管弯道大小，只要是弯，空车必须让重车先行；三让是遇道路狭窄时空车必须主动退让重车先行。

2.2.2 露天矿山开采过程中危险及有害因素分析与安全对策

我国露天矿山特别是众多的小矿山，片面追求经济效益，安全管理和环境保护意识的淡化，开采技术及设备的相对落后，导致矿山多年开采过程中积聚的灾害隐患爆发，开采环境不断恶化，造成人员伤亡、环境破坏和矿产资源严重浪费，制约了露天矿山企业的可持续发展。危险因素是指能对人造成伤亡，对物造成突发性损坏或影响人的身体健康而导致疾病，对物造成慢性损坏的因素，危险因素是突发性和瞬间作用。任何露天矿山都存在着各种类型的危险、有害因素，在其运行过程中如果对这些危险、有害因素防范不周或失去控制，就可能发展为事故[2~6]。因此，必须对其进行充分的分析，掌握危险、有害因素发展为事故的规律，为制定减少事故和职业危害的相应对策措施提供科学依据。

1. 危险及有害因素分析

1)爆炸伤害

矿山开采要使用大量的爆破材料，在其运输、装卸和使用过程中都存在意外爆炸的可能性，极易造成人体伤害和财产损失。爆炸会产生爆轰产物、飞散物、地震波、冲击波等破坏效应。爆炸事故产生的主要原因有以下几方面：①违反《爆破安全规程》和安全操作规程。②雷管、炸药混放。③炸药运输过程中遇到明火、高温物体或强烈振动、摩擦或违章运输。④未及时处理盲炮或违章处理盲炮。⑤警戒不严，信号不明，爆破危险区和警戒区未设置明显的标志和岗哨。⑥临时炸药存放点有引爆源或违规存放炸药。

2)边坡失稳

露天边坡参数选择不当，易产生边坡滑落，雨季可能引起泥石流灾害。矿山开采必须按设计台阶式进行，尤其注意局部不稳固矿岩。矿山生产中产生的废石场要进行护坡，以防发生滑坡造成泥石流等灾害性事故。引起边坡失稳的原因有以下几方面：①未对陡坡进行处理，未按设计从上至下台阶式开采。②矿体出现碎裂带、断层、节理、软岩等造成矿体不稳固。③雨季未采取疏水措施，雨水冲刷边帮。④采场排水不畅，雨水冲刷排土场引发泥石流。⑤未建立边坡管理和检查制度，发现滑坡前兆时，未及时报告和处理。⑥未设计预备安全运输平台，坡面角超限，未及时清理平台疏松的岩土和坡面上的浮石。⑦非工作帮危险地段未进行护坡处理。⑧挖掘机底部超挖、掏采。⑨矿区个别地段最终边坡未采取预裂爆破等减振措施。

3)运输事故

露天矿主要采用挖掘机装矿，翻斗汽车运输，触发事故因素较多，主要包括以下几点：①司机违规驾驶，采用不合格的运输设备，从业人员未按要求正确佩戴防护用品。②场内运输道路个别地段曲率半径不符合《厂矿道路设计规范》。③挖掘机底部超挖，铲斗超载、装矿不均衡，铲装超过规定的大块。④卸矿场和废石场未设置坚固有效的阻车设施，卸矿时没有专人指挥。⑤多台挖掘机同时在一个出矿工作面工作。⑥车辆运行中的上坡、下坡、急转弯等危险地段的路况不良。

4)高处坠落

高处坠落是指在高处作业中发生坠落造成的伤亡事故。引起高处坠落的原因如下：①侥幸心理，思想麻痹，上、下攀爬时不系安全带。②凿岩工、撬山工、装药工工作时未按要求佩戴安全带和安全绳。③作业人员疲劳过度或意外跌落。④高处作业时安全防护设施损坏、失效。

5)触电伤害

触电伤害产生的主要原因如下：①电气线路在运行中缺乏必要的检修维护，导致线路沿地面铺设存在漏电、过热、短路、接头松脱，断线碰壳、绝缘老化、绝缘击穿、绝缘损坏等事故隐患。②电气设备设计不合理，未设必要的安全技术措施，如保护接零、漏电保护、安全电压等，或安全措施失效。③电气设备运行管理不当，安全管理制度不完善。④操作人员操作失误或违章作业等。⑤井下照明没有使用安全电压。⑥非专业电工人员私自进行检修、接线等专业工作。

6)物体打击

物体打击事故是指物体在重力或其他外力的作用下产生运动，对人员造成的人身伤害。引起物体打击伤害的原因如下：①未佩戴个人防护用品或穿戴不规范。②上下两个工作面同时作业，工具或矿岩坠落等。③爆破后留有未及时清理的大块和浮石，或者清理过程中不按规程操作。④对不能及时清理的浮石未加醒目的危险标志。⑤出矿作业时进行底部掏采形成伞檐、根底和空洞。⑥矿车超载，造成矿石滚落。

7)粉尘危害

粉尘是在矿山生产过程中产生的细粒状矿物或岩石粉尘。粉尘的危害性大小与粉尘的分散度、游离二氧化硅含量和粉尘物质组成有关，一般随着游离二氧化硅含量的增加而增大，呼吸性粉尘对人的危害最大。粉尘主要集中在凿岩、爆破、矿岩装运、倒矿过程等作业环节。

8)噪声与振动

噪声是一类引起人烦躁，或音量过强而危害人体健康的声音。矿山噪声具有强度大、声级高、噪声源多、干扰时间长及连续噪声多等特点。噪声与振动主要来源于各种设备在运转过程中由于振动、摩擦、碰撞而产生的机械动力噪声和由风管排气、漏气而产生的空气动力噪声。噪声与振动来源于空压机、水泵、凿岩过程，运输设备，装卸过程。

9)压力容器危害

矿山压力容器主要是空压机，压力容器爆炸的危害形式反映为爆炸冲击波危害、爆炸容器碎片的危害、爆炸产生有害气体的危害等。产生事故的原因主要是购买不符合国家标准和行业标准的空压机；空压机未定期检测、检验或空压机带病工作；人员操作不当。

10)火灾

导火索和机械、车辆燃油遇高温、明火，以及易燃可燃物存放不当等，可能引发火灾，造成人员伤害和设备的损毁。

11)水灾

露天采矿场必须建立有效的防排水系统，并根据地表、地下水的渗漏采取必要的措施。采场的总出入口、排水井口和作业场地等处，都必须采取妥善的防洪措施。出现水灾的原因如下：①排水设施、设备施工不合理；②排水设备的供电系统出现故障；③没有采取防水措施；④降雨量突然加大造成采场积水增大。这些原因的出现就会破坏边坡的稳定，形成滑坡和坍塌，使人员安全和机械设备遭到危害和损坏，造成经济损失。

2. 危险及有害因素的预防

1)防爆炸伤害安全措施

矿山的设计、施工和生产中应针对爆破危险及有害因素按照《爆破安全规程》、《金属非金属露天矿山安全规程》及《爆炸危险场所安全规定》等相关要求采取一系列防范措施，有效预防和控制爆炸伤害。爆破必须有单体设计，爆破设计书需要审核，爆破工作开始前，必须有明确的警戒信号[7]。爆破员必须持证上岗，必须按照爆破操作规程进行爆破。

2)防边坡失稳安全措施

采场的开采要严格按照规范进行。开采时要注意不稳固矿岩，另外，必须高度重视采空区和废弃巷道，初设时必须对其进行处理，以减少对边坡稳定和采矿安全的威胁。对边坡应进行定点定期观测。地测部门应及时提供有关边坡的资料，对边坡重点部位及有潜在滑坡危险的地段应采取保安措施和设专人监测。

3)防车辆运输伤害安全措施

机械和车辆运输伤害是事故率较高的危险及有害因素。若企业对此重视，并采取有效措施是可以预防和控制的。首先，运输设备不得使用国家明令淘汰的设备。其次，运输路线的设计符合《金属非金属露天矿山安全规程》和《厂矿道路设计规范》，危险路段有挡车墙、警示标志。最后，卸矿时有专人指挥，多台挖掘机同时在一个出矿工作面工作时，做好协调工作。

4)防高处坠落安全措施

对从业人员进行安全教育培训，使其熟练掌握本岗位的安全操作技能。高处作业需有专人监护，并监督作业人员系好安全带。严禁多人同时使用一条安全绳。严禁作业人员站在危石、浮石上及悬空作业。

5)防触电伤害安全措施

供配电系统按《矿山电力设计规范》设置接地系统及防雷系统。配电电压应符合《金属非金属露天矿山安全规程》有关配电电压的规定。电力设施的维修、检查应由专业电工完成，非专业人员不可擅自维修。

6)防物体打击安全措施

矿山在道路维修、设备维修、运输道路、配电室、弯道、坡道爆破警戒区等重要场所、重要设备、设施上应设置相应的禁止、普告和指示标志或标牌。工作人员应佩戴合格的个人防护用品。爆破后或暴雨后应对坡面进行安全检查，发现工作面有裂痕可能塌落或者在坡面上有浮石、危石和伞檐体可能塌落时，应当迅速妥善处理，相关人员和设备应当立即撤离至安全地点。

7)防粉尘危害安全措施

矿山应配备洒水车，主要是矿山道路洒水降尘，爆堆洒水降尘[8~10]。此外，应优先选用有收尘装的凿岩钻机。破碎站有喷水降尘和收尘装。对皮带运输机进行密闭。有尘作业人员佩戴防尘口罩等个人防护用品，并定期进行体检。

8)防噪声与振动安全措施

降低生源噪声与振动采用的措施有选择优质凿岩、装运设备，严禁设备带病工作。加强对设备的维护，采用隔声、消声措施降低噪声与振动，加强个体防护，如给工人佩戴耳塞、防声棉、耳罩、头盔等。

2.2.3　露天矿生产过程中的安全管理

在企业管理系统中，含有多个具有某种特定功能的子系统，安全管理就是其中一个。这个子系统是由企业中有关部门的相应人员组成的。该子系统的主要目的就是通过管理的手段，事先控制事故、消除隐患、减少损失，使整个企业达到最佳的安全水平，为劳动者创造一个安全舒适的工作环境。因此安全管理即以安全为目的，进行有关决策、计划、组织和控制方面的活动。

1)安全生产管理

我国对安全生产的指导方针是：“生产必须安全，安全促进生产；安全第一、预防为主、综合治理。”安全始终贯穿整个生产过程之中，安全对于生产起着既制约又促进的作用。安全工作搞不好，事故就会频繁发生，不仅会造成巨大的经济损失，增加生产成本，使劳动者在肉体和精神上都受到严重创伤，而且会造成恶劣的社会影响，这些都会严重地阻碍生产的顺利进行。安全生产的基本要求如下：①企业必须按照国家的法令和规定(如劳动保护法、矿山安全法、海上交通安全法等)进行建设，并取得主管部门颁发的生产许可。②在资金许可的前提下，尽量采用先进的技术实现机械化、自动化，对危险岗位实现无人操作或远距离控制。③选用符合安全生产要求的设备。④创造良好的工作环境。有严密的管理制度和切实可行的岗位责任制、安全操作规程。⑤工人上岗前经过良好的教育和技术培训。⑥在发生事故时有报警设备、消防设备及充分的防护抢救设备。⑦有良好的通信联络设备及交通工具，以便一旦发生事故，及时联系抢救。⑧有从上到下对安全工作重视的良好风气和责任感。

2)安全生产“三同时”管理制度

安全生产“三同时”管理制度的目的是规范新建、改建、扩建工程的安全管理，确保工程如期实施。此制度的适用范围如下：新建、改建、扩建危险化学品生产、储存装置和设施，伴有危险化学品产生的化学生产装置和设施的建设项目。“三同时”，即新建、改建、扩建的工程项目必须与主体工程同时设计、同时施工、同时投入生产使用。

3)安全检查制度

安全检查是安全生产管理工作中的一项重要内容，是保持安全环境、矫正不安全操作、防止事故的一种重要手段。它是多年来从生产实践中创造出来的一种形式，是安全生产工作中运用群众路线的方法，是发现不安全状态和不安全行为的有效途径，是消除事故隐患、落实整改措施、防止伤亡事故、改善劳动条件的重要手段。安全检查包括查思想、查管理、查隐患、查整改四个方面的内容。安全检查的方式按检查性质可分为一般性检查、专业性检查、季节性检查和节假日前后的检查等。按检查的方式可分为定期检查、连续检查、突击检查、特种检查等。安全检查主要是由各基层单位的专职、兼职安全员、企业安全技术部门、上级主管部门及有关设备的专职安全工作人员进行。企业管理人员、基层管理人员、工程技术人员和工人也应负责自己责任范围内的安全检查工作。

4)特种作业管理制度

特种作业是指容易发生人员伤亡事故，对操作者本人、他人及周围设施的安全有重大危害的作业。直接从事特种作业的人员为特种作业人员。

1999 年 7 月，国家经济贸易委员会[①]颁布了《特种作业人员安全技术培训考核管理办法》，该办法中的特种作业包括以下几项：电工作业、金属焊接切割作业、起重机械(含电梯)作业、企业内机动车辆驾驶、登高架设作业、锅炉作业(含水质化验)、压力容器操作、制冷作业、爆破作业、矿山通风作业(含瓦斯检验)、矿山排水作业(含尾矿坝)及由省(自治区、直辖市)安全生产综合管理部门或国务院行业主管部门提出，并经国家经济贸易委员会批准的其他作业。

特种作业人员在独立上岗作业前，必须进行与本工种相适应的、专门的安全技术理论学习和实际操作训练。培训内容和要求按原劳动部颁发的《特种作业人员安全技术培训大纲和考核标准》执行，培训教材由省级安全监察部门统一制定。特种作业人员培训单位的资格须经地市级安全监察部门考核认可。特种作业人员的考核与发证工作，由特种作业所在单位负责按规定申报，地市级安全监察部门负责组织实施，安全监察部门对

① 由于体制改革，现更名为国家安全生产监督管理总局。

特种作业人员的安全技术考核与发证实施国家监察。取得《特种作业人员操作证》者，每两年进行一次复审；未按期复审或复审不合格者，其操作证自行失效。离开特种作业岗位一年以上的特种作业人员，需重新进行技术考核，合格者方可从事原工作。

锅炉司炉、压力容器操作、电工作业、金属焊接(气割作业)建筑登高架设作业和企业内的机动车辆驾驶等人员，由劳动行政部门或其指定的单位考核发证。其他特种作业人员分别由公安(对爆破人员)、铁路(对铁路机车驾驶人员)、煤炭(对煤矿井下瓦斯检验人员)、电业(对电业系统的电工作业人员)等部门考核发证。

5)安全技术措施管理制度

安全技术措施是指运用工程技术手段消除物的不安全因素，实现生产工艺和机械设备等生产条件本质安全的措施。安全技术措施的分类方法有三种：按照行业可分为煤矿安全技术措施、非煤矿山安全技术措施、石油化工安全技术措施、冶金安全技术措施、建筑安全技术措施、水利水电安全技术措施、旅游安全技术措施等；按照危险、有害因素的类别可分为防火防爆安全技术措施、锅炉与压力容器安全技术措施、起重与机械安全技术措施、电气安全技术措施等；按照导致事故的原因可分为防止事故发生的安全技术措施、减少事故损失的安全技术措施等。防止事故发生的安全技术措施是指为了防止事故发生，采取的约束、限制能量或危险物质，防止其意外释放的安全技术措施。常用的防止事故发生的安全技术措施有：①消除危险源；②限制能量或危险物质；③隔离；④故障-安全设计；⑤减少故障和失误。减少事故损失的安全技术措施是指防止意外释放的能量引起人的伤害或物的损坏，或减轻其对人的伤害或对物的破坏的技术措施。该类技术措施是在事故发生后，迅速控制局面，防止事故的扩大，避免引起二次事故的发生，从而减少事故造成的损失。常用的减少事故损失的安全技术措施有：①隔离；②设置薄弱环节；③个体防护；④避难与救援。

6)安全奖惩制度和教育制度

对在安全工作中成绩显著的单位和个人进行表扬、奖励和肯定，能够使安全的行为和思想巩固下去，还会引导其他单位和个人向他们学习看齐。反之，批评、惩罚和否定，也会使人们的思想受到强烈的刺激而减弱或消除那些不安全的行为和思想。在实施奖惩教育方法时，应当以奖为主，以罚为辅。同时，奖罚要力求真实、准确、适度，使受教育者是非分明，功过分明，从而增强职工的安全责任感，提高搞好安全生产的积极性。

2.2.4　应急救援预案

应急预案是为应对可能发生的紧急事件所做的预先准备，其目的是限制紧急事件的范围，尽可能消除事件或尽量减少事件造成的人、财产和环境的损失。制订应急预案是为了在事故发生时能以最快的速度发挥最大的效能，有组织、有秩序地实施救援行动，达到尽快控制事态的发展、降低事故造成的危害、减少事故损失的目的。应急预案应具备科学性、系统性、实用性、灵活性、动态性等要求。

重大事故应急预案由企业(现场)应急预案和政府(场外)应急预案组成。现场应急预案应由企业负责，场外应急预案由各级主管部门负责。现场应急预案和场外应急预案都是基于对同一危险的分析评价制订的。根据可能的事故后果的影响范围、地点及应急方式，建立分级的应急预案是必要的，应急预案分级体系包括五级，即Ⅰ级(企业级)应急预案、Ⅱ级(县、市/社区级)应急预案、Ⅲ级(地区、市级)应急预案、Ⅳ级(省级)应急预案、Ⅴ级(国家级)应急预案。

2011年某铁矿排土场突发滑塌事故应急预案如下。

为加强采场排土场的安全管理，提高排土场突发滑塌事故的应急处置能力，有效预防、及时控制和消除排土场发生崩塌、滑坡、泥石流等突发滑塌事故的危害，保障企业、社会及人民生命财产安全，确保某铁矿实现高效安全的采矿生产，结合某铁矿排土场管理工作实际，特制订本应急预案。

一、使用范围

本预案适用于矿山选矿厂所属的各排土场突发滑塌事故。

二、排土场基本情况

某铁矿的排土场有河东排土场和河西排土场。

河东排土场：某铁矿河东排土场是目前东部胶带运输系统重要的排土场所，位于滦河大桥以东，占地面积3.2km^2，2002年以前为机车排土，排土标高普遍在150～170m，2006年东部胶带运输系统建成投产之后，采用胶带、排岩机排土方式进行排土作业，设计分三个台阶排土，即210m、250m、300m，排土段高为40～50m，各台阶的安全平台宽度为30m，排土场的分段边坡角为37.5°，设计排土容量为2.06亿m^3。

目前排岩机在195m水平初始平台排土作业，结余排土空间为1.493 5亿m^3。

河西排土场：位于采场西北角，占地面积2.6km^2，1997年12月以前为汽车直排排土，1997年12月西部胶带运输系统建成投产之后采用胶带、排岩机连续排土方式进行排土作业。

按照2009年9月北京矿冶研究总院所做《河西排土场稳定性研究及完善设计》，排土场边坡结构参数为：单台阶高度分为40m、45m组合，台阶坡面角37.5°，平台宽度30m，局部过渡台阶高度为20～30m、平台宽度取值15～20m。根据已购地界范围内高差的不同，将河西排土场分为若干个台阶，最大垂直高差260m，最大高差处分为6个台阶，目前排岩机在220m水平初始平台排土作业，结余排土空间为1.297 6亿m^3。

目前某铁矿正严格按照2009年9月北京矿冶研究总院所做《河西排土场稳定性研究及完善设计》方案要求，组织河西排土场的排土。

2.3 选矿厂实习内容

2.3.1 选矿厂的工艺流程及主要设备

1. 选矿的基本概念

(1)选矿，是利用矿物的物理性质或物理化学性质的差异，借助各种选矿设备将矿石中的有用矿物和脉石矿物分离，并使有用矿物相对富集的过程。有用矿物是指能为人类利用的矿物，即选矿所要选的目的矿物。脉石矿物是指目前无法富集或尚不能利用的矿物。

(2)选矿方法。将矿石中有用矿物富集的过程就是将有用矿物和脉石矿物分离的过程，这一分离过程所采用的方法称为选矿方法。

(3)选矿过程，是由选别前的准备作业、选别作业和选后产品处理作业所组成的矿石连续加工的生产过程。

(4)品位：原料或产品中有用成分的质量与该产品质量之比，常用百分数表示。通常 α 表示原矿品位；β 表示精矿品位；θ 表示尾矿品位。对于金银等贵金属的品位常用 g/t 表示。

(5)产率：产品质量与原矿质量之比，常以 γ 表示。

(6)选矿比：原矿质量与精矿质量的比值。用它可以确定获得 1t 精矿所需处理原矿石的吨数，常以 K 表示。

(7)富矿比(或富集比)：精矿品位与原矿品位的比值，常用 E 表示。$E=\beta/\alpha$，它表示精矿中有用成分的含量比原矿中有用成分含量增加的倍数。

(8)回收率：精矿中有用成分的质量与原矿中该有用成分质量之比，常用 ε 表示。回收率是评定分选过程效率的一个重要指标。回收率越高，表示选矿过程回收的有用成分越多。

2. 选别过程

选别前的准备作业原理：克服矿石的内聚力，使其碎裂变小。

选别前的准备作业一般包括破碎与筛分及磨碎与分级两部分，如图 2-4 所示。

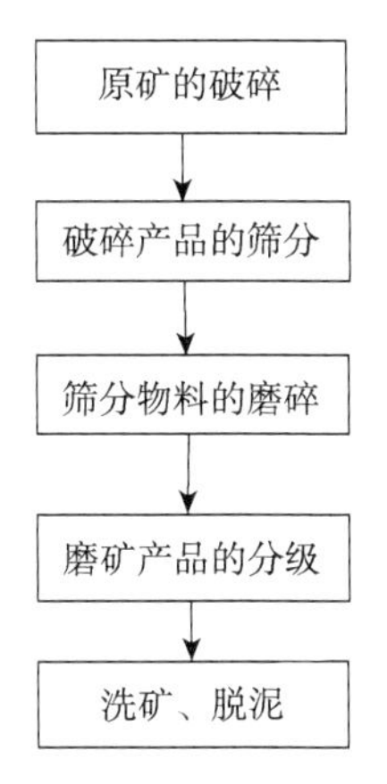

图 2-4　选别前的准备作业

(1)破碎与磨矿都是选别前矿石的粉碎作业，只是产品粒度不同而已。产品粒度大于 5mm 的粉碎过程称为破碎；产品粒度小于 5mm 的粉碎过程称为磨矿。生产实践中，破碎阶段按给料粒度和破碎产品粒度可大致分为三个阶段，见表 2-1。

表 2-1　破碎阶段的划分(单位：mm)

破碎阶段	给料粒度	产品粒度
粗碎	1 500～500	400～125
中碎	400～125	100～25
细碎	100～25	25～5

破碎比(i)：给料中最大矿块的粒度(D)与破碎产品最大粒度(d)的比值，即 $i=\frac{D}{d}$。破碎比有总破碎比与阶段破碎比之分，前者等于各阶段破碎比的乘积。一定的破碎设备，其破碎比范围一定，因此，总破碎比往往决定了破碎段数。

选矿厂采用的破碎机的种类，主要取决于矿石性质、选矿厂的生产能力和破碎产品的粒度。常用破碎设备主要有颚式破碎机、旋回破碎机、圆锥破碎机、辊式破碎机等，如图 2-5 所示。

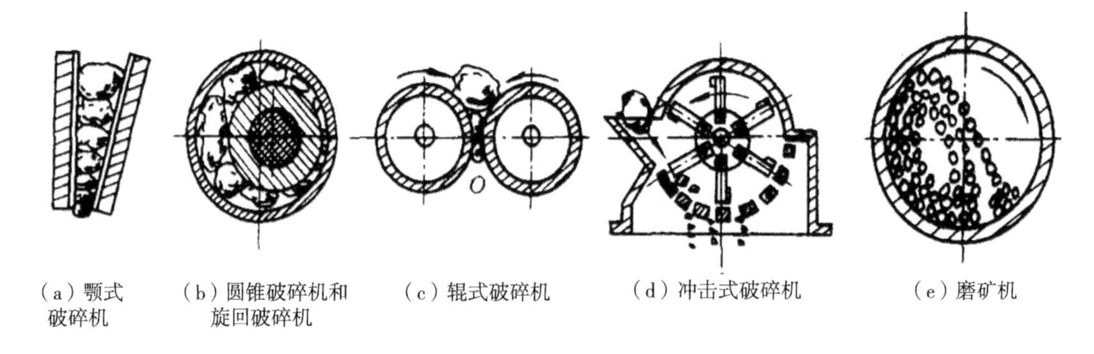

(a) 颚式破碎机　(b) 圆锥破碎机和旋回破碎机　(c) 辊式破碎机　(d) 冲击式破碎机　(e) 磨矿机

图 2-5　选矿厂常用破碎机

(2)筛分，是指松散物料通过筛子(单层或多层)，按粒度分成不同粒级的过程。它是与破碎作业配合的生产过程。其目的是提高碎矿机的碎矿效率和控制产品的粒度。根据破碎机械与筛分机械配置关系分为预先筛分、检查筛分和预先及检查筛分，如图 2-6 所示。采用检查筛分作业会使破碎车间设备配置复杂化，增加基建投资费用，一般情况下，只在最后一段破碎作业才采用检查筛分。

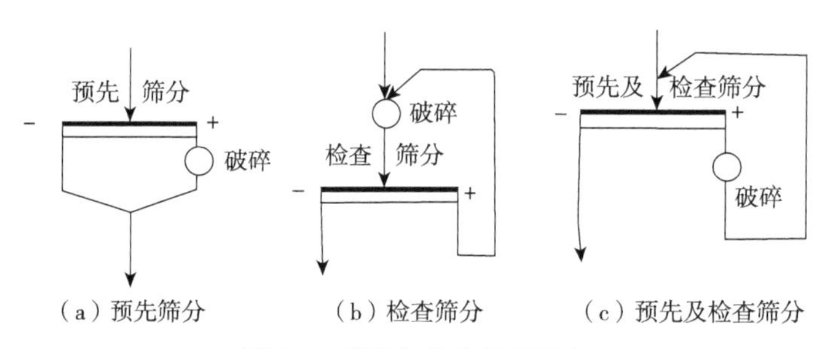

(a) 预先筛分　(b) 检查筛分　(c) 预先及检查筛分

图 2-6　筛子与破碎机的配合

预先筛分——用于碎矿前筛出合格粒度产品。

检查筛分——用于控制破碎产品粒度。

预先及检查筛分——一个筛分作业同时起预先筛分和检查筛分的作用。

选矿厂常用的破碎筛分流程主要有四种，其中两段流程适合于小型选矿厂，三段流程是大型选矿厂广泛使用的破碎流程，如图 2-7 所示。

(3)磨矿与分级，磨矿作业是破碎过程的继续，目的是使矿石中紧密结合和共生在一起的各种有用矿物颗粒全部或大部分达到单体分离状态，以便进行选别，并使其粒度

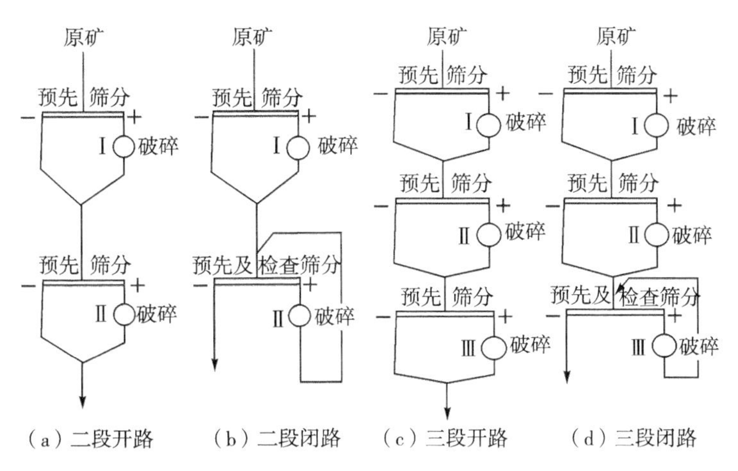

图 2-7　选矿厂常用的破碎筛分流程

符合选别作业的要求。磨矿细度是根据矿石中有用矿物嵌布粒度大小和选别作业对选别粒度的要求来确定的，但在一定程度上，有用矿物的回收率随着磨矿细度的减小而增加。因此，适当减小矿石的磨碎细度能提高有用矿物的回收率和产量。

通常将磨矿阶段划分为粗磨、中磨、细磨阶段。磨矿阶段的粒度界限见表 2-2。

表 2-2　磨矿阶段的粒度界限(单位：mm)

磨矿阶段	给料粒度	产品粒度
粗磨	25～5	1～0.3
中磨	1～0.3	0.1～0.074
细磨	<1	<0.074

磨矿比为

$$i_{磨}=\frac{D_{\max}}{d_{\max}}$$

磨矿方法分干法和湿法两种。选别前准备作业多采用湿法。

目前，选矿厂使用的磨机主要有球磨机、棒磨机、砾磨机和自磨机。球磨机的实物图如图 2-8 所示。

分级是将粒度、形状和相对密度不同的矿粒在介质(水或空气)中，按沉降速度的差异，分成若干级别的作业。在磨矿作业中，通常采用湿式分级作业。

分级是与磨矿作业配合的生产过程。在闭路磨矿循环中，磨矿机的排矿进入分级机，分级机再将其分为合格产物(溢流)和粗砂(返砂)，粗砂返回磨矿机中再磨，溢流进入下一步作业。

分级作业包括预先分级、检查分级、控制分级和预检分级。

分级设备包括螺旋分级机(图 2-9)和水力旋流器(图 2-10)。

螺旋分级机的优点：构造简单，工作安全可靠，操作方便等。

水力旋流器的规格用其圆筒部分的直径表示。

图 2-8 球磨机的实物图

(a) 实物图

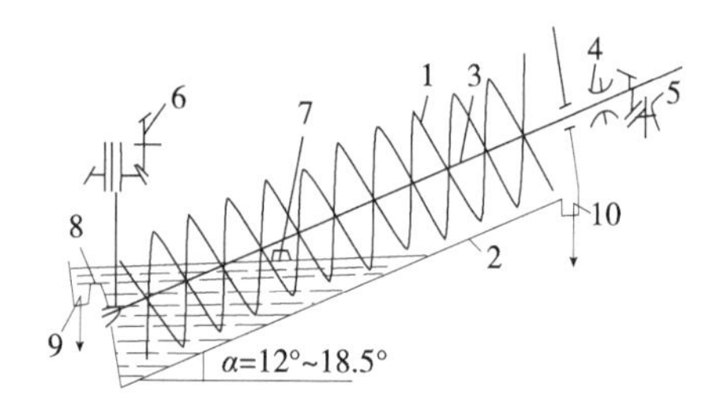

1-螺旋；2-分级槽；3-螺旋轴；4-轴承；
5-传动装置；6-螺旋提升机构；7-进料口；
8-溢流堰；9-溢流排出口；10-沉砂排出口

(b) 结构原理图

图 2-9 螺旋分级机设备及简图

水力旋流器的优点：构造简单，没有运动部件，占地面积小，生产率高。

水力旋流器的缺点：磨损快，工作不够稳定，因此生产指标容易波动。

目前选矿厂基本上都采用闭路磨矿流程(图 2-11)。磨矿分级流程也有一段和二段之分，主要根据给矿粒度和所要求的磨矿产品粒度确定。产品粒度大于 0.15mm 时用一段，小于 0.15mm 时用二段。

3. *选矿方法*

确定选矿方法的基础是矿物的物理化学性质，包括颜色、光泽、密度、形状、粒度、导磁性、导电性、矿物表面润湿性等。

常见的选矿方法有重力选矿、电力选矿、浮力选矿、磁电选矿。

1)重力选矿

重力选矿又称重选。它是根据矿粒间由于密度的差异，在运动介质中所受重力、流体动力和其他机械力的不同，从而实现按密度分选矿粒群的过程的一种选矿方法。

粒度和形状会影响按密度分选的精确性。密度是矿物最重要的性质。单位体积所具

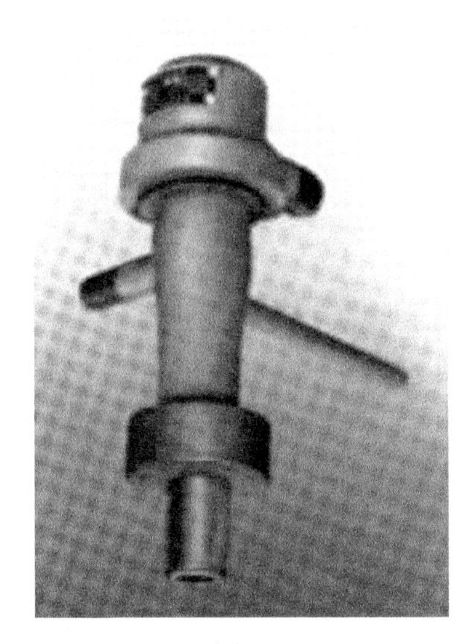

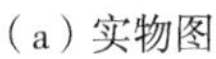

(a) 实物图

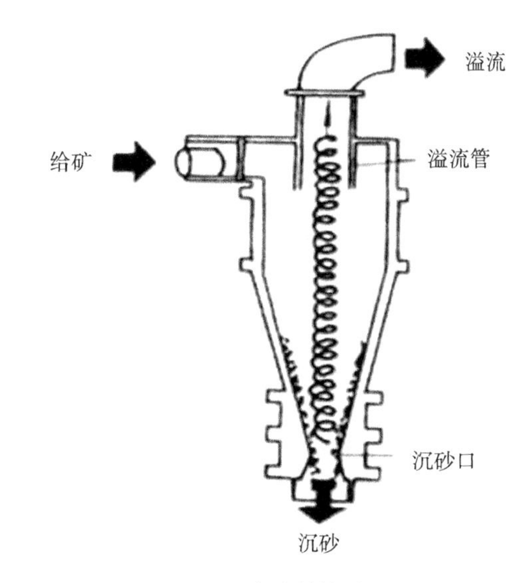

(b) 结构原理图

图 2-10　水力旋流器

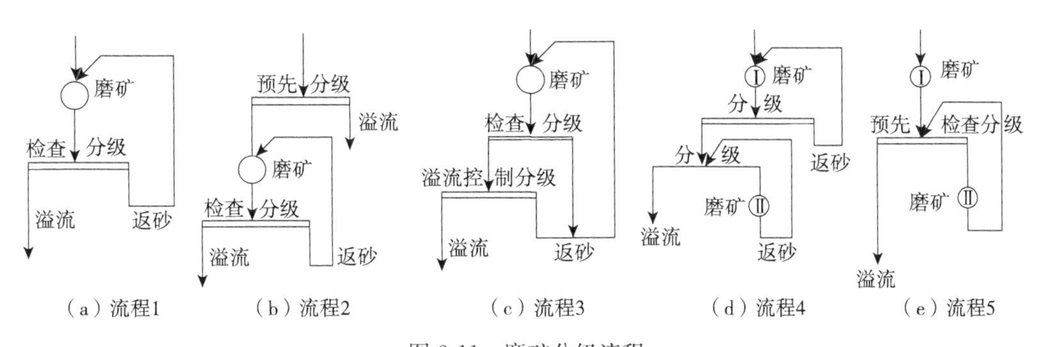

(a) 流程1　(b) 流程2　(c) 流程3　(d) 流程4　(e) 流程5

图 2-11　磨矿分级流程

有的质量，称为矿物的密度。根据介质运动形式和作业目的的不同，重选有不同的分类。

重力选矿的设备：摇床设备。摇床选矿是利用机械摇动和斜面水流冲洗的联合作用使矿粒按密度分离的过程，是选别细粒物料应用最广泛的重选法之一。摇床设备实物图及结构示意图如图 2-12 所示。

摇床选矿的分选原理：物料在摇床床面横向斜面水流的冲洗和床面纵向不对称往复运动的联合作用下，比重不同、粒度不同的矿粒在床面上的运动方向也不同，相对密度大的矿粒移向精矿端，相对密度小的矿粒移向尾矿端，形成扇形分布从而达到分选的目的。

跳汰选矿(水力跳汰)是指物料在垂直运动的变速水流中，按相对密度差异进行分选的过程，如图 2-13 所示。

跳汰机械为隔膜跳汰机，水流在跳汰室内上下运动的最大距离称为水流冲程，它与隔膜或活塞运动的机械冲程成一定比例。水流每分钟运动的次数称作冲次。

跳汰选矿的分选原理——不同相对密度的矿粒混合物在垂直运动的变速水流中按

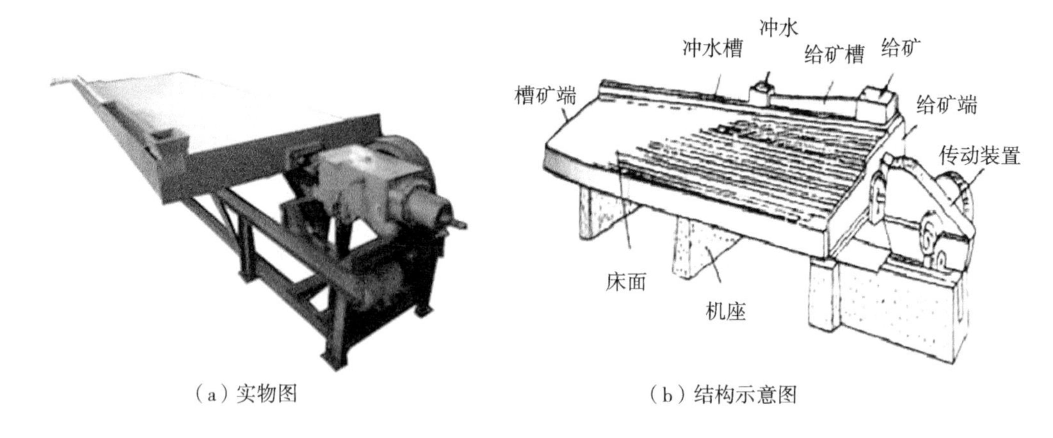

（a）实物图　　（b）结构示意图

图 2-12　摇床设备实物图及结构示意图

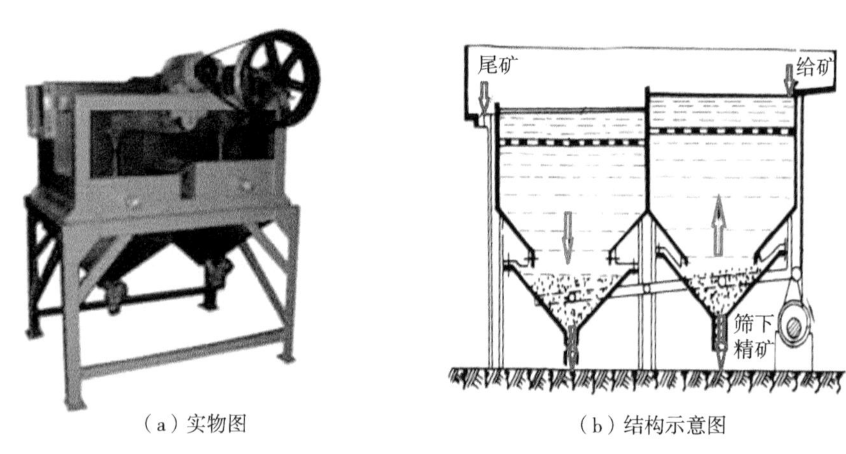

（a）实物图　　（b）结构示意图

图 2-13　跳汰机械设备

密度分层，相对密度小的矿粒位于上层，相对密度大的矿粒位于下层，再借助机械作用和水流的作用将产物分别排出，从而达到选矿的目的，矿粒在跳汰时的分层过程如图 2-14 所示。

重介质选矿——在比重较大的介质中使矿粒按比重分选的一种选矿方法。

分选原理：重介质的比重介于重矿粒比重和轻矿粒比重之间，把物料给入重介质中，比重大于重介质比重的矿粒下沉，比重小于重介质比重的矿粒则浮在重介质的表层。再分别收集已分离的轻、重矿物，从而达到分选目的。重介质选矿原理示意图如图 2-15 所示。

风力选矿是以空气为分选介质的重力选矿方法。

分选原理：它是根据物料形状、密度或松散密度的差异，在上升或水平气流中运动方向或轨迹不同而使其分离。

常用的风选设备有很多，主要有振动空气分选机、空气通过式分选机等。

风力选矿主要用在非金属矿分选上。目前，在石棉、云母选矿中得到广泛应用。

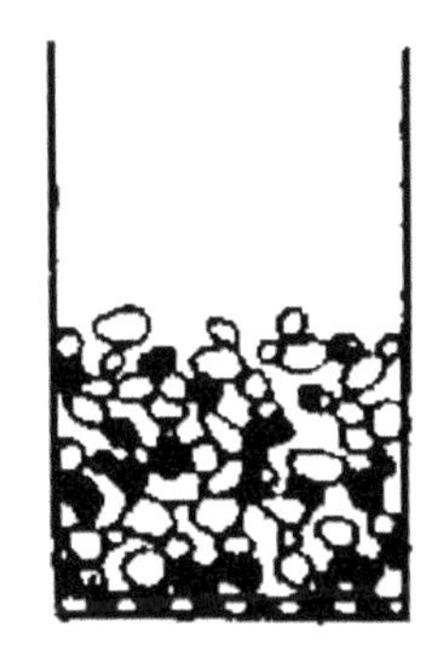
（a）分层前颗粒混杂堆积

（b）上升水流将床层托起

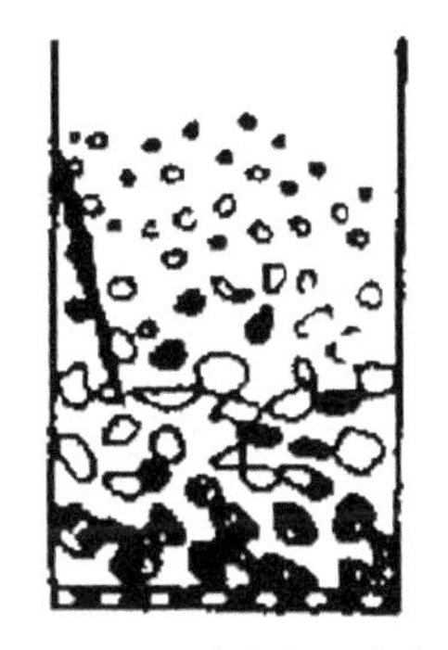
（c）颗粒在水流中沉降分层

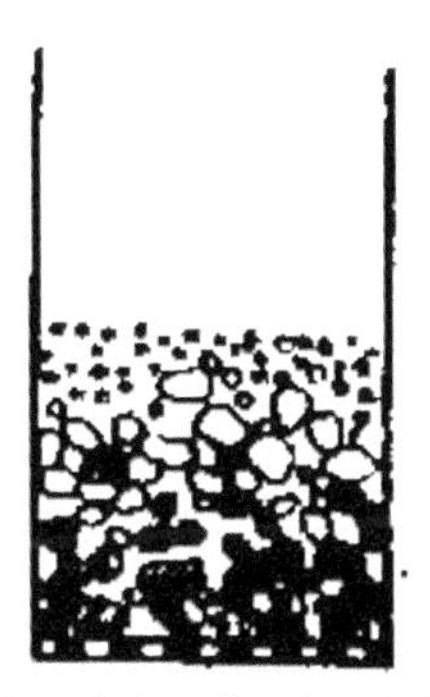
（d）水流下降，床层密集，重矿物进入底层

图 2-14　矿粒在跳汰时的分层过程

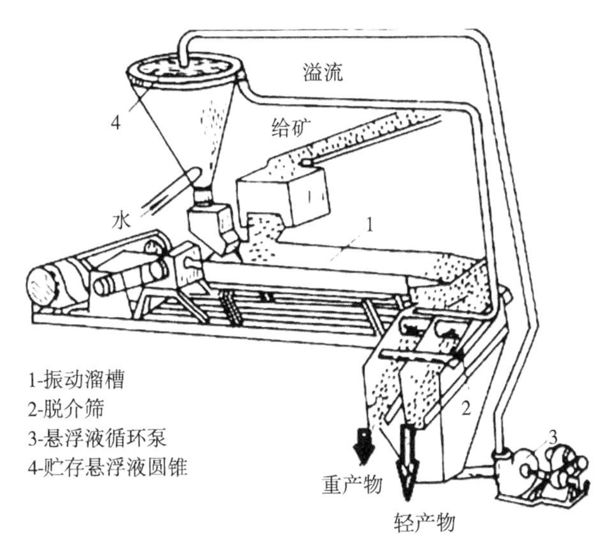

图 2-15　重介质选矿原理示意图

2)浮力选矿

浮选法是利用矿物表面物理化学性质(润湿性，即亲水性和疏水性)的差异，借助于气泡的浮力来分选矿物的方法。所以浮选法也称为泡沫浮选。

浮选法是应用最广泛的选矿方法之一。绝大多数矿石都可用浮选法处理，有色金属(铜、铅、锌等)矿石 90%以上用浮选法选别。浮选法对处理贫、细、杂、难选矿石比其他方法效率高。浮选法的缺点是成本高，容易造成污染，需加净化设施。

浮选原理：浮选前矿石要磨碎到符合浮选所要求的粒度，使有用矿物基本上达到单体解离以便分选，并添加浮选药剂。浮选时往矿浆中导入空气，形成大量的气泡，疏水性矿物的颗粒附着在气泡上，随同气泡上浮到矿浆表面形成矿化泡沫层；而那些亲水性矿物颗粒，则不能附着在气泡上而是留在矿浆中。将矿化泡沫排出，即达到分选的目的。浮选原理图如图 2-16 所示。

一般是将有用矿物浮入泡沫产物中，将脉石矿物留在矿浆中，这种浮选通常叫正浮

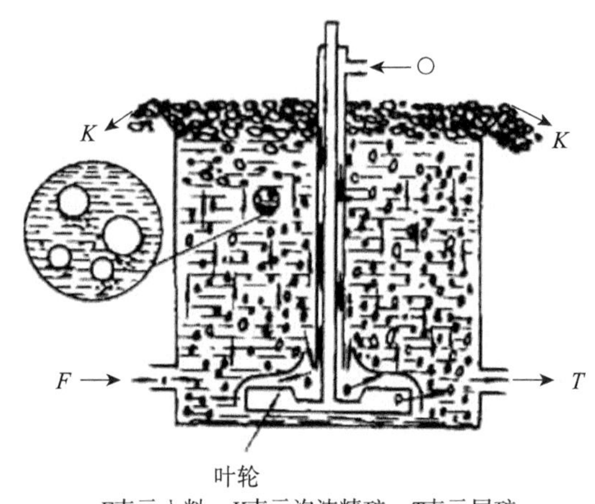

F表示入料；K表示泡沫精矿；T表示尾矿；
○表示空气；●表示矿粒

图 2-16　浮选原理图

选。但有时却将脉石矿物浮入泡沫产物中，而将有用矿物留在矿浆中，这种浮选叫反浮选。

当矿石中含有两种或两种以上的有用矿物时，其浮选方法有两种：一种叫做优先浮选，即把有用矿物逐一依次选出为单一的精矿；另一种叫混合浮选，即首先把有用矿物同时选出为混合精矿，其次把混合精矿中的有用矿物一个一个地选分开。

浮选药剂：浮选药剂的选择是浮选法中的关键问题。它主要起到调节矿物表面性质，提高浮选速度和选择性能的作用。浮选药剂一般按用途来分，但分类结果很不一致，通常分为三类，即捕收剂、起泡剂、调整剂(主要包括活化剂、抑制剂、介质 pH 调整剂等)。

浮选机械：浮选机分为三大类，即机械搅拌式浮选机、充气机械搅拌式浮选机、充气式浮选机。前两种浮选机的设备实物图分别如图 2-17 和图 2-18 所示。

影响浮选工艺过程的因素如下：粒度(磨矿细度)、矿浆浓度(注意液固比与固体含量百分数的区别)、药剂添加及调节、气泡和泡沫的调节、矿浆温度、浮选流程、水质。

实践证明，必须根据矿石性质，并通过试验研究来选择上述工艺因素，才能获得最优的技术经济指标。

3)磁电选矿

利用矿物导磁性差异来进行选分的一种方法称为磁电选矿。不同的矿物在磁选机的磁场中受到不同的作用力，从而得到分选。磁选法主要应用于选别铁锰等黑色金属矿石和稀有金属矿石。

磁选过程：不同磁性的矿粒通过磁选机的磁场时，受到磁力和机械力。由于矿粒磁性不同，在磁场作用下的运动路径也不同。磁性矿粒所受磁力的吸引大，克服机械力附着于磁选机的圆筒上，被带至一定高度后从筒上脱落，非磁性矿物不受磁力吸引而落入尾矿口，这样磁性矿粒和非磁性矿粒得以分离，从而得到两种产品。磁选过程示意图如图 2-19 所示。

图 2-17　某选矿厂机械搅拌式浮选机设备图

图 2-18　某选矿厂充气机械搅拌式浮选机设备图

矿物的磁性：比磁化系数 X0 是反映矿物磁性强弱的物理量，按照比磁化系数 X0 的不同可将矿物分为强磁性矿物、中磁性矿物、弱磁性矿物和非磁性矿物四种磁性类型。

磁选设备：常根据磁场强度将磁选机分为弱磁场磁选机和强磁场磁选机两大类。

磁铁矿石磁选：磁铁矿石属高中温热液接触交代矿床的矿石，这种矿石最有效的选矿方法是磁选，典型的分选流程如图 2-19 所示。其分选工艺多配有一段或二段干式磁

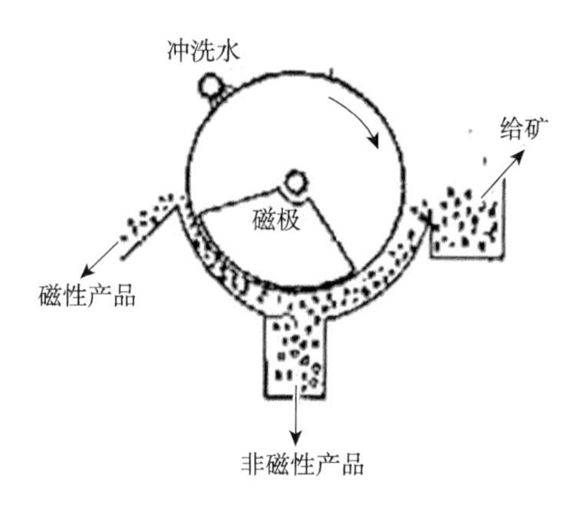

图 2-19 磁选过程示意图

选分选中碎或细碎产品，作为分选前的准备作业。对进一步深选产品经二段或三段细磨，再进行二段或三段湿式磁选，得最终精矿产品。磁铁矿石的磁选过程如图 2-20 所示。

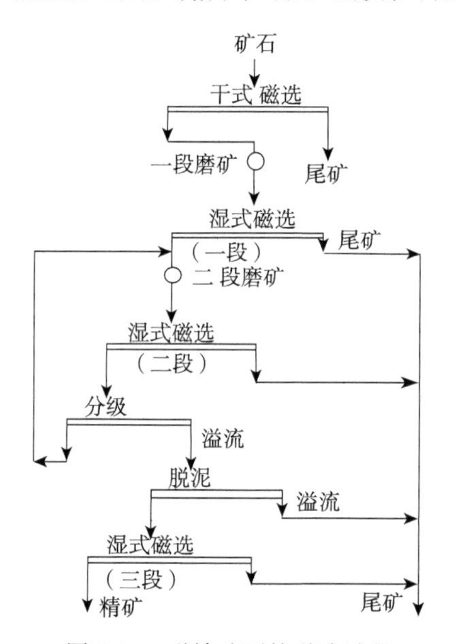

图 2-20 磁铁矿石的磁选过程

随着技术的发展，选矿厂在持续生产过程中，也暴露了许多制约生产顺行、质量稳定和效率提高的工艺技术问题。特别是随着露天矿的深部开采，矿石可选性指标逐年变差，为保证精矿质量，将检查细筛筛孔由 0.3mm 缩小至 0.15mm，暴露出细筛分级效率低的矛盾，导致产生二次磨矿循环负荷过大、磨矿效率下降、选别效果差等诸多制约选矿效率提高的问题。

本着稳定质量、提高效率、节能降耗的原则，几年来，单位研究人员集中力量进行了一系列科技攻关，最终确定了磨选工艺技术升级项目的方案，即用高频振网筛取代尼龙固定细筛，用复合闪烁磁场精选机取代磁聚机，并对流程和工艺设备重新进行了设计与配置，使工艺技术得到全面升级改造。

升级后的流程的优点：该流程在设备配置上充分利用了现场的平台高差，二次磁选精矿给振网筛、振网筛筛下给浓缩磁选机、浓缩后精矿给二次球磨、振网筛筛下产品给精选机、精选机精矿到精矿泵池，全部实现了自流。改造后，流程简化美观，各平台设备整齐，平台宽敞，便于生产操作和设备维护，减少了两道输送泵(磁聚机泵、细筛泵)，实现了整个流程两段输送泵(一次泵、二次泵)运行，如图 2-21 所示。

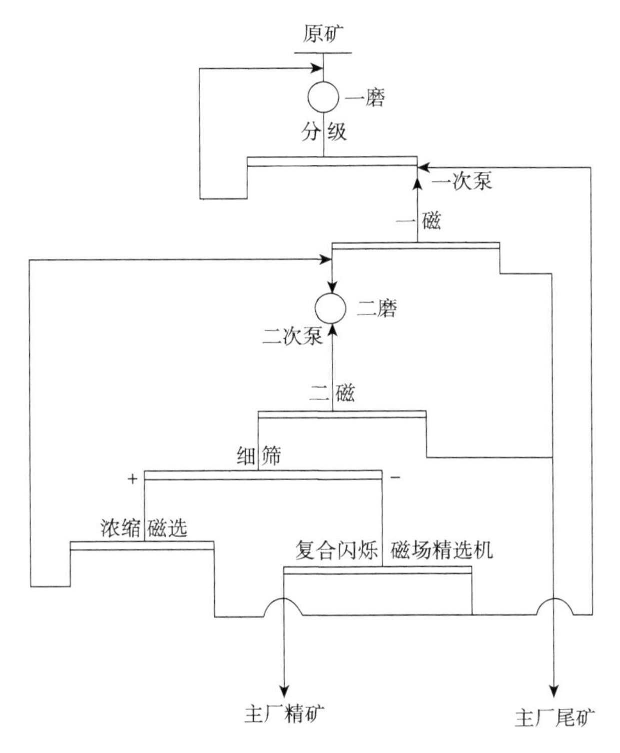

图 2-21　磨选工艺技术升级流程

4)电力选矿

电选法是利用矿物的导电性不同来进行选别的一种方法。当矿物通过电选机的高压电场时，由于矿物的导电率不同，作用于矿物上的静电力也不同，所以可使矿物得到分选。它主要用于稀有金属、有色金属和非金属矿石的选别，白钨矿和锡石的分离，锆英石粗精矿和钽铌粗精矿的进一步精选。

4. 水力分级

水力分级是根据矿粒在运动介质(水)中沉降速度的不同，将粒度级别较宽的矿粒群分为若干窄粒度级别产物的过程。

用于分选的水力分级机有水力旋流器、机械搅拌式水力分级机、圆锥分级机等。

水力分级在我国非金属矿选矿提纯上应用较广，如福建东山硅砂矿用上升水流分级机进行粒度分级，同时除去密度大的铬铁矿和钛铁矿。水力分级在粘土矿的选矿提纯上广泛应用。除用于选别作业外，水力分级还用于脱水、脱泥及粉碎产品的粒度分级。

5. 洗矿

洗矿是处理与粘土胶结在一起的或含泥多的矿石的重力选矿过程。

常用洗矿设备为圆筒洗矿机、摩擦洗矿机、水枪、条筛等。

洗矿可作为独立作业，常用于一些含泥矿石的洗选，如重晶石、石灰岩、硅砂等。洗矿还可作为选矿前的准备作业，手选、光电选、重介质选矿、浮选前含泥多的矿石常通过洗矿除泥，从而改善分选条件，并可避免设备阻塞。

6. 选别后产品处理作业

1)精矿脱水

从选矿产品中除去水分的过程叫做脱水。脱水方法包括自然排水和人为排水两种方法。自然排水适于粗粒物料的脱水，它是利用物料颗粒表面水分自身的重力将水排出的过程。人为排水，即利用一定的机械进行排水，适用于绝大多数的选矿产品，分为浓缩、过滤和干燥三个过程。浓缩：将水分由 60%～80%降到 40%～50%；常用设备有中心传动式浓缩机和周边传动式浓缩机。过滤：将水分由 40%～50%降到 10%～20%；常用设备有真空过滤机、离心过滤机和压滤机。干燥：将水分由 10%～20%降到 3%～8%；常用设备有圆筒干燥机、塔式干燥机、链板干燥机、喷雾干燥机等。

2)尾矿处理

常用的尾矿处理有两种方式，即湿式选矿厂尾矿设施(尾矿贮存系统、尾矿输送系统、回水系统及尾矿水净化系统)和干式选矿厂尾矿设施(尾矿贮存系统和尾矿运输系统)。

2.3.2 选矿生产过程中主要危险危害因素分析

1)电气危险

电气危险主要有电气火花和电气伤害两种形式。电气危险是与电相关的，从能量的角度来说，电能失去控制将造成电气事故。按照电能的形态，电气事故可分为触电事故、雷击事故、静电事故等。

选矿厂的电气事故主要是触电事故，触电事故是由电流及其转换成的其他的能量造成的事故，触电事故分为电击和电伤。电击是电流直接作用于人体造成的伤害，电伤是电流转换成热能、机械能等其他形式的能量作用于人体造成的伤害。触电事故往往突然发生，在极短的时间内造成严重的后果。在选矿厂中配电室或车间内的电气线路、电气设备等可能由于线路老化、漏电、静电放电、破损等情况造成的漏电和其他因素可能造成电气伤害。

对于电气伤害危险来说，选矿厂的生产基本上采用机械化，人在操作配电室仪器仪表、用电设备时有可能触电；带电体在工作过程中产生放电电弧而带来人体或设备伤害的情况也存在；雷电带来的放电也可能造成仪表损坏或引起燃烧的点火源，导致火灾爆炸或造成因控制失灵产生的其他伤害事故。

2)机械伤害

机械伤害的实质是机械能(动能和势能)的非正常做功、流动或转化，导致对人员的接触性伤害。机械伤害的主要伤害形式有夹挤、碾压、剪切、切割、缠绕或卷入、戳扎或刺伤、摩擦或磨损、飞出物打击、高压流体喷射、碰撞和跌落等。

发生机械伤害物的因素(设备方面)主要有以下几个方面。

(1)形状和表面性能：切割要素、锐边、利角部分，粗糙或过于光滑。

(2)相对位置：相向运动、运动与静止物的相对距离较小。

(3)质量和稳定性：在重力的影响下可能运动的零部件的位能。

(4)质量和速度(加速度)：可控或不可控运动中的零部件的动能。

(5)机械强度不够：零件、构件的断裂或垮塌。

(6)弹性元件(弹簧)的位能，在压力或真空下的液体或气体的位能。

机械伤害的基本类型主要有以下几种。

(1)卷统和绞缠。引起这类伤害的是做回转运动的机械部件(如轴类零件)，包括联轴节、主轴、丝杠等；回转件上的凸出物和开口，如轴上的凸出键、调整螺栓或销、圆轮形状零件(链轮、齿轮、皮带轮)的轮辐、手轮上的手柄等，在运动情况下，将人的头发、饰物(如项链)、肥大衣袖或下摆卷缠引起的伤害。

(2)卷入和碾压。引起这类伤害的主要危险是相互配合的运动副。例如，相互啮合的齿轮之间以及齿轮与齿条之间，皮带与皮带轮、链与链轮进入啮合部位的夹紧点，两个做相对回转运动的辊子之间的夹口引发的卷入；滚动的旋转件引发的碾压(如轮子与轨道、车轮与路面等)。

(3)挤压、剪切和冲撞。引起这类伤害的是做往复直线运动的零部件，如相对运动的两部件之间、运动部件与静止部件之间由于安全距离不够产生的夹挤，做直线运动部件的冲撞等。直线运动有横向运动和垂直运动。

(4)飞出物打击。由于发生断裂、松动、脱落或弹性位能等机械能释放，失控的物件飞甩或反弹出去，对人造成伤害。例如，轴的破坏引起装配在其上的皮带轮、飞轮、齿轮或其他运动零部件坠落或飞出；螺栓的松动或脱落引起被它紧固的运动零部件脱落或飞出；高速运动的零件破裂碎块甩出；切削废屑的崩甩；等等。另外，还有弹性元件的位能引起的弹射。例如，弹簧、皮带等的断裂；在压力、真空下的液体或气体位能引起的高压流体喷射；等等。

(5)切割和擦伤。切削刀具的锋刃，零件表面的毛刺，工件或废屑的锋利飞边，机械设备的尖棱、利角和锐边；粗糙的表面(如砂轮、毛坯)等，无论物体的状态是运动的还是静止的，这些由于形状产生的危险都会构成伤害。

(6)碰撞和剐蹭。机械结构上的凸出、悬挂部分(如起重机的支腿、吊杆，机床的手柄等)，长、大加工件伸出机床的部分等，无论是静止的还是运动的，都可能产生危险。

机械伤害大量表现为人员与可运动物件的接触伤害，各种形式的机械伤害、机械伤害与其他非机械伤害往往交织在一起。在进行危险识别时，应该从机械系统的整体出发，考虑机器的不同状态、同一危险的不同表现方式、不同危险因素之间的联系和作用，以及显现或潜在的不同形态等。

选矿厂在生产过程中，机械伤害最容易发生的地方是皮带运输机、破碎机以及各种泵、风机与电动机的连轴器或皮带轮等旋转运动之处。各种机械传动装置，如皮带轮、联轴器等均设有保护罩，因此只要采取基本的防护措施和管理措施，不违章操作，伤害的可能性较小，但机械伤害仍是危险因素之一。

3)中毒和窒息

在选矿厂生产过程中会使用到硝酸，硝酸是略带淡黄色的液体；具有刺激性且不稳定，遇光或热分解释放出二氧化氮；密度 1.502 7g/cm³(25℃)，沸点 83℃，冰点−42℃；可以与任何比例的水混合，同时释放出大量的热；硝酸水溶液具有导电性；浓硝酸还是一种强氧化剂，能使铝钝化，但不至于被腐蚀；和有机物、木屑等混合能引起燃烧；浓硝酸具有强烈的腐蚀性，触及皮肤会引起烧伤，损害黏膜和呼吸道。含有蛋白质的物质，遇硝酸即生成一种鲜明的黄蛋白酸黄色物质。

硝酸蒸气有刺激作用，引起黏膜和上呼吸道的刺激症状，如流泪、咽喉刺激感、呛咳，并伴有头痛、头晕、胸闷等。长期接触可引起牙齿酸蚀症，皮肤接触引起灼伤。口服硝酸，引起上消化道剧痛、烧灼伤以至形成溃疡；严重者可能有胃穿孔、腹膜炎、喉痉挛、肾损害、休克以至窒息等。

4)粉尘危害

粉尘危害是指空气中包含的固体微粒浓度过大，或含有有毒有害固体微粒等，可能造成工作人员在正常工作中自身身体或器官受到伤害，我们就说此工作场所存在粉尘危害。

粉尘危害对人体的伤害是非常严重的。人体吸入生产性粉尘后，可刺激呼吸道，引起鼻炎、咽炎、支气管炎等上呼吸道炎症，严重的可发展成为尘肺病；同时，生产性粉尘又可刺激皮肤，引起皮肤干燥、毛囊炎、脓皮病等疾病。例如，金属和磨料粉尘可以引起角膜损伤，导致角膜感觉迟钝和角膜混浊；有机粉尘(如动物性粉尘)可引起哮喘、职业性过敏性肺炎等。

选矿厂中原矿输送、破碎及破碎后细矿皮带运输、矿石制样、产品装卸过程中产生粉尘，飞扬的粉尘可能被人体直接吸入。

5)噪声伤害

噪声是一类引起人烦躁或音量过强而危害人体健康的声音，噪声对人体有以下几种伤害形式。

(1)强的噪声可以引起耳部的不适，如耳鸣、耳痛、听力损伤。据测定，超过115dB 的噪声还会造成耳聋。据临床医学统计，若在 80dB 以上的噪声环境中生活，造成耳聋者的概率可达 50%。

(2)使工作效率降低。研究发现，噪声超过 85dB，会使人感到心烦意乱，人们会感觉到吵闹，因而无法专心工作，结果会导致工作效率降低。

(3)损害心血管。噪声是心血管疾病的危险因子，噪声会加速心脏衰老，增加心肌梗塞发病率。医学专家经人体和动物实验证明，长期接触噪声可使体内肾上腺分泌增加，从而使血压上升，在平均 70dB 的噪声中长期生活的人，其心肌梗塞发病率增加30%左右，特别是夜间噪声会使发病率更高。

(4)噪声还可以引起如神经系统功能紊乱、精神障碍、内分泌紊乱，从而导致事故率升高。高噪声的工作环境，可使人出现头晕、头痛、失眠、多梦、全身乏力、记忆力减退以及恐惧、易怒、自卑甚至精神错乱。

在生产过程中，破碎机、皮带运输机、风机、除尘、磨选、浮选、干燥等设备会产生强大的噪声，可能会给人体造成伤害，并可能引起二次事故。

6)高处坠落

高处坠落是指在高处作业中发生坠落造成的伤亡事故。高处作业是指凡在坠落高度基准面2m以上(含2m)有可能坠落的高处进行的作业。

高处坠落的主要类型如下：因被蹬踏物材质强度不够，突然断裂；高处作业移动位置时，踏空、失稳；高处作业时，由于站位不当或操作失误被移动的物体碰撞坠落；等等。

高处坠落的主要原因是作业人员缺乏高处作业的安全技术知识和防高处坠落的安全设施、设备不健全，作业人员精神不集中等。选矿厂在生产过程中，生产线作业人员或管理人员有时需要登上设备的平台或皮带走廊等进行作业，因此存在高处坠落的可能性。

7)淹溺

淹溺俗称溺水，淹溺事故进程很快，一般4～5min或6～7min就可因呼吸心跳停止而死亡。淹溺致死的原因主要有以下几个方面。

(1)大量水、泥沙进入口鼻、气管和肺，阻塞呼吸道而窒息。

(2)惊恐、寒冷使喉头痉挛，呼吸道梗阻而窒息。

(3)淡水淹溺，大量水分入血，血被稀释，出现溶血，血钾升高导致心室颤动——心跳停止。

溺水时的表现如下：①轻者面色苍白，口唇青紫，恐惧，神志清楚，呼吸心跳存在。②重者面部青紫、肿胀，口腔充满泡沫或带有血色，上腹部膨胀，四肢冰凉，昏迷不醒，抽搐，呼吸心跳先后停止。

8)尾矿坝的危害

某尾矿库于1995年正式投入使用，由两个坝组成，1个是主坝，1个是付坝，初期坝坝高150m，主付2坝均采用堆石砌成，第一期堆积标高230m，有效容积1.02亿m^3，二期堆积标高为310m，库容1.5亿m^3，初期坝以上坝体用自然沉积的尾矿砂堆筑，采用分散均匀放矿，在投产初期，由于库内水平较低，渗水由初期坝坝角流出，坝的透水性较好。随着尾砂不断堆积，到2001年，坝由初期150m上升到180m，库内水位达到174m时，尾矿库的浸润线不断上升，反映在付坝的150m、155m两个坡平面出现渗水，并带有流砂，局部出现沼泽化，对尾矿库的安全造成严重的威胁。

尾矿库事故的主要表现形式为溃坝和尾矿泄漏。重大的溃坝和尾矿泄漏会造成大量的人员伤亡、建筑物损毁和环境污染。导致尾矿库溃坝和尾矿泄漏事故的因素很多，可归纳为自然因素、设计因素、施工因素、管理因素、社会因素、技术因素。在尾矿库安全监督管理中，直接导致尾矿库事故的主要危险因素：尾矿堆积坝边坡过陡，浸润线逸出，裂缝，渗漏，滑坡，坝外坡裸露拉沟，排洪构筑排洪能力不足，排洪构筑物堵塞，排洪构筑物错动、断裂、垮塌，干滩长度不够，安全超高不足，抗震能力不足，库区渗漏、崩岸和泥石流，地震，淹溺，雷击等。

(1)尾矿堆积坝边坡过陡。尾矿堆积坝边坡直接决定其稳定性。造成尾矿堆积坝边坡过陡的主要原因：放矿工艺不合理；为增加库容人为改陡坡比。造成初期坝边坡过陡的主要原因：盲目节省投资，人为改陡坡比；有的堆石坝是用生产废石进行堆坝，没有控制陡坡比。坡比是坡的垂直高度与水平宽度的比值，比值越小越安全。

(2)浸润线逸出。浸润线的高低和变化直接决定其稳定性。浸润线从坝外逸出，说明坝坡的稳定性很差，有可能发生滑坡事故。造成浸润线逸出的主要原因：无排渗设施；排渗设计不合理；排渗设施施工质量不良；排渗设施管理不当。

(3)裂缝。裂缝是尾矿坝较为常见的危险因素。某些细小的横向裂缝有可能成为坝体的集中渗漏通道，有的纵向裂缝或水平裂缝也可能是坝体出现滑塌的预兆。裂缝的主要原因：坝基随载能力不均衡；坝体施工质量差；坝身结构及断面尺寸设计不当。

(4)渗漏。渗漏是尾矿库常见的危险因素，会导致溢流出口处坝体冲刷及管涌等多种形式的破坏，严重的会导致垮坝事故。按渗漏的部位可分为坝体渗漏、坝基渗漏、接触渗漏和绕坝渗漏。

(5)滑坡。滑坡是尾矿坝最危险的因素之一。较大规模的滑坡，往往是垮坝事故的先兆，即使是较小的滑坡也不能掉以轻心。有些滑坡是突然发生的；有的是先由裂缝开始，如不及时处理，逐步扩大和漫延，则可能造成垮坝重大事故。产生滑坡的主要原因有以下几点。

首先，在勘探时，没有查明基础有淤泥层或其他高压缩性软土层，设计时未能采取适当措施；选择坝址时，没有避开位于坝脚附近的水塘，筑坝后由于坝脚处沉陷过大而引起滑坡；坝端岩石破碎、节理发育，设计未采取防渗措施，产生绕坝渗漏，使局部坝体浸润饱和而引起滑坡；等等。

其次，碾压土坝时，铺土太厚，碾压不实，或土壤含水量不符合要求，密度没有达到设计标准等；抢筑临时拦洪断面和合拢断面，边坡过陡，填筑质量差；冬季施工时没有采取适当措施，以致形成冻土层，在解冻或者蓄水后，库水渗透形成软弱夹层；采用风化程度不同的残积土筑坝时，将黏性较大、透水性较小的土料填在土坝下部，而上部又填黏性较小、透水性较大的土料，放尾矿后，背水坡上部湿润饱和；尾矿堆筑坝与基本坝二者之间或各期堆筑坝坝体之间没有很好结合，在渗水饱和后，造成背水坡滑坡。

最后，强烈的地震引起土坝滑坡；持续的特大暴雨，使坝坡土体饱和，或风浪淘刷，使护坡遭到破坏，致使坝坡形成陡坡。

(6)管渗。凡有渗流就有渗透力或称水动压力。此压力达到一定值时，土中的某些颗粒就会被渗透水流携带走，这种地下水的侵蚀作用称为潜蚀。严格说来，潜蚀应包括化学潜蚀和机械潜蚀。前者是土石中某些可溶组分被渗透水流带走，这在含有可溶组分的土石中极为常见；后者为不溶颗粒被渗水流带走，这也是经常发生的。潜蚀使土石结构变松，强度降低，这种变化可以称为土石的渗透变形或渗透破坏。强烈的渗透变形会在渗流出口处侵蚀成空洞，空洞又会使渗透途径已经减短、水力梯度有所增大的渗流向它集中，而在空洞末端集中的渗流水流就具有更大的侵蚀能力，所以空洞就不断沿最大水力梯度线溯源发展，终至形成一条水流集中的管道，由管道中涌出的水携带较大量的土颗粒，这就是管涌。尾矿坝基石为沙质土，具备产生强烈潜蚀的土石成分及结构条件，而防渗措施又不当，往往会产生管涌甚至造成溃坝。

(7)洪水漫顶。造成洪水漫顶的原因：入库洪水陡然增加，排洪设施不完善或未达到设计要求，排洪系统的泄洪能力不足，调洪库容不足，尾矿坝安全超高不符合要求等。

(8)坝体溃决。尾矿坝最严重的事故(灾害)类型是坝体溃决，造成坝体溃决的原因是多方面的，上述的各种有害因素和地震等自然因素均能造成坝体溃决。一旦发生坝体溃决，将造成尾矿坝影响范围内的建筑物毁灭破坏和重大人员伤亡，并造成重大环境污染，破坏下游生态环境。

(9)排洪构筑物的危害。排洪构筑物包括排洪管道、隧洞等，如果有变形、位移、损毁、淤堵，将导致排洪系统失效，坝内地下水位抬高，将造成坝前沼泽化、管涌、尾矿坝溃坝等严重事故。

2.3.3　选矿厂针对安全生产事故及职业危害的对策措施

1. 带式输送机可能发生的安全生产事故及控制对策

1)跑偏

带式输送机运行时输送带跑偏是最常见的故障之一。跑偏的原因有多种，其主要原因是安装精度低和日常的维护保养差。

2)异常噪声

皮带机运行时其驱动装置、驱动滚筒和改向滚筒以及托辊组在不正常时会发出异常的噪声，根据异常噪声可判断设备的故障。

3)减速机的断轴

减速机的断轴发生在减速机高速轴上。最常见的是采用的减速机第一级为垂直伞齿轮轴的高速轴。发生断轴主要有两个原因，即减速机高速轴设计上强度不够和高速轴不同心。

4)皮带的使用寿命较短

皮带的使用寿命和皮带的使用状况与皮带的质量有关。皮带运输机在运行时应保证清扫器的可靠好用，回程皮带上应无物料。皮带的制造质量是用户比较关心的一个内容。在选定某一型号后还应考核其制造质量。国家有专门的质量鉴定机构可对其进行检验。常规上可进行外观检查，看看是否存在龟裂、老化的情况，制造后存放的时间是否过长。发生上述情况之一者不应采购。在最初发现龟裂的皮带往往使用时间比较短就损坏。

5)凸凹段曲率半径对皮带运输机的影响

单位长度上的拉力值差的大小与凸段曲率半径、托辊槽角有关。槽角越大，凸段曲率半径越小，起拱与打折越严重。当皮带运输机的槽角大于等于 40°时，即使在皮带运输机直段的头部或尾部托辊槽角过渡区间也能发生起拱和打折，此时应减小槽角或加长过渡区间长度的距离，使皮带槽角缓慢过渡。对于凸段皮带运输机应尽可能地增大凸段曲率半径和在满足输送能力的条件下减小托辊槽角。

6)皮带打滑

使用重锤张紧装置的皮带运输机在皮带打滑时可添加配重，添加到皮带不打滑为止。但不应添加过多，以免皮带承受不必要的过大张力而降低使用寿命。使用螺旋张紧或液压张紧的皮带运输机出现打滑时可调整张紧行程来增大张紧力。但是，有时张紧行程已不够，皮带出现了永久性变形，这时可将皮带截去一段重新进行硫化。

2. 颚式破碎机可能发生的安全生产事故的控制对策

在使用颚式破碎机之前一定要检查一下，在颚式破碎机的破碎腔之中是否有异物，包括上次加工时剩在腔中的物料、各种生产工具、铁丝、铁块等。如果有的话，一定要及时取出来。如果这些东西在里面，就启动机器，则会因为负荷过大而烧坏电机或者是铁丝、铁块等损坏到机器内部的动颚板、静颚板等零件。

在启动机器前要检查颚式破碎机的安全措施是否已经做好，因为在任何情况下，安全都是第一位的，如果在生产中出现人员伤害，是谁都不愿意看到的。只有加强安全防护措施，防患于未然，才是最佳选择。

在使用颚式破碎机之前检查固定机器的螺丝是否松动、承载机器的地基是否过软等。发现松动的螺丝就及时地进行加固，发现地基不行就要采取措施加固，这样才能保证生产顺利进行。

在每次使用颚式破碎机之前，都要检查机器的轴承等需要润滑的地方是否润滑良好，稀油站中的润滑剂是否充足。只有机器的润滑效果良好，才能使生产量达到最大化，机器也不容易出现问题。

3. 生产性粉尘的治理措施

工业生产性粉尘对人体的危害比较大，在生产过程中对粉尘的防治主要从两方面进行，即生产过程中尘源的控制与隔离和加强个体防护。

(1)生产过程中尘源的控制与隔离措施包括：①选用不产生或少产生粉尘的工艺。②限制、抑制扬尘和粉尘扩散。③采用密闭管道输送、密闭自动(机械)称量、密闭设备加工，防止粉尘外逸；通过降低物料落差、适当降低溜槽倾斜度、隔绝气流、减少诱导空气量和设置空间(通道)等方法，抑制由于正压造成的扬尘。④对亲水性、弱黏性的物料和粉尘应尽量采用增湿、喷雾、喷蒸汽等措施。⑤消除二次尘源、防止二次扬尘。⑥对污染大的粉状辅料宜用小包装运输，连同包装袋一并加料和加工，限制粉尘扩散。⑦通风除尘建筑设计时要考虑工艺特点及排尘的需要。

(2)个体防护措施主要有防尘口罩、防尘安全帽、防尘呼吸器等。

2.3.4 选矿厂的安全管理

1)选矿厂各岗位的安全管理制度

(1)选矿厂安全领导小组在公司安全委员会的领导下，全面负责厂部各生产工段的安全管理工作，认真执行和落实各项安全规章制度，保证生产安全、顺利进行。

(2)厂部安全领导小组下设办公室，具体负责安全培训、检查、事故调查和生产安全管理工作。

(3)各工段在安全办公室的统一指导下开展安全生产管理工作，负责抓好本工段三班安全运行作业。

(4)各工段班长为生产现场安全管理员，负责全班安全生产工作，纠正和监督各岗位规范操作行为，有查处安全违章、违规的直接权力。

(5)各级安全管理人员在履行职责时，如发现有安全隐患的情况，要逐级向厂部汇报，重大隐患可直接上报厂办。

2)选矿厂安全作业管理制度

(1)碎矿岗位人员必须按工段工艺要求，保证矿石粒度要求，否则每次扣罚当班班长 100 元，相关岗位工每人 50 元。

(2)磨矿岗位操作人员必须按工段工艺规定掌握好磨矿浓、细度，若因跑粗造成磁选跑尾的，每次扣罚当班班长 100 元，当班球磨工 50 元。

(3)严禁跑冒滴漏，杜绝金属流失，若因长时间脱岗，或操作不到位造成事故而造成跑冒滴漏的，每次罚款 50～100 元。

(4)精矿过滤岗位必须做好精矿的及时过滤工作，保证精矿水分在 10%以下。若有精矿水分过高、未按要求进行酸洗，造成处理量严重下降的情况时，处以岗位工50～100 元的罚款。

(5)尾矿浓缩岗位必须做好尾矿的及时浓缩工作，保证浓密池底流浓度在 30%以上。若有浓密机内过多积量、浓密机浓度过高，致使下班工作量增加的，造成浓密机耙子压耙而报警的情况时，处以岗位工 50～100 元的罚款。

(6)环水泵房岗位必须保证选矿厂循环水的使用，若有违规情况，处以岗位工 50～100 元的罚款。

(7)分级脱水岗位必须做好浓缩尾矿的及时分级工作，保证干排尾矿水分在 17%以下。若有旋流器溢流长时间跑粗、干排尾矿水分长时间过高，导致外运困难，未及时发现的情况时，处以岗位工 50～100 元的罚款。

(8)各工序操作人员必须认真操作，实事求是，不得弄虚作假，否则视其情节，给予 50～200 元罚款或除名处理。

(9)选矿厂员工必须严格遵守各项安全规定，整齐穿戴劳保用品，否则造成人身安全事故责任自负。对劳保用品佩戴不齐备的，每次罚款 50 元，若是检查不到位或隐瞒不报的，处以 100 元罚款。

(10)各种设备操作及机电值班人员必须巡回对设备进行检查，严禁设备带病作业，否则罚款 50 元，若是检查不到位或隐瞒不报的，处以 100 元罚款。

(11)各工段使用吊车时，必须严格执行安全规程，不得违章作业，否则处以班长 100 元、操作人员 50 元的罚款；吊车操作人员必须持证上岗，并按要求每月定期对吊车进行维护保养，否则处以主管副厂长、班长、岗位工各 50 元的罚款；吊车在吊运笨重物件时，必须有专人指挥，不得随意起吊，否则处以 50～200 元罚款。

(12)各种生产设备、电器设备必须按要求完善防护设施，悬挂警示标志，否则处以相关部门 50～200 元罚款。

(13)运转设备必须按时进行润滑，定期加注润滑油脂，否则每查处一次罚款 50 元，若因润滑不到位而造成事故时，除罚款外，按《设备事故处理办法》追究其他责任。

(14)岗位人员必须认真填写设备运行记录，要求字迹工整、事项条理清晰，以便接班人员辨认，否则每次罚款20元。

(15)操作人员每班必须定时对岗位设备进行维护，保证设备外表清洁、干净，安全防护设施完整，否则每次罚款50元。

(16)主要设备操作人员要经常观察电流、电压和主要部位温度，保证设备安全运行。

(17)操作人员必须检查岗位设备运行情况，严禁设备带病作业。

3)选矿厂设备检修管理制度

(1)紧固设备各部位螺栓，保证其不松动。

(2)清洁现场及设备卫生，要求达到物见本色、地无杂物。

(3)对所属设备按要求进行润滑，保证其油量充足，温度适宜。

(4)发现设备有不正常情况时要及时调整和汇报。

(5)主要设备由操作工和维修工两级负责实施维护，主管副厂长、设备管理人员负责抽检工作量的落实情况。

(6)对于由单人操作的一班制设备，实行个人负责制；三班制或由几个人同时操作的设备，实行班长负责制。要求操作人员必须严格执行交接班制度，交接班必须在工作岗位上进行，双方在记录本上签字以明确责任(具体见交接班制度)。

(7)公用设备要指定专人进行保养。专职维护人员要按工段、矿井坑口实行分片包干责任制，加强巡回检查力度，对设备的附件、仪器、仪表和安全防护装置等要经常注意检查、维护，及时排除各类故障，确保设备安全完好无损。

(8)操作人员一旦发现设备有缺油、缺件或运转不正常现象，应及时进行处理，若处理不了，要立即通知机修工加以解决。

(9)设备使用单位要认真执行清洁揩机制度，做到每班一小扫，每周一大扫，达到四无标准(即无积水、无垃圾、无杂物、无油污)，油孔、轴承、齿轮、凸轮等部位要做到有油而无杂物，要保持设备的清洁。

(10)操作人员应做到“五懂四会”(即懂构造、懂原理、懂性能、懂用途、懂防护措施；会使用、会保养、会检查、会排除故障)，严格按照设备的维护、使用、保养规程，坚持早加油、检查，晚清扫、周末大清扫的日常保养制度，精心操作设备，确保设备达到清洁、润滑、安全的良好状态。

(11)维修人员应做到“三懂四会”(即懂保养技术要求、懂质量技术标准、懂验收规程；会拆检、会装修、会调试、会鉴定)，并掌握必要的技术知识及有关设备管理制度。

(12)设备润滑工作必须按设备换油周期组织定期换油，实行“五定”(即定期、定点、定质、定量、定人)，操作人员要积极配合维修人员，严格按照润滑图表认真准确地给设备润滑点补加和更换润滑油脂，使用的油脂必须符合设备说明书的要求。油脂代用或使用配制油脂须经设备管理部门同意。

(13)电气设备要按照规定进行定期预防性试验。对所有各类仪器、仪表、安全信号、继电保护等装置，要定期进行校验，清除隐患，确保安全。

4)选矿厂“三违”管理制度

“三违”是违章指挥、违章操作、违反劳动纪律的简称。

(1)重点从以下四个方面查处“三违”行为：①各级干部、管理人员是否认真履行安全生产责任，是否按规定进行安全检查；②各级生产组织、指挥和协调人员是否按照安全生产“五同时”规定组织生产；③关键生产环节和重要生产工序是否执行规章制度，落实安全生产措施；④生产岗位、施工作业现场操作人员是否遵守工艺纪律、施工纪律、劳动纪律和操作规程。

(2)各单位要持续开展反对生产管理中容易出现的重生产、重效益、忽视安全的不良倾向的活动，有针对性地进行安全意识教育，使他们真正树立“安全第一”的思想，做遵章守纪的带头人。

(3)针对部分员工“违章不一定出事故”的侥幸心理，用正反两方面的典型分析其危害性，启发员工增强自我保护意识，自觉遵章守纪。

(4)各单位要广泛开展群众性的自查自纠活动，有针对性地利用班组安全活动开展安全知识问答、技术练兵、事故案例讨论等教育活动，对不安全行为乃至成为习惯的主观因素进行认真分析，制定纠正措施，认真加以纠正。

(5)生产安全办公室(处)(以下简称生安办)重点组织查处违章指挥、违章操作的行为；厂办重点组织劳动纪律检查，查处违反劳动纪律的行为；生安办、厂办、机动办三个职能科室互相协作，共同查处及制止“三违”行为。

(6)广泛宣传遵章守纪的重要性和违章违纪的危害性，促使员工养成自我约束、自我防范、规范操作、自觉遵守安全生产规章制度的良好习惯。

(7)各部门要落实“以人为本”的管理思想，及时掌握员工的思想动态，关心员工的生活，积极改善员工的工作环境，帮助员工解决工作和生活中的实际困难，解除员工的后顾之忧，避免员工在工作中因担心完不成任务等而冒险违章。

2.3.5　专项应急预案

此处列出选矿厂的典型专项应急预案以供参考。

一、高处坠落事故专项应急预案

(一)范围

本预案规定了选矿厂高处坠落事故发生后应急处理的内容。

(二)编制依据

(1)《中华人民共和国安全生产法》(新)(以下简称《安全生产法》)(国家主席令 13 号)。

(2)《选矿安全规程》(GB18152—2000)。

(3)《国家安全监管总局关于加强金属非金属矿山选矿厂安全生产工作的通知》(安监总管一〔2012〕134 号)。

(三)定义

高处坠落事故是指高处作业中发生坠落造成的伤亡事故。

(四)事故类型和危害程度分析

(1)事故类型：在梯子、活梯、活动架、脚手架、吊笼、吊椅、升降工作平台作业。

(2)选矿厂高处坠落事故的主要危害：可能导致人员受伤、死亡等。

(3)发生高处坠落的潜在原因分析。

由于登高装置自身结构方面的设计缺陷，支撑基础下沉或毁坏，不恰当地选择了不够安全的作业方法，悬挂系统结构失效，因承载超重而使结构损坏，因安装、检查维护不当而造成结构失效，因为不平衡而造成的结构失效，所选设施的高度及臂长不能满足要求而超限使用，由于使用错误或者理解错误而造成的不稳，负载爬高，攀登方式不对或脚上穿着物不合适、不清洁造成跌落，未经批准使用或更改设备，与障碍物或建筑物碰撞，电动、液压系统失效，运动部件卡住。

(五)组织机构及职责

(1)按《××选矿厂应急预案》中的规定执行。

(2)在履行各自应急职责的同时，要服从现场总指挥的统一协调、统一指挥。积极行动，不耽搁时间。

(3)不要忙乱，确定事故车间和设备，决定施救方式和人员。

(4)组织机构和应急联络图。

(六)预防与预警

(1)高处坠落事故发生后，生产车间立即启动本车间应急预案，实施先期处置，同时以最快捷的方法将所发生事故的简要情况报告厂办公室、厂长。报告内容为发生事故的时间、地点、伤亡人数、伤害部位、设备和现场的破坏情况及采取的应急措施。

(2)办公室接到事故报告后，立即报告厂长和主管安全负责人。同时通知有关职能部门迅速赶赴现场。有关职能部门接到通知后，应立即启动应急保障预案。

(3)由厂长或主管安全的负责人迅速组成现场指挥部，并根据事故情况确定是否向上级请求事故抢险或支援，并及时上报当地政府和安监部门。

选矿厂应急组织结构图如图 2-22 所示。

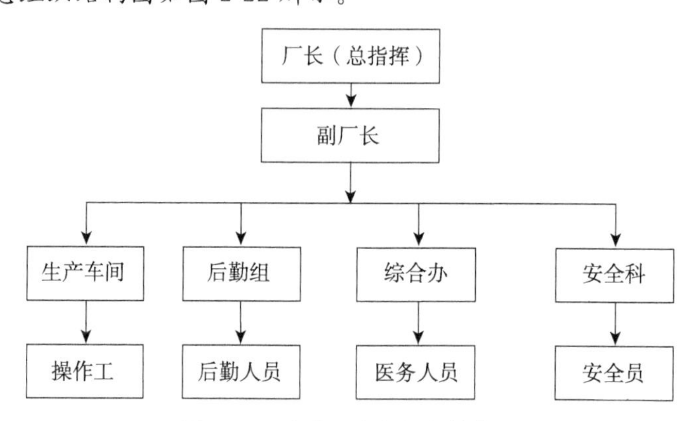

图 2-22　选矿厂应急组织结构图

企业应急通信录如表 2-3 所示。

表 2-3　企业应急通信录

序号	姓名	职务	联系电话	备注
1	××	厂长	××	
2	××	副厂长	××	
3	××	车间副主任	××	

续表

序号	姓名	职务	联系电话	备注
4	××	安全科长	××	
5	××	综合办公室	××	
6	××	后勤通信	××	
7	××	镇安全生产委员会办公室	××	
8	××	市安全生产监督管理局	××	

(七)应急响应

应急响应是事故发生前以及事故发生期间和事故发生后立即采取的行动，目的是通过发挥预警、疏散、搜寻和营救以及提供医疗服务等紧急功能，使人员伤亡和财产损失减少到最小。

1. 先期处置

(1)高处坠落事故发生后，生产车间要立即做出响应，启动应急处置方案。撤出车间所有人员，安排专人实施监控；第一时间采取必要措施抢救伤员、报警、报告。

(2)生产车间在情况紧急时应果断采取有效措施避免事态扩大；组织人员把受伤者送往医院救治；同时要保护好现场。因抢救伤员、防止事故扩大及疏通交通等原因需要移动现场物件时，必须做出标志、拍照、详细记录和绘制事故现场图，并妥善保存现场重要痕迹、物证等。

(3)应急处置措施主要包括以下几点。

第一，发生高处坠落事故后，现场负责人应立即报告公司(厂)应急救援小组，应急救援小组应立即拨打120并与医院取得联系(市医院电话××)，应详细说明事故地点、严重程度，在医护人员没有到来之前，应检查受伤者的伤势、心跳及呼吸情况，视不同情况采取不同的急救措施。

第二，对发生休克的伤员，应先进行抢救，遇有呼吸、心跳停止者，可采取人工呼吸或胸外心脏挤压法，使其恢复正常。

第三，对骨折的伤员，应利用木板、竹片和绳布等捆绑骨折处的上下关节，固定骨折部位；也可将其上肢固定在身侧，下肢与下肢缚在一起。

第四，对伤口出血的伤员，应让其以头低脚高的姿势躺卧，使用消毒纱布或清洁织物覆盖伤口上，用绷带较紧地包扎，以压迫止血，或者选择弹性好的橡皮管、橡皮带或三角巾、毛巾、带状布巾等。对上肢出血者，捆绑在其上臂1/2处，对下肢出血者，捆绑在其腿上2/3处，并每隔25～40min放松一次，每次放松0.5～1min。

第五，对剧痛难忍者，应让其服用止痛剂和镇痛剂。

2. 全面响应

(1)现场救援。各相关部门和矿部领导接到事故报告后应立即赶赴事故现场。各应急单位服从现场总指挥的统一指挥，按各自职责和权限启动应急保障预案，及时有效地进行伤员救护、人员疏散、搜寻和营救、现场警戒等救援工作，控制事态。

(2)指挥与协调。现场总指挥根据事态发展情况，调动应急资源。厂内资源不能满足应急救援时，总指挥可以向外部求援。

(3)事故评估。现场总指挥对事故发展过程进行连续评估，不间断地进行事故评估。根据评估的结果制定相应的应急措施，进行相应的应急行动。

(4)报告与紧急公告。当高处坠落事故造成多人受伤时，而且事故危害已超出选矿厂自身控制能力时，需要宣布部分地区或人群进入紧急状态时，应立即报告政府有关部门，并按照政府有关部门决定实施救援。

3. 应急结束

经现场指挥确认应急救援工作已基本结束，次生、衍生事件基本被消除，应及时结束应急救援工作。特别重大突发事故，需经政府主管部门同意后，方可结束应急救援工作。应急结束情况要及时通知到参与应急救援的所有单位。

二、选矿厂火灾事故专项应急预案

(一)范围

本预案规定了选矿厂火灾事故发生后应急处理的内容。

(二)编制依据

(1)《安全生产法》(国家主席令 13 号)。

(2)《选矿安全规程》(GB18152—2000)。

(3)《国家安全监管总局关于加强金属非金属矿山选矿厂安全生产工作的通知》(安监总管一〔2012〕134 号)。

(三)定义

火灾是指在时间和空间上失去控制的燃烧所造成的灾害。在各种灾害中，火灾是最经常、最普遍的威胁公众安全和社会发展的主要灾害之一。

(四)事故类型和危害程度分析

1. 事故类型

(1)固体物质火灾。通常具有有机物性质，一般在燃烧时，能产生灼热的余烬，如木材、棉、毛、麻等。

(2)液体及可熔化固体火灾，如汽油、原油、沥青、石蜡等。

(3)气体火灾，如煤气、天然气、甲烷、乙烷、丙烷、氢气等。

(4)金属火灾，如钾、钠、镁、钛、锆、铝等。

(5)带电火灾，物体带电燃烧的火灾。

(6)烹饪器具内的烹饪物火灾，如动植物油脂。

2. 选矿厂火灾事故

其主要危害：可能导致人员受伤、死亡和重大财产损失。

3. 发生火灾的潜在原因分析

(1)现场有易燃物品。

(2)现场有明火。

(3)现场有静电火花。

(4)危险化学品违章混存。

(5)水源缺乏，消防设施不配套、不完善。

(6)消防监督人员少，检查不到位。

(五)组织机构及职责

(1)按《××选矿厂应急预案》中规定执行。

(2)在履行各自应急职责的同时，要服从现场总指挥的统一协调、统一指挥。积极行动，不耽搁时间。

(3)不要忙乱，确定事故车间和设备，决定施救方式和人员。

(4)组织机构和应急联络图。

(六)预防与预警

(1)火灾事故发生后，生产车间立即启动本车间应急预案实施先期处置，同时以最快捷的方法将所发生事故的简要情况报告厂办公室、厂长。报告内容为发生事故的时间、地点、伤亡人数、伤害部位、设备和现场的破坏情况及采取的应急措施。

(2)办公室接到事故报告后，立即报告厂长和主管安全负责人。同时通知有关职能部门迅速赶赴现场。有关职能部门接到通知后，应立即启动应急保障预案。

(3)由厂长或主管安全的负责人迅速组成现场指挥部，并根据事故情况确定是否向上级请求事故抢险或支援，并及时上报当地政府和安监部门。

(七)应急响应

应急响应是事故发生前以及事故发生期间和事故发生后立即采取的行动。目的是通过发挥预警、疏散、搜寻和营救以及提供医疗服务等紧急功能，使人员伤亡和财产损失减少到最小。

1. 先期处置

(1)当班人员(或知情人员)应帮助伤员离开现场，并马上报部门主管领导。现场所属部门领导组织人员立即进行灭火，防止事故扩大。

(2)现场所属部门立即通报指挥部、应急救援办公室人员。

(3)指挥部成员接到通知后立即到现场组织指挥救援，并商讨下一步方案、向总指挥报告。

(4)应急处置措施主要包括以下几点：①发生火灾时，现场马上组织疏散人员离开现场。立即报警拨打消防中心火警电话(119、110)，报告内容为：“××地方发生火灾，请迅速前来扑救，地址是××××。”待对方放下电话后再挂机，同时迅速报告办事处安全生产委员会(以下简称安委会)及安全领导小组，组织有关人员携带消防器具赶赴现场进行扑救。②在向领导汇报的同时，派出人员到主要路口等待引导消防车辆，并组织人员救助伤员、扑灭火灾。③要迅速组织人员逃生，原则是“先救人，后救物”。④在消防车到来之前，参加人员在确保自身安全的情况下均有义务参加扑救。⑤消防车到来之后，要配合消防专业人员扑救或做好辅助工作。⑥使用器具，如灭火器、水桶、消防水带等。⑦无关人员要远离火灾地的道路，以便于消防车辆驶入。⑧扑救固体物品火灾，如木制品、棉织品等，可使用各类灭火器具。⑨扑救液体物品火灾，如汽油、柴油、食用油等，只能使用灭火器、沙土、浸湿的棉被等，绝对不能用水扑救。⑩如果是电力系统引发的火灾，应当先切断电源，而后组织扑救。切断电源前，不得使用水等导电性物质灭火。⑪火灾事故首要的一条是保护人员安全，扑救要在确保人员不受伤害的前提下进行。⑫火灾第一发现人应判断原因，立即切断电源。⑬火灾发生后应掌握的原则是边救火，边报警。⑭人是第一宝贵的，在生命和财产之间，先保全生命，再采取一切必要措施，避免人员伤亡。

2. 全面响应

(1)现场救援。各相关部门和矿部领导接到事故报告后立即赶赴事故现场。各应急单位服从现场总指挥的统一指挥，按各自职责和权限启动应急保障预案，及时有效地进行伤员救护、人员疏散、搜寻和营救、现场警戒等救援工作，控制事态。

(2)指挥与协调。现场总指挥根据事态发展情况，调动应急资源。厂内资源不能满足应急救援时，总指挥可以向外部求援。

(3)事故评估。现场总指挥对事故发展过程进行连续评估，不间断地进行事故评估。根据评估的结果制定相应的应急措施，进行相应的应急行动。

(4)报告与紧急公告。当火灾事故造成多人受伤时，而且事故危害已超出选矿厂自身控制能力时，需要宣布部分地区或人群进入紧急状态时，应立即报告政府有关部门，并按照政府有关部门决定实施救援。

3. 应急结束

经现场指挥确认应急救援工作已基本结束，次生、衍生事件基本被消除，应及时结束应急救援工作。特别重大突发事故，需经政府主管部门同意后，方可结束应急救援工作。应急结束情况要及时通知到参与应急救援的所有单位。

三、选矿厂机械伤害事故专项应急预案

(一)范围

本预案规定了选矿厂机械伤害事故发生后应急处理的内容。

(二)编制依据

(1)《安全生产法》(国家主席令 13 号)。

(2)《选矿安全规程》(GB18152—2000)。

(3)《国家安全监管总局关于加强金属非金属矿山选矿厂安全生产工作的通知》(安监总管一〔2012〕134 号)。

(三)定义

由于机械设备运动(静止)部件、工具、加工件直接与人体接触引起的夹击、碰撞、剪切、卷入、绞、碾、割、刺等伤害。

(四)事故类型和危害程度分析

1. 事故类型

事故类型主要包括以下几项：机械部分连接松动、失效；主要承重构件焊缝开裂、扭曲变形；整机倾斜；钢丝绳钢丝断裂；刹车失灵；操作人员思想麻痹；等等。

2. 选矿厂机械伤害事故的危害

选矿厂机械伤害事故的主要危害：可能导致人员受伤、死亡；设备损坏、报废；财产损失；等等。

3. 发生机械事故的潜在原因分析

1)人的不安全行为

(1)操作失误，操作失误可能表现为两个方面：①不熟悉机器的操作规程或操作不熟练；②精神不集中，或疲劳。

(2)违反操作规程，主要表现在对安全操作规程不以为然，或因长时间操作没有发生过事故，为了图省事，不按安全操作规程要求办事，结果酿成伤亡事故。

(3)违反劳动纪律，主要表现如下：因为操作人员想抢时间、想早完成任务早下班，明知违反操作规程，却凭侥幸心理违章操作，因一念之差铸成大错。

(4)穿着不规范，主要表现如下：不按规定穿工作服和戴工作帽，或衣扣不整，或鞋带没系，结果常因衣角、袖口、头发或鞋带被机器绞住而发生事故。

(5)违章指挥，企业领导干部违章指挥也是导致机械伤害事故发生的原因之一，主要表现为：自己不熟悉安全操作规程，却命令别人违反操作规程操作；或同意让未经安全教育和技术培训的工人顶岗，这样就容易发生事故。

(6)安全操作规程不健全，操作人员在操作时无章可循或规程不健全，以致安全工作不能落实。

(7)误入危险区。危险区是指动机械设备可能对人产生伤害的区域，如压缩机的主轴联结部位、皮带输送机走廊等，都属于危险区域。

2)机械的不安全状态

机械的不安全状态，如机器的安全防护设施不完善，通风、防毒、防尘、照明、防震、防噪声以及气象条件等安全卫生设施缺乏等均能诱发事故。动机械所造成的伤害事故的危险源常常存在于下列部位。

(1)旋转的机件具有将人体或物体从外部卷入的危险；机床的卡盘、钻头、铣刀等，以及传动部件和旋转轴的突出部分有钩挂衣袖、裤腿、长发等将人卷入的危险；风翅、叶轮有绞碾的危险；相对接触而旋转的滚筒有使人被卷入的危险。

(2)做直线往复运动的部位存在着撞伤和挤伤的危险。冲压、剪切、锻压等机械的模具、锤头、刀口等部位存在着撞压、剪切的危险。

(3)机械的摇摆部位存在着撞击的危险。

(4)机械的控制点、操纵点、检查点、取样点、送料过程等也都存在着不同的潜在危险因素。

(五)组织机构及职责

(1)按《××选矿厂应急预案》中规定执行。

(2)在履行各自应急职责的同时，要服从现场总指挥的统一协调、统一指挥。积极行动，不耽搁时间。

(3)不要忙乱，确定事故车间和设备，决定施救方式和人员。

(4)组织机构和应急联络图。

(六)预防与预警

(1)机械伤害事故发生后，生产车间应立即启动本车间应急预案实施先期处置，同时以最快捷的方法将所发生事故的简要情况报告厂办公室、厂长。报告内容为发生事故的时间、地点、伤亡人数、伤害部位、设备和现场的破坏情况及采取的应急措施。

(2)办公室接到事故报告后，立即报告厂长和主管安全负责人。同时通知有关职能部门迅速赶赴现场。有关职能部门接到通知后，应立即启动应急保障预案。

(3)由厂长或主管安全的负责人迅速组成现场指挥部，并根据事故情况确定是否向上级请求事故抢险或支援，并及时上报当地政府和安监部门。

(七)应急响应

应急响应是事故发生前以及事故发生期间和事故发生后立即采取的行动。目的是通过发挥预警、疏散、搜寻和营救以及提供医疗服务等紧急功能，使人员伤亡和财产损失减少到最小。

1. 先期处置

(1)机械伤害事故发生后，生产车间要立即做出响应，启动应急处置方案。撤出车间所有人员，安排专人实施监控；第一时间采取必要措施抢救伤员、报警、报告。

(2)生产车间在情况紧急时应果断采取有效措施避免事态扩大；组织人员把受伤者送往医院救治；同时要保护好现场。因抢救伤员、防止事故扩大及疏通交通等原因需要移动现场物件时，必须做出标志、拍照、详细记录和绘制事故现场图，并妥善保存现场重要痕迹、物证等。

(3)应急处置措施主要包括以下几点。

第一，发生机械伤害后，现场负责人应立即报告公司应急救援小组，应急救援小组应立即拨打120并与医院取得联系(市医院××)，应详细说明事故地点、严重程度，在医护人员没有到来之前，应检查受伤者的伤势、心跳及呼吸情况，视不同情况采取不同的急救措施。

第二，对被机械伤害的伤员，应迅速小心地使伤员脱离伤源，必要时，卸(拆)割机器，移出受伤的肢体。

第三，对发生休克的伤员，应首先进行抢救，遇呼吸、心跳停止者，可采取人工呼吸或胸外心脏挤压法，使其恢复正常。

第四，对骨折的伤员，应利用木板、竹片和绳布等捆绑骨折处的上下关节，固定骨折部位；也可将其上肢固定在身侧，下肢与下肢缚在一起。

第五，对伤口出血的伤员，应让其以头低脚高的姿势躺卧，使用消毒纱布或清洁织物覆盖伤口上，用绷带较紧地包扎，以压迫止血，或者选择弹性好的橡皮管、橡皮带或三角巾、毛巾、带状布巾等。对上肢出血者，捆绑在其上臂1/2处，对下肢出血者，捆绑在其腿上2/3处，并每隔25～40min放松一次，每次放松0.5～1min。

第六，对剧痛难忍者，应让其服用止痛剂和镇痛剂。

2. 全面响应

(1)现场救援。各相关部门和矿部领导接到事故报告后立即赶赴事故现场。各应急单位服从现场总指挥的统一指挥，按各自职责和权限启动应急保障预案，及时有效地进行伤员救护、人员疏散、搜寻和营救、现场警戒等救援工作，控制事态。

(2)指挥与协调。现场总指挥根据事态发展情况，调动应急资源。厂内资源不能满足应急救援时，总指挥可以向外部求援。

(3)事故评估。现场总指挥对事故发展过程进行连续评估，不间断地进行事故评估。根据评估的结果制定相应的应急措施，进行相应的应急行动。

(4)报告与紧急公告。当机械伤害造成多人受伤时，而且事故危害已超出矿山自身控制能力时，需要宣布部分地区或人群进入紧急状态时，应立即报告政府有关部门，并按照政府有关部门决定实施救援。

3. 应急结束

经现场指挥确认应急救援工作已基本结束，次生、衍生事件基本被消除，应及时结束应急救援工作。特别重大突发事故，需经政府主管部门同意后，方可结束应急救援工作。应急结束情况要及时通知到参与应急救援的所有单位。

四、选矿厂起重伤害事故专项应急预案

(一)范围

本预案的起重机械是指本厂各车间所辖桥架型起重机(桥式起重机、门式起重机)、葫芦式起重机(电动单梁桥式起重机、葫芦双梁桥式起重机)、流动式起重机(汽车起重机)等。

(二)编制依据

(1)《安全生产法》(国家主席令13号)。

(2)《选矿安全规程》(GB18152—2000)。

(3)《国家安全监管总局关于加强金属非金属矿山选矿厂安全生产工作的通知》(安监总管一〔2012〕134号)。

(三)定义

起重伤害事故是指各种起重作业(包括起重机安装、检修、试验)中发生的挤压、坠落(吊具、吊重)物体打击和触电。

(四)事故类型和危害程度分析

1. 事故类型

起重机械常见事故类型有翻到、超载、碰撞、基础损坏、操作失误、负载失落等。特别是由于天车操作工误操作或天车存在故障造成伤害事故。

2. 选矿厂起重伤害事故的危害

选矿厂起重伤害事故的主要危害：可能导致人员受伤、死亡；设备损坏、报废；财产损失；等等。

3. 发生起重伤害事故的潜在原因分析

1)操作因素

(1)起吊方式不当，捆绑不牢造成的脱钩，起重物散落或摆动伤人。

(2)违反操作规程，如超载起吊、人员处于危险区工作等造成的伤亡和设备损坏，起重机司机不按规定使用超载限制器、限位器、制动器或不按规定归位、锚定造成的超载、过卷扬、出轨、倾翻等事故。

(3)指挥不当、动作不协调造成的碰撞等。

2)设备因素

(1)吊具失效，如吊钩、抓斗、夹具、钢丝绳等损坏造成的重物坠落。

(2)起重设备的操纵系统失灵或安全装置失效而引起的事故，如制动装置失灵而造成重物的冲击或夹挤。

(3)构件强度不够导致的事故。

(4)电气设备损坏造成的触电事故。

(5)因啃轨、超磨损或弯曲造成的桥式起重机出轨、倾翻事故等。

3)环境因素

(1)因雷电、阵风、龙卷风、台风、地震等强自然灾害造成的出轨、倒塌、倾翻等起重设备事故。

(2)因场地拥挤、杂乱造成的碰撞、挤压事故。

(3)因亮度不够或遮挡视线造成的碰撞事故等。

4)吊运物件因素

(1)构件制作质量差。

(2)设计差错。

5)吊运方案因素

(1)准备工作不细。

(2)措施不力、交底不清。

(3)安全措施不细不清。

(4)技术管理混乱。

(五)组织机构及职责

(1)按《××选矿厂应急预案》中规定执行。

(2)在履行各自应急职责的同时，要服从现场总指挥的统一协调、统一指挥。积极行动，不耽搁时间。

(3)不要忙乱，确定事故车间和设备，决定施救方式和人员。

(4)组织机构和应急联络图。

(六)预防与预警

(1)起重伤害事故发生后，生产车间应立即启动本车间应急预案实施先期处置，同时以最快捷的方法将所发生事故的简要情况报告厂办公室、厂长。报告内容为发生事故的时间、地点、伤亡人数、伤害部位、设备和现场的破坏情况及采取的应急措施。

(2)办公室接到事故报告后，立即报告厂长和主管安全负责人。同时通知有关职能部门迅速赶赴现场。有关职能部门接到通知后，应立即启动应急保障预案。

(3)由厂长或主管安全的负责人迅速组成现场指挥部，并根据事故情况确定是否向上级请求事故抢险或支援，并及时上报当地政府和安监部门。

(七)应急响应

应急响应是事故发生前以及事故发生期间和事故发生后立即采取行动。目的是通过发挥预警、疏散、搜寻和营救以及提供医疗服务等紧急功能，使人员伤亡和财产损失减少到最小。

1. 先期处置

(1)起重伤害事故发生后，生产车间要立即做出响应，启动应急处置方案。撤出车间所有人员，安排专人实施监控；第一时间采取必要措施抢救伤员、报警、报告。

(2)生产车间在情况紧急时应果断采取有效措施避免事态扩大；组织人员把受伤者送往医院救治；同时保护好现场。因抢救伤员、防止事故扩大及疏通交通等原因需要移动现场物件时，必须做出标志、拍照、详细记录和绘制事故现场图，并妥善保存现场重要痕迹、物证等。

(3)应急处置措施主要包括以下几点。

第一，现场人员或急救员迅速实行必要的救治，轻伤进行包扎，重伤者立即送往医院或拨打120。

第二，创伤止血的应急救护可用现场物品，如毛巾、纱布、工作服等立即采取止血措施，如果创伤部位有异物且不在重要器官附近，可以拔出异物，处理好伤口，如无把握就不要将异物拔掉，应由医生来检查处理，以免伤及内脏及较大血管，造成大出血。

第三，骨折的应急救护，对骨折的处理原则是尽量不要让骨折肢体活动。因此，要利用一切可以利用的条件，及时正确地对骨折做好临时固定(临时固定的材料可就地取材，如木棍、竹篦等)，以避免送往医院时损伤周围的血管、神经、肌肉或内脏；减轻疼痛，防治休克。

第四，手外伤的应急救护，如有手外伤时，采取止血包扎措施。如有断手断指要立即拾起，用干净的手绢、毛巾、布片包好，放在没有裂缝的塑料袋内，袋口扎紧，并迅速送往医院，让医院进行断肢再植术。切记不能在断肢上涂碘酒、酒精或其他消毒液，这样会使组织细胞变质，造成不能再生。

第五，无论何种情况，在送往医院的途中，都应减少颠簸，也不得随意翻转伤员。

2. 全面响应

(1)现场救援。各相关部门和矿部领导接到事故报告后立即赶赴事故现场。各应急单位服从现场总指挥的统一指挥，按各自职责和权限启动应急保障预案，及时有效地进行伤员救护、人员疏散、搜寻和营救、现场警戒等救援工作，控制事态。

(2)指挥与协调。现场总指挥根据事态发展情况，调动应急资源。厂内资源不能满足应急救援时，总指挥可以向外部求援。

(3)事故评估。现场总指挥对事故发展过程进行连续评估，不间断地进行事故评估。根据评估的结果制定相应的应急措施，进行相应的应急行动。

(4)报告与紧急公告。当起重伤害造成多人受伤时，而且事故危害已超出选矿厂自身控制能力时，需要宣布部分地区或人群进入紧急状态时，应立即报告政府有关部门，并按照政府有关部门决定实施救援。

3. 应急结束

经现场指挥确认应急救援工作已基本结束，次生、衍生事件基本被消除，应及时结束应急救援工作。特别重大突发事故，需经政府主管部门同意后，方可结束应急救援工作。应急结束情况要及时通知参与应急救援的所有单位。

五、选矿厂危险化学品泄漏事故专项应急预案

(一)范围

本预案规定了选矿厂危险化学品泄漏事故发生后应急处理的内容。

(二)编制依据

(1)《安全生产法》(国家主席令13号)。

(2)《选矿安全规程》(GB18152—2000)。

(3)《国家安全监管总局关于加强金属非金属矿山选矿厂安全生产工作的通知》(安监总管一〔2012〕134号)。

(4)《危险化学品安全管理条例》(国务院令第591号,2011年12月1日起施行)。

(三)定义

危险化学品泄漏事故主要是指液体危险化学品发生了一定规模的泄漏,虽然没有发展成为火灾、爆炸或中毒事故,但造成了严重的财产损失或环境污染。危险化学品泄漏事故一旦失控,往往造成重大火灾、爆炸或中毒事故。一些企业认为只要没有造成人员伤亡的事故就不属于重大事故,实际上只要造成了重大经济损失、破坏了生态环境的泄漏事故,就属于严重的危险化学品泄漏事故。

危险化学品是指具有毒害、腐蚀、爆炸、燃烧、助燃等性质,对人体、设施、环境具有危害的剧毒化学品和其他化学品。

本选矿厂的主要危险化学品是指硝酸、丁基黄药、丁铵黄药、Z200、柴油、松油等。

(四)事故类型和危害程度分析

1. 事故类型

(1)硫酸、盐酸泄漏,可对人员造成腐蚀、污染、中毒等危害。

(2)乙炔泄漏,可对人员造成烧伤、爆炸等危害。

2. 选矿厂危险化学品泄漏事故的危害

选矿厂危险化学品泄漏事故的主要危害:可能导致火灾、爆炸或中毒事故,造成人员伤亡和环境污染。

3. 发生危险化学品泄漏的潜在原因分析

造成泄漏的原因主要有两方面:一是由于机械加工的结果,机械产品的表面必然存在各种缺陷和形状及尺寸偏差,所以,在机械零件连接处不可避免地会产生间隙;二是密封两侧存在压力差,工作介质就会通过间隙而泄漏。消除或减少任一因素都可以阻止或减少泄漏。就一般设备而言,减小或消除间隙是阻止泄漏的主要途径。

对于真空系统的密封,除上述密封介质直接通过密封面泄漏外,还要考虑下面两种泄漏形式。

(1)渗漏,即在压力差作用下,被密封的介质通过密封件材料的毛细血管的泄漏。

(2)扩散,即在浓度差作用下,被密封的介质通过密封间隙或密封材料的毛细血管产生的物质传递,在真空系统中习惯称为“密封材料的放气”。首先密封件通过吸附作用吸收气体,气体在密封件中扩散,从密封件的另一侧析出。真空密封的漏放气量与密封形式、密封材料、密封面加工精度及装配质量等因素有关。

泄漏是一种常见的现象,无处不在。人们常说的漏气、漏汽、漏水、漏油、漏酸、漏碱是泄漏;法兰漏、阀门漏、油箱漏、水箱漏、管道漏、三通漏、船漏、车漏、管漏也是泄漏。自行车漏气令人懊恼,汽车轮胎漏气是安全隐患,水龙头滴漏是浪费,化工厂易燃易爆或有毒气体的泄漏则严重地影响生产，甚至威胁到财产安全和员工的生命安全。跑冒滴漏是人们对各种泄漏形式的一种通俗说法，其实质就是泄漏，涵盖气体泄漏和液体泄漏。

（五）组织机构及职责

（1）按《××选矿厂应急预案》中规定执行。

（2）在履行各自应急职责的同时，要服从现场总指挥的统一协调、统一指挥。积极行动，不耽搁时间。

（3）不要忙乱，确定事故车间和设备，决定施救方式和人员。

（4）组织机构和应急联络图。

（六）预防与预警

（1）泄漏事故发生后，生产车间立即启动本车间应急预案实施先期处置，同时以最快捷的方法将所发生事故的简要情况报告厂办公室、厂长。报告内容为发生事故的时间、地点、伤亡人数、伤害部位、设备和现场的破坏情况及采取的应急措施。

（2）办公室接到事故报告后，立即报告厂长和主管安全负责人，同时通知有关职能部门迅速赶赴现场。有关职能部门接到通知后，应立即启动应急保障预案。

（3）由厂长或主管安全的负责人迅速组成现场指挥部，并根据事故情况确定是否向上级请求事故抢险或支援，并及时上报当地政府和安监部门。

（七）应急响应

应急响应是事故发生前以及事故发生期间和事故发生后立即采取的行动。目的是通过发挥预警、疏散、搜寻和营救以及提供医疗服务等紧急功能，使人员伤亡和财产损失减少到最小。

1. 先期处置

（1）当班人员（或知情人员）应帮助伤员离开现场，并马上报部门主管领导。现场所属部门领导组织人员立即进行灭火，防止事故扩大。

（2）现场所属部门立即通报指挥部、应急救援办公室人员。

（3）指挥部成员接到通知后立即到现场组织指挥救援，并商讨下一步方案、向总指挥报告。

（4）应急处置措施主要包括以下几点。

第一，如发现小量的稀释剂、油墨等液体化学品容器发生泄漏或在使用和运输过程中不慎泄漏，设备因检修或故障发生漏液等情况，则应及时通知相关岗位人员、当值班长或安全专员，相关岗位人员在做应急处理时尽可能将溢漏液体收集在专用的容器内，准备好相应的吸水材料（如干净的抹布、海绵、沙土等），待大部分泄漏积液回装容器后，立即用沙土或其他吸水材料吸收残液，防止化学液体流入土壤或排水管道，此类泄漏事故无须报警。

第二，如发现小量的固体化学类原材料散落（如乙烯类原材料）则应及时通知相关岗位人员、当值班长或安全专员，相关岗位人员应及时回装散落的原材料，并清理清洁地面，尽可能地减少残留物质留存土壤或进入排水管道，此类泄漏事故无须启动报警。

第三，如在危险品存放处发现大量液体化学品泄漏（如危险品仓库和生产车间临时存放点有多桶稀释剂等化学品发生泄漏，危废仓库废液容器发生大量泄漏等)，则应及时通知保安、当值班长和安全员，安全员判断是否需要启动报警电铃；若发生火灾或爆炸可能性较小的情况下，应竭力开展应急处理措施，如危废仓库的废液容器发生泄漏，首先应疏散临近的其他人员，采取隔离措施，防止不知情人员进入，其次用海绵或抹布尽量覆盖泄漏区域和泄漏口，降低废液挥发可能引起的火灾概率，同时根据泄漏口的大小及其形状，准备好相应的堵漏材料(如软木塞、橡皮塞、粘合剂等)，堵漏工作就绪后，立即用堵漏材料堵漏，泄漏在消防堤内的大量积液应用防爆泵转移至其他专用废液器内。此类事故若发生火灾和爆炸的可能性较小或泄漏化学品的挥发气味能有效散发，则不需要启动报警电铃，反之则必须启动报警电铃，开展应急预案处理流程。

第四，如小量着火，立即组织临近人员采用灭火器灭火(公司现有的灭火器多为干粉灭火器，可用于一般性的火灾，包括油类、电气类)，灭火后，确认不再复燃，立即采取小量泄漏处理方法处理。

第五，如大量着火(火灾)或爆炸，立即启动报警电铃，并开展此应急预案处理流程。

第六，如泄漏事故可能对公司内、外人员构成威胁时，由指挥部负责治安和交通指挥，对事故救援无关人员与可能威胁到的附近居民以及相邻的危险化学品进行紧急疏散。应急疏散组通知各岗位人员迅速撤离，撤离时应对人员进行清点，若有未撤离的人员，应做好防护后到现场搜寻。非事故现场人员的疏散，由应急指挥组下达疏散撤离的指令，按指定的路线进行撤离。周边区域单位、居民人员疏散，由公司应急救援疏散组人员通知周边区域各单位、各村庄及公司生活区居民按指示的路线进行疏散。应急救援人员的撤离，公司应急救援人员在发现事故现场出现危险状况时(如贮罐将要爆炸等)，应由现场指挥部下达紧急撤离命令，撤离到指定区域，同时要将撤离报告马上报告到公司应急救援指挥部。

紧急疏散时应注意以下几项：①应向上风方向转移，明确专人引导和护送疏散人员到安全区，并在疏散或撤离的路线上设立哨位，指明方向。②不要在低洼处滞留。③要查清是否有人留在污染区与着火区。④疏散时，被疏散人员严禁驾驶车辆及骑摩托车。

抢险、救援及控制措施主要包括以下几项：①为确保事故伤害不再扩大化，所有抢险救援人员，必须按规定戴好呼吸器、穿好防护服，所使用的工具为防爆工具，在抢险救援时，不得独自行动，作业时严格执行公司的安全管理规定，并高度警觉，服从现场救援指挥部的指令。②应急救援队伍的调度由现场救援指挥部统一领导、指挥。③为防止事故扩大，应加大喷洒水量，同时将情况上报区主管部门请求增援，事故扩大后，根据实际情况重新核定危险浓度区，并相应调整疏散人员的范围。

受伤人员的救治主要包括以下几项。第一，事故现场出现人员受伤，由义务消防队抢救组人员按受伤情况进行分类抢救，现场抢救后，重者立即送市人民医院治疗。第二，现场救治方法包括：①皮肤接触，立即脱去污染衣着，用肥皂水及大量清水彻底冲洗皮肤。②眼睛接触，立即翻开上下眼睑，用流动清水或生理盐水冲洗至少 15min，然后就医。③吸入，迅速脱离现场至空气新鲜处，保持呼吸道通畅，如呼吸及心脏停止，立即进行人工呼吸和心脏按摩术，然后就医。

现场保护和洗消：由应急指挥组负责，公司应急救援的消防队到达现场后，负责现场的保护工作，以便调查分析事故发生的原因，为预防和制定防护措施提供第一手资料。

2. 全面响应

(1)现场救援。各相关部门和矿部领导接到事故报告后立即赶赴事故现场。各应急单位服从现场总指挥的统一指挥，按各自职责和权限启动应急保障预案，及时有效地进行伤员救护、人员疏散、搜寻和营救、现场警戒等救援工作，控制事态。

(2)指挥与协调。现场总指挥根据事态发展情况，调动应急资源。厂内资源不能满足应急救援时，总指挥可以向外部求援。

(3)事故评估。现场总指挥对事故发展过程进行连续评估，不间断地进行事故评估。根据评估的结果制定相应的应急措施，进行相应的应急行动。

(4)报告与紧急公告。当危险化学品泄漏事故造成多人受伤时，而且事故危害已超出选矿厂自身控制能力时，需要宣布部分地区或人群进入紧急状态时，应立即报告政府有关部门，并按照政府有关部门决定实施救援。

3. 应急结束

经现场指挥确认应急救援工作已基本结束，次生、衍生事件基本被消除，应及时结束应急救援工作。特别重大突发事故，需经政府主管部门同意后，方可结束应急救援工作。应急结束情况要及时通知参与应急救援的所有单位。

六、选矿厂物体打击事故专项应急预案

(一)范围

本预案规定了选矿厂物体打击事故发生后应急处理的内容。

(二)编制依据

(1)《安全生产法》(国家主席令13号)。

(2)《选矿安全规程》(GB18152—2000)。

(3)《国家安全监管总局关于加强金属非金属矿山选矿厂安全生产工作的通知》(安监总管一〔2012〕134号)。

(三)定义

物体打击事故是指物体在重力或其他外力的作用下产生运动，打击人体造成人身伤亡的事故。

(四)事故类型和危害程度分析

(1)事故类型：操作人员受到坠落物的打击，运动着的重型设备的打击，吊车、吊臂或其他吊物的打击，操作人员被重型设备挤压，重型设备或机械的倾覆。

(2)选矿厂物体打击事故的主要危害：可能导致人员受伤、死亡等。

(3)发生物体打击的潜在原因分析：①现场管理混乱；②安全管理不到位；③机械设备不安全；④施工人员违章操作或误操作。

(五)组织机构及职责

(1)按《××选矿厂应急预案》中规定执行。

(2)在履行各自应急职责的同时，要服从现场总指挥的统一协调、统一指挥。积极行动，不耽搁时间。

(3)不要忙乱，确定事故车间和设备，决定施救方式和人员。

(4)组织机构和应急联络图。

(六)预防与预警

(1)物体打击事故发生后，生产车间应立即启动本车间应急预案实施先期处置，同时以最快捷的方法将所发生事故的简要情况报告厂办公室、厂长。报告内容为发生事故的时间、地点、伤亡人数、伤害部位、设备和现场的破坏情况及采取的应急措施。

(2)办公室接到事故报告后，立即报告厂长和主管安全负责人，同时通知有关职能部门迅速赶赴现场。有关职能部门接到通知后，应立即启动应急保障预案。

(3)由厂长或主管安全的负责人迅速组成现场指挥部，并根据事故情况确定是否向上级请求事故抢险或支援，并及时上报当地政府和安监部门。

(七)应急响应

应急响应是事故发生前以及事故发生期间和事故发生后立即采取的行动。目的是通过发挥预警、疏散、搜寻和营救以及提供医疗服务等紧急功能，使人员伤亡和财产损失减少到最小。

1. 先期处置

(1)物体打击事故发生后，生产车间要立即做出响应，启动应急处置方案。撤出车间所有人员，安排专人实施监控；第一时间采取必要措施抢救伤员、报警、报告。

(2)生产车间在情况紧急时应果断采取有效措施避免事态扩大；组织人员把受伤者送往医院救治；同时要保护好现场。因抢救伤员、防止事故扩大及疏通交通等原因需要移动现场物件时，必须做出标志、拍照、详细记录和绘制事故现场图，并妥善保存现场重要痕迹、物证等。

(3)应急处置措施主要包括以下几点。

第一，发生物体打击事故后，现场负责人应立即报告公司(厂)应急救援小组，应急救援小组应立即拨打120并与医院取得联系(市医院××)，并详细说明事故地点、严重程度，在医护人员没有到来之前，应检查受伤者的伤势、心跳及呼吸情况，视不同情况采取不同的急救措施。

第二，对发生休克的伤员，应先进行抢救，遇有呼吸、心跳停止者，可采取人工呼吸或胸外心脏挤压法，使其恢复正常。

第三，对骨折的伤员，应利用木板、竹片和绳布等捆绑骨折处的上下关节，固定骨折部位；也可将其上肢固定在身侧，下肢与下肢缚在一起。

第四，对伤口出血的伤员，应让其以头低脚高的姿势躺卧，使用消毒纱布或清洁织物覆盖伤口上，用绷带较紧地包扎，以压迫止血，或者选择弹性好的橡皮管、橡皮带或三角巾、毛巾、带状布巾等。对上肢出血者，捆绑在其上臂1/2处，对下肢出血者，捆绑在其腿上2/3处，并每隔25～40min放松一次，每次放松0.5～1min。

第五，对剧痛难忍者，应让其服用止痛剂和镇痛剂。

2. 全面响应

(1)现场救援。各相关部门和矿部领导接到事故报告后立即赶赴事故现场。各应急单位服从现场总指挥的统一指挥，按各自职责和权限启动应急保障预案，及时有效地进行伤员救护、人员疏散、搜寻和营救、现场警戒等救援工作，控制事态。

(2)指挥与协调。现场总指挥根据事态发展情况，调动应急资源。厂内资源不能满足应急救援时，总指挥可以向外部求援。

(3)事故评估。现场总指挥对事故发展过程进行连续评估，不间断地进行事故评估。根据评估的结果制定相应的应急措施，进行相应的应急行动。

(4)报告与紧急公告。当物体打击事故造成多人受伤时，而且事故危害已超出选矿厂自身控制能力时，需要宣布部分地区或人群进入紧急状态时，应立即报告政府有关部门，并按照政府有关部门决定实施救援。

3. 应急结束

经现场指挥确认应急救援工作已基本结束，次生、衍生事件基本被消除，应及时结束应急救援工作。特别重大突发事故，需经政府主管部门同意后，方可结束应急救援工作。应急结束情况要及时通知参与应急救援的所有单位。

七、选矿厂中毒事故的专项应急预案

(一)范围

本预案规定了选矿厂中毒事故发生后应急处理的内容。

(二)编制依据

(1)《安全生产法》(国家主席令13号)。

(2)《选矿安全规程》(GB18152—2000)。

(3)《国家安全监管总局关于加强金属非金属矿山选矿厂安全生产工作的通知》(安监总管一〔2012〕134号)。

(三)定义

机体过量或大量接触化学毒物，引发组织结构和功能损害、代谢障碍而发生疾病或死亡者，称为中毒。

选矿厂中毒事故是指由于危险化学品泄漏造成接触人员或周边人群发生中毒的事故。

(四)事故类型和危害程度分析

1. 事故类型

(1)通过呼吸道中毒：由呼吸道吸入有毒气体、粉尘、蒸气、烟雾能引起呼吸系统中毒。这种形式的中毒是比较常见的，尤其是有机溶剂的蒸气和化学反应中所产生的有毒气体，如乙醚、丙酮、甲苯等蒸气和氰化氢(气体)、氯气、一氧化碳等。

(2)通过消化道中毒：除误吞服外，更多的情况是手上的污染毒物通过吸烟、进食、饮水进入消化系统而引起中毒。这类毒物多以剧毒的粉剂较为常见，如氰化物、砷化物、汞盐等。

(3)通过触及皮肤中毒和五官黏膜受刺激：某些毒物触及皮肤，或其蒸气、烟雾、粉尘对眼、鼻、喉等的黏膜产生刺激作用，如汞剂、苯胺类、硝基苯等，可通过皮肤黏膜吸收而中毒。氮的氧化物、二氧化碳、二氧化硫、挥发性酸类、氨水等，对皮肤黏膜和眼、鼻、喉黏膜刺激性都很大。

毒物从以上三个途径进入人的机体以后，逐渐侵入血液系统直至遍及全身各部，引起更加危险的症状。特别是由消化系统侵入，通过门脉系统经肝脏进入血液，以及从呼吸道进入肺泡中被吸收都是比较迅速的。

2. 选矿厂中毒事故的危害

选矿厂中毒事故的主要危害：可能导致人员受伤、死亡。

3. 发生中毒的潜在原因分析

(1)企业安全生产主体责任落实不到位。领导重视不够，没有按《安全生产法》等法律、法规的规定，设置安全管理机构和配备安全管理人员；安全投入不足，设备设施老化，特别是压力管道的定期维护、检修、更新工作不落实；隐患排查治理不到位；制度不全、执行不严；措施不力；应急预案可操作性和针对性不强，不能有效指导应急救援工作，没有定期组织应急预案培训和演练。

(2)施工组织和管理不善，没有制订和落实施工方案及相应的安全防范措施，盲目施工，违章指挥、违章作业。

(3)缺乏针对性的安全教育和培训。作业人员普遍缺乏危险化学品防护方面的必要知识，生产设备简陋、工艺简单。从负责人到从业人员都是文化水平较低，缺乏化学品的一些常识、基本的安全意识和自救互救知识与能力的人员。

(4)作业人员对有限空间作业存在的危险性认识不足，作业前没有进行危险有害因素辨识，作业前和作业过程中未对现场有毒有害气体进行监测；未按规定办理危险场所作业审批手续，也未落实专人监护，没有采取有效的个体防护措施。

(5)作业现场缺乏必要的防护器材和应急救援装备。

(6)事故发生后现场人员没有及时报告，在未弄清情况又未采取任何防护措施下，救援组织指挥不力，盲目施救，导致伤亡进一步扩大。

(五)组织机构及职责

(1)按《××选矿厂应急预案》中规定执行。

(2)在履行各自应急职责的同时，要服从现场总指挥的统一协调、统一指挥。积极行动，不耽搁时间。

(3)不要忙乱，确定事故车间和设备，决定施救方式和人员。

(4)组织机构和应急联络图。

(六)预防与预警

(1)中毒事故发生后，生产车间立即启动本车间的应急预案实施先期处置，同时以最快捷的方法将所发生事故的简要情况报告厂办公室、厂长。报告内容为发生事故的时间、地点、伤亡人数、伤害部位、设备和现场的破坏情况及采取的应急措施。

(2)办公室接到事故报告后，立即报告厂长和主管安全负责人，同时通知有关职能部门迅速赶赴现场。有关职能部门接到通知后，应立即启动应急保障预案。

(3)由厂长或主管安全的负责人迅速组成现场指挥部，并根据事故情况确定是否向上级请求事故抢险或支援，并及时上报当地政府和安监部门。

(七)应急响应

应急响应是事故发生前以及事故发生期间和事故发生后立即采取的行动。目的是通过发挥预警、疏散、搜寻和营救以及提供医疗服务等紧急功能，使人员伤亡和财产损失减少到最小。

1. 先期处置

(1)当班人员(或知情人员)应帮助伤员离开现场，并马上报部门主管领导。

(2)现场所属部门立即通报指挥部、应急救援办公室人员。

(3)指挥部成员接到通知后立即到现场组织指挥救援，并商讨下一步方案、向总指挥报告。

(4)应急处置措施主要包括以下几点。

在化验室里，如发生人身中毒，原则上应首先尽快派人或打电话请医生，并报告有关领导或上级组织，其次采取急救措施。

在医生抢救之前，急救中毒的原则是尽量使毒物不对人体产生有害作用，或者是将有害作用尽量减少到最小。在送医院(或医生到来)之前应迅速查清中毒原因，针对具体情况，采取以下具体措施进行急救。

第一，呼吸系统中毒：如果是呼吸系统中毒，应迅速使中毒者离开现场，移到通风良好的环境，使中毒者呼吸新鲜空气。轻者，短时间内会自行好转；如有昏迷、休克、虚脱或呼吸机能不全时，可人工协助呼吸，化验室如有氧气，可给予氧气，如可能，给予刺激神经的东西，如浓茶、咖啡等。

第二，经由口服中毒：由口中服入毒物时，首先要立即进行洗胃，使之呕吐。常用的洗胃液是1∶5 000的高锰酸钾溶液(千万不要太浓，浓度过大会烧坏胃壁黏膜)，或用肥皂水或者3%～5%的碳酸氢钠(小苏打)溶液。洗胃要大量地喝洗胃液，边喝边使之呕吐。最简单的催吐方法是用手指或木杆压舌根，或者给中毒者喝少量(15～25mL，最多不超过50mL)1%的硫酸铜或硫酸锌溶液催吐剂。如果无洗胃液，可让其喝大量的温水，冲淡毒物并使之呕吐。洗胃要反复进行，直至洗胃呕吐物中基本无毒物存在，再服解毒剂。解毒剂有很多，要根据中毒药物的性质选用。一般常用解毒剂有生蛋清液、牛奶、淀粉糊、橘子汁等。

对某些特殊毒物要采取更有效的特殊物来解毒，并使之呕吐。例如，磷中毒用硫酸铜，钡中毒用硫酸钠，锑或砷中毒用25%的硫酸铁和0.6%氧化镁混合液(剧烈搅拌混合均匀，每隔10min喝一汤匙，直到呕吐后为止)，氰化物中毒用1%的硫代硫酸钠等。解毒呕吐后，喝温水然后送医院治疗。

第三，皮肤、眼、鼻、咽喉受毒物侵害：皮肤和眼、鼻、咽喉受毒物侵害时，要立即用大量自来水冲洗，冲洗越早好得越彻底。如能涂或服用适当的缓冲剂、中和剂(注意要用稀浓度的)更好。洗净毒物后，看情况请医生治疗。

2. 全面响应

(1)现场救援。各相关部门和矿部领导接到事故报告后立即赶赴事故现场。各应急单位服从现场总指挥的统一指挥，按各自职责和权限启动应急保障预案，及时有效地进行伤员救护、人员疏散、搜寻和营救、现场警戒等救援工作，控制事态。

(2)指挥与协调。现场总指挥根据事态发展情况，调动应急资源。厂内资源不能满足应急救援时，总指挥可以向外部求援。

(3)事故评估。现场总指挥对事故发展过程进行连续评估，不间断地进行事故评估。根据评估的结果制定相应的应急措施，进行相应的应急行动。

(4)报告与紧急公告。当中毒事故造成多人受伤时，而且事故危害已超出选矿厂自身控制能力时，需要宣布部分地区或人群进入紧急状态时，应立即报告政府有关部门，并按照政府有关部门决定实施救援。

3. 应急结束

经现场指挥确认应急救援工作已基本结束，次生、衍生事件基本被消除，应及时结束应急救援工作。特别重大突发事故，需经政府主管部门同意后，方可结束应急救援工作。应急结束情况要及时通知参与应急救援的所有单位。

八、选矿厂触电事故专项应急预案

(一)范围

本预案规定了选矿厂触电事故发生后应急处理的内容。

(二)编制依据

(1)《安全生产法》(国家主席令 13 号)。

(2)《选矿安全规程》(GB18152—2000)。

(3)《国家安全监管总局关于加强金属非金属矿山选矿厂安全生产工作的通知》(安监总管一〔2012〕134 号)。

(三)定义

触电泛指人体触及带电体。触电时电流会对人体造成各种不同程度的伤害。触电事故分为两类：一类是“电击”；另一类是“电伤”，包括雷击事故。

(四)事故类型和危害程度分析

1. 事故类型

1)单相触电

人体接触一根电线，电流通过人体，经皮肤与地面接触后由大地返回，形成电流环形通路。此种触电是日常生活中最常见的电击方式。

2)二相触电

人体不同的两处部位，同时接触同一电路上的两根电线，电流从电位高的一根电线，经人体传导流向电位低的一根电线，形成环形通路而触电。

3)跨步电压触电

当一根电线断落在地上时，内有电磁场效应，以此电线落地为中心，在 20m 之内的地面上有许多同心圆周，这些不同直径的圆周上的电压各不相同，离电线落地点中心越近的圆周电压越高，离中心越远的圆周电压越低，这种电位差称为跨步电压。

当人走进此电场感应区，特别是在距离电线落地点 20m 以内区域时，前脚跨出着地，后脚尚未离地，此时两脚接触在相距约 0.8m 的两个不同电位差的等电点上，即存在电位差，电流就会从前脚流入，经躯体再从后脚回流大地，形成环形通路而触电。

2. 选矿厂触电事故的危害

选矿厂触电事故的主要危害：可能导致人员受伤、死亡等。

3. 发生触电事故的潜在原因分析

(1)接触了带电的导体。这种触电往往是由于用电人员缺乏用电知识或在工作中不注意，不按有关规章和安全工作距离办事等，直接触碰了裸露在外面的导电体，这种触电是最危险的。

(2)由于某些原因，电气设备绝缘受到破坏而漏电，而用电人员没有及时发现或疏忽大意，触碰了漏电的设备。

(3)由于外力的破坏等，送电的导线断落地上，导线周围有大量的扩散电流向大地流入，将出现高电压，人行走时跨入了有危险电压的范围，造成跨步电压触电。

(4)高压送电线路处于大自然环境中，由于锋利等摩擦或因与其他带电导线并架等原因，受到感应，在导线上带了静电，工作时不注意或未采取相应措施，上杆作业时触碰带有静电的导线而触电。

(五)组织机构及职责

(1)按《××选矿厂应急预案》中规定执行。

(2)在履行各自应急职责的同时，要服从现场总指挥的统一协调、统一指挥。积极行动，不耽搁时间。

(3)不要忙乱，确定事故车间和设备，决定施救方式和人员。

(4)组织机构和应急联络图。

(六)预防与预警

(1)触电事故发生后，生产车间立即启动本车间应急预案实施先期处置，同时以最快捷的方法将所发生事故的简要情况报告厂办公室、厂长。报告内容为发生事故的时间、地点、伤亡人数、伤害部位、设备和现场的破坏情况及采取的应急措施。

(2)办公室接到事故报告后，立即报告厂长和主管安全负责人。同时通知有关职能部门迅速赶赴现场。有关职能部门接到通知后，应立即启动应急保障预案。

(3)由总经理(厂长)或主管安全的负责人迅速组成现场指挥部，并根据事故情况确定是否向上级请求事故抢险或支援，并及时上报当地政府和安监部门。

(七)应急响应

应急响应是事故发生前以及事故发生期间和事故发生后立即采取的行动。目的是通过发挥预警、疏散、搜寻和营救以及提供医疗服务等紧急功能，使人员伤亡和财产损失减少到最小。

1. 先期处置

发现有人触电，必须想办法使触电者离开带电的物体，不然，电流通过人体的时间越长，危险就越大[11]。因此，当发现有人触电时，第一件事就是要以最迅速、最安全、最可靠的方法断开电源。

如果触电者触电的场所离控制电源开关、保险盒或插销较近时，最简单的办法是断开电源，拉开保险盒或拔掉插销，这时电源就不能再继续通过触电者的身体。

如果触电者触电的场所离电源开关很远，不能很快地拉开电源开关时，可以用不导电的物体，如干燥的木棒、竹竿、衣服、绝缘绳索等(千万不能用导电物品)，把触电者所碰到的电线挑开，或者把触电者拉开，使他隔离电源。

如果当时除了用手把触电者从电源上拉下来以外，再没有更好的办法时，救护人最好能戴上胶片手套，如果没有胶片手套，可以把干燥的围巾或呢制便帽套在手上，或为触电者披上胶片布，以及其他不导电的干燥布衣服等，再去抢救。

如果没有这些东西，救护人可以穿上胶片鞋站在干燥的木板或不导电的垫子上，或衣服堆上进行抢救。抢救时只能用一只手去拉触电者，另一只手决不能碰到其他导电的物体，以免发生危险。

应急处置措施主要包括以下几项：①解开妨碍触电者呼吸的紧身衣服。②检查触电者的口腔，清理口腔的粘液，如有义齿，则取下。③立即就地进行抢救，如呼吸停止，采用口对口人工呼吸法抢救，若心脏停止跳动或不规则颤动，可进行人工胸外挤压法抢救。决不能无故中断。

如果现场除救护者之外，还有第二人在场，则还应立即进行以下工作：①提供急救用的工具和设备；②劝退现场闲杂人员；③保持现场有足够的照明和保持空气流通；④向领导报告，并请医生前来抢救。

2. 全面响应

(1)现场救援。各相关部门和矿部领导接到事故报告后立即赶赴事故现场。各应急单位服从现场总指挥的统一指挥，按各自职责和权限启动应急保障预案，及时有效地进行伤员救护、人员疏散、搜寻和营救、现场警戒等救援工作，控制事态。

(2)指挥与协调。现场总指挥根据事态发展情况，调动应急资源。厂内资源不能满足应急救援时，总指挥可以向外部求援。

(3)事故评估。现场总指挥对事故发展过程进行连续评估，不间断地进行事故评估。根据评估的结果制定相应的应急措施，进行相应的应急行动。

(4)报告与紧急公告。当触电事故造成多人受伤时，而且事故危害已超出选矿厂自身控制能力时，需要宣布部分地区或人群进入紧急状态时，应立即报告政府有关部门，并按照政府有关部门决定实施救援。

3. 应急结束

经现场指挥确认应急救援工作已基本结束，次生、衍生事件基本被消除，应及时结束应急救援工作。特别重大突发事故，需经政府主管部门同意后，方可结束应急救援工作。应急结束情况要及时通知参与应急救援的所有单位。

2.4　球团厂实习内容

2.4.1　球团厂的工艺流程及主要设备

1. 球团生产的工艺流程及特点

(1)球团工艺：将细磨精矿制成能满足冶炼要求的块状物料的一个加工过程。

(2)将准备好的原料按一定比例经过配料混匀，在造球机上经滚动造成一定尺寸的生球，然后采用干燥和焙烧或其他方法使其发生一系列的物理化学变化而硬化固结。这一过程就叫做球团过程，产品称为球团矿。

(3)球团矿的分类如图 2-23 所示。

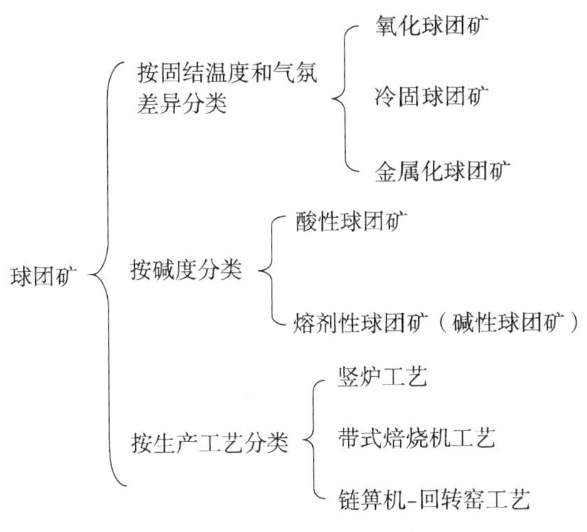

图 2-23　球团矿的分类

(4)球团矿的生产工艺如图 2-24 所示。

(5)生产球团的三种工艺比较如下所述。

生产球团的三种工艺包括竖炉、带式焙烧机、链箅机-回转窑[12]。这三种主要焙烧方法的比较从以下两个方面进行：①对原料的适应性和要求。竖炉炉内温度较难控制，对原料的适应性较差，多用于焙烧磁铁球团矿。竖炉要求生球具有较高的强度和较宽的软化温度范围。对软化温度范围较窄的熔剂性球团矿，竖炉焙烧还存在一定困难。链箅机-回转窑的温度易于控制，加热又均匀，故对原料适应性最强，可焙烧各种不同性质的原料。带式焙烧机与回转窑相近。链箅机和带式焙烧机上，生球处于相对静止状态，干燥方式既可为抽风，也可为鼓风，故对生球强度和水分的要求不像竖炉那样严格。②生产操作和球团矿质量。竖炉球团矿质量易于波动。带式焙烧机设备集中，操作、维护和管理方便，焙烧周期短，焙烧制度易调节，但沿球层高度方向也存在质量不均的问题。链箅机-回转窑加热更加均匀。焙烧时间比带式焙烧机更长，球团矿质量好。若生

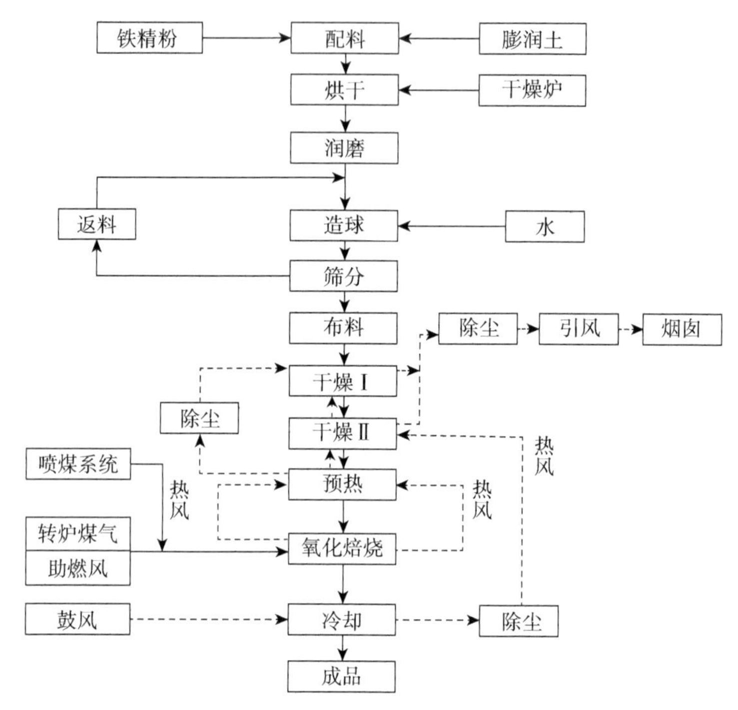

图 2-24 球团矿的生产工艺

球质量差，预热强度不够好，粉末多或窑内温度控制不当时，易产生“结圈”现象，焙烧熔剂性球团时更突出一些，维修也较困难。

(6)生产能力和运行费用：竖炉因受结构限制，单机生产能力小，年产球团矿 50 万吨左右，但生产耗电少，运行费用低。带式焙烧机生产能力最大，链箅机-回转窑次之。目前这两种设备的最大单机生产能力分别达竖炉的 8～10 倍以上，而且还在向更大型化发展。带式焙烧机和链箅机-回转窑适用于大型球团厂，竖炉适用于中小球团厂。特别是改造后的竖炉，生产操作、热能利用和球团质量方面都有很大改善，因而仍具有较强的生命力，它可以满足 1 000m^3 级及其以下各类高炉配加球团矿的需要。

2. 生产球团的主要设备简图和参数

1)润磨机

润磨机的工作原理是周边大齿轮带动筒体旋转时，研磨介质钢球的冲击，以及球与球之间和球与筒体衬板之间的粉磨，使物料充分暴露出新鲜表面，得到充分混合，最后经排料孔排出磨机，进入下道工序。润磨机可有效地降低膨润土添加量，提高生球强度。润磨机产为单仓周边排料式磨机，物料从给料端中空轴给入筒体内部，主电动机经联轴器、减速器、大小齿轮装置驱动装有研磨介质(钢球)的筒体旋转。研磨介质在衬板的摩擦力和离心力的共同作用下，被提升到一定高度后瀑落下来，给物料以冲击，大颗粒的物料得到破碎，另外物料与研磨介质(钢球)衬板之间的研磨作用，使物料形成大量针片状细小颗粒，并与膨润土充分混合，最后经筒体四周排料孔排出磨机，完成润磨过程。润磨机设备如图 2-25 所示。

图 2-25　润磨机设备

2)造球设备

圆盘造球机(图 2-26)是目前国内外广泛使用的造球设备。圆盘造球机用于铁矿粉造球，它是各类球团厂的主要配套设备之一。将焦炭粉、石灰石粉或生石灰、铁精矿粉混合后，输入圆盘造球机上部的混合料仓内，均匀地向造球机布料，同时由水管供给雾状喷淋水，倾斜(倾角一般为 40°～50°)布置的圆盘造球机，由机械传动旋转，混合料加喷淋水在圆盘内滚动成球，通过粒度刮刀将球的粒度控制在 5～15mm。造好的生球落入输送皮带上，经辊轴筛进行筛分，小于 5mm 和大于 15mm 的返回混合机。

图 2-26　圆盘造球机

3)焙烧设备

常用的焙烧设备主要有竖炉、带式焙烧机(图 2-27)、链箅机-回转窑(图 2-28)。

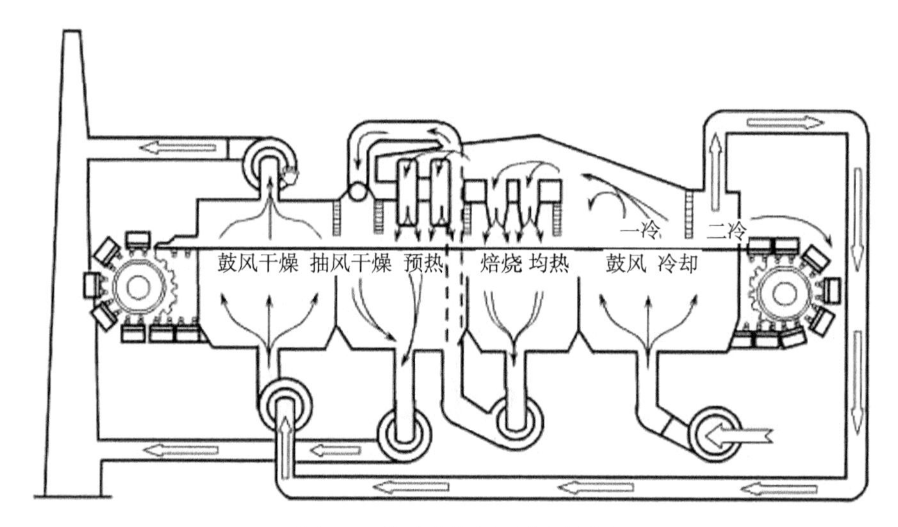

图 2-27 带式焙烧机工作原理图

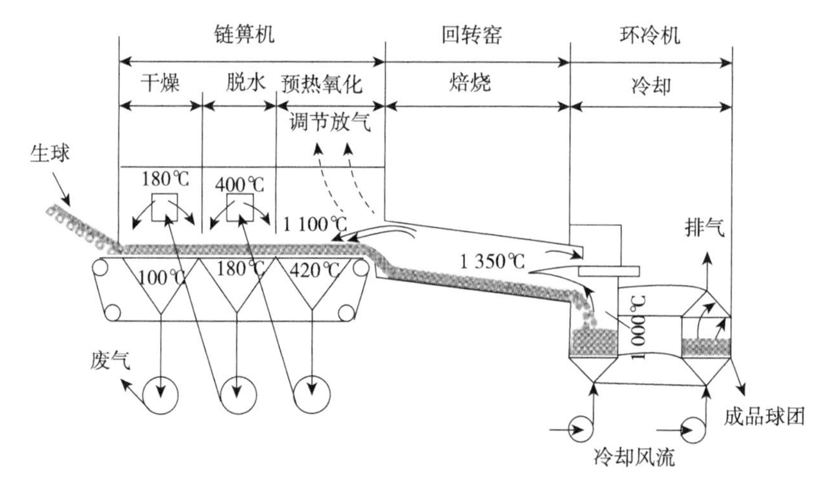

图 2-28 链箅机-回转窑工作原理图

2.4.2 危险及有害因素分析

1. 配料、干燥、润磨、造球、筛分工艺过程有害因素分析

(1)机械伤害：皮带机、烘干机、润磨机、圆盘造球机等设备造成的机械伤害，或防护罩、防护栏缺失损坏，或通廊、通道空间狭小。

(2)火灾爆炸：烘干机烟气加热炉燃料；润滑油等油类火灾；电气火灾。

(3)中毒和窒息：煤气等有毒气体管道阀门泄漏；进入圆筒等受限空间内作业。

(4)灼烫：热烟气及烟气管道、烟气加热炉外壳。

(5)触电：电气设备。

(6)高处坠落：高处平台踩空、防护栏缺失、高处作业未采取安全措施等。

(7)起重伤害：起重设备，如电葫芦、桥式起重机等。

(8)噪声：烘干机、润磨机、圆盘造球机等设备运转、摩擦，物料之间的摩擦等。

(9)粉尘：粉状物料(铁精粉和膨润土)。

(10)高温：烟气加热炉区域热辐射、通风不良。

2. 链箅机-回转窑-环冷机系统有害因素分析

(1)火灾爆炸：燃气、煤粉、燃油等易燃易爆物质引起，如点火故障、未进行吹扫置换、泄漏、安全连锁失效(低压切断)、煤气区域内动火等。

(2)中毒和窒息：煤气中毒；受限空间作业。

(3)机械伤害：回转窑旋转、驱动电机联轴器防护罩缺失。

(4)高处坠落：高处平台作业。

(5)灼烫：热烟气及管道和高温球团。

(6)噪声：风机、回转窑设备运转、物料与设备摩擦、气体噪声(燃气、空气与管壁摩擦等)。

(7)粉尘：含尘烟气、除尘器卸灰处。

(8)高温：热辐射、通风差。

3. 煤粉的危险有害性分析

煤粉为可燃物质，乙类火灾危险品，粉尘具爆燃性，着火点为300～500℃，爆炸下限浓度为34～47g/m^3。高温表面堆积粉尘(5mm厚)的引燃温度为225～285℃，云状粉尘的引燃温度为580～610℃。煤粉主要有以下几个特性。①颗粒特性。煤粉由尺寸不同、形状不规则的颗粒组成，一般煤粉颗粒直径范围为0～1 000μm，大多为20～50μm的颗粒。②煤粉的密度。煤粉密度较小，新磨制的煤粉堆积密度为0.45～0.5t/m^3。贮存一定时间后堆积密度为0.8～0.9t/m^3。③煤粉具有流动性。煤粉颗粒很细，单位质量的煤粉具有较大的表面积，表面可吸附大量空气，从而使其具有流动性。煤粉在运输过程中，经外界的干扰，如设备运转的震动、碰撞或风的作用悬浮到空气中形成粉尘，如场所内作业人员防护用品佩戴不全，很容易引起尘肺病等职业病。当煤粉在空气中达到一定浓度时，在外界高温、碰撞、摩擦、振动、明火、电火花的作用下会引起爆炸，爆炸后产生的气浪会使沉积的粉尘飞扬，造成二次爆炸事故。煤尘爆炸与其在空气中的含量及含氧浓度有关，烟煤在110～2 000mg/m^3，能形成爆炸性混合物，空气中煤尘含量在300～400mg/m^3时爆炸威力最大，这是因为混合物中煤尘与空气的比例适中，煤粉能充分燃烧。煤粉爆炸后不仅产生冲击波伤人和破坏建筑物，同时产生大量的一氧化碳，使人中毒死亡。

2.4.3 安全对策措施

为了预防在球团原料准备、配料、混合、造球、干燥和焙烧、冷却、成品与返矿处理等工序中发生安全生产事故及职业危害，在实际操作中要注意下面的安全操作规程及常见事故的处理方法。

1. 圆盘造球机操作步骤

(1)做好开机前的准备工作，如检查有关设备是否正常，加水装置是否灵活可靠，倾角、刮刀是否调整到位，润滑油料是否充足等，并进行盘车。

(2)接到开机信号后即可启动。运转过程中注意听齿轮运转的声音是否正常，注意观察轴承温度不应超过600℃。

(3)接到停机信号后，及时切断电源，停圆盘给料机，待造球盘中的全部料抛出后，按停机按钮停机。

2. 造球过程中常见事故及处理办法

(1)处理停机、停水事故。在运转过程中，如突然停电，则要及时停止圆盘给料；如圆盘给料机停电，则等造球盘内料往外抛3～5min再停止造球盘。在运转过程中，如突然停水要根据盘内来料水分及时调整下料量，并及时向主控室反馈，如来料水分过小形不成球时要立即停止。

(2)断水、断料的预防处理。当发现球盘断水后，要根据来矿水分的实际情况及时调整下料量，如来料水分过小形不成合格的球，要立即停盘。当发现断料时首先检查圆盘下料口有无卡物，其次启动电振器，振打料仓仓壁；如无料，及时通知主控停盘。

3. 竖炉热工制度的控制和调节规程

(1)煤气量的控制与调节。

(2)助燃风量的控制与调节。

(3)煤气压力与助燃风压力。

(4)冷却风流量的控制与调节。

(5)燃烧室温度的控制与调节。竖炉燃烧室的温度，可以根据球团的焙烧温度确定，而球团的焙烧温度需要通过试验确定。

(6)烘烧室的压力调节。在竖炉生产中，燃烧室的压力是炉内料柱透气性的一面镜子，燃烧室压力升高，说明炉内料柱透气性变坏，应进行调节。

(7)燃烧室的气氛调节。

4. 链箅机常见的事故及处理办法

(1)断链节。其原因是链节受力不均，应及时通知主控室进行修理。

(2)缺箅板。其原因是固定卡块掉落，及时补充箅板并紧固好卡块，必要时焊牢。

(3)铲料板顶起，机头漏料量增加。应及时用压缩空气吹净铲料板下部积料并从上部捅铲料板强制其复位。

(4)链箅机内出现大量粉末。

5. 回转窑常见事故及处理办法

(1)发生红窑。应立即向主控室汇报并详细记录红窑地点和面积、开始红窑时间及红窑发展情况。

(2)煤气点不着火。应立即切断阀门，查明原因后再行点火。

(3)突发停电事故。煤气系统的安全处理方法为：立即关闭煤气主管道盲板阀；打开放散阀，并通入蒸汽置换煤气；确认现场无明火，严禁动火；远离煤气区域并禁止在下风口停留。

(4)回转窑结圈。结圈是回转窑生产中常见的故障，多出现在高温带。

2.4.4　球团厂安全管理

1. 安全管理

(1)各部门要认真落实安全生产责任制，划分责任管理区域，责任落实人头，做到谁管理、谁负责。加大现场自检自查工作力度，重点排查隐患、纠正违章违纪，目的是及时发现问题，及时解决问题，保证现场作业安全。

(2)充分发挥各专业人员作用，落实专业人员安全管理负责制，严格执行规章制度；全厂安全用电、特种设备使用情况，实行定期和不定期检查，机动科要制定检查表，完善检查项目，做好检查工作记录，要加大此项管理工作制度；认真做好安全防范和设备维护保养工作，保证设备设施安全运行。

(3)生产现场各电器设备设施存在的接线端护套管脱落、线缆护套管破损的、接地线及防静电措施不合格的要逐项检查整改。用电安全重点排查区域包括高压配电室、煤粉制备系统、柴油站、柴油发电机室、各高压电机。

(4)各部门要认真履行工作职责，加强管理工作责任心，认真做好现场安全隐患排查工作。综合科对整体工作开展情况进行检查验收考核。

2. 工业卫生管理

(1)所有产尘设备和尘源点，应严格密闭，并设除尘系统。作业场所粉尘和有害物质的浓度，应符合 GBZ 1、GBZ 2.1 的规定。

(2)除尘设施的开停，应与工艺设备连锁；收集的粉尘应采用密闭运输方式，避免二次扬尘。

(3)对散发有害物质的设备，应严加密闭。

(4)生产球团产生的有害气体，应良好密闭，集中处理。

(5)工作场所操作人员每天连续接触噪声的时间、接触碰撞和冲击等的脉冲噪声，应符合 GBZ 1、GBZ 2.1 的规定。应积极采取防止噪声的措施，消除噪声危害。达不到噪声标准的作业场所，作业人员应佩戴防护用具。

(6)作业场所放射性物质的允许剂量，不应超过 GB 18871 的标准。使用放射性核素时，应遵守 GB 8703 的规定。

(7)使用放射性装置的部位或处所，周围应划定禁区，并设置放射性危险标志。

(8)使用放射性同位素的单位，应建立和健全放射性同位素保管、领用和消耗登记等制度。放射性同位素应存放在专用的安全贮藏处所。

3. 消防管理

(1)厂房的防火设计应按《建筑设计防火规范》(GB 50016—2006)等有关规定执行。

(2)变配电室、控制室、车间的燃气使用点等的电气设施应按《爆炸和火灾危险环境电力装置设计规范》(GB 50058—2014)进行设计。

(3)在车间的燃气使用点须按《建筑灭火器配置设计规范》(GB 50140—2005)设置消火栓并配备灭火器。

(4)在变配电室、控制室、燃气使用场所等处须按《火灾自动报警系统设计规范》(GB 50016—2013)设置烟雾、火灾报警装置，并按《建筑灭火器配置设计规范》(GB 50140—2005)的要求配备一定数量的相应灭火器材。

(5)在燃气管道系统设置压力检测、报警装置以及燃气紧急切断装置、燃气吹扫装置。在干燥、焙烧窑的燃烧室均应设置火焰监测器并与燃气切断阀连锁，一旦燃烧室内火焰熄灭，自动切断通往该燃烧室的燃气。

(6)组织训练消防队伍及义务消防队伍，应切实建立防火制度和应急救援预案。加强消防力量，配备足够的防火器材，并确保灭火设施、器材完好。业余消防人员也要组织进行训练。

(7)其他防火防爆安全工程设计方面应重点考虑防明火、防静电火花、防电气火花、防摩擦、撞击产生火花等方面的措施。

2.4.5 生产过程中的事故预防与应急救援措施

根据本工程厂址环境、工艺过程等客观因素，可能出现的重大事故类型主要为天然气泄漏、中毒、火灾、天然气或煤粉爆炸事故，主要高风险部位为回转窑等天然气使用设备设施、磨煤室等煤粉生产贮存设施。

1. 事故预防与预警

建设单位要针对可能发生的事故进行分级并确定预警和响应的条件、程序，接到可能导致事故的信息后，根据其严重程度逐级启动相应的应急预案。事故发生后，事故装置立即停止生产，立即将事故发生地点及人员伤亡情况向消防、救护及企业生产安全调度部门报告。事故应急救援信息中心接到事故预警后，要立即启动事故发生区域内的事故应急救援预案。应急救援机构接到事故信息和指令后，要立即按既定方案采取应对行动，有效遏止事故，防止事故蔓延和扩大。

2. 应急处置原则

监测、救护人员进入事故现场，须与现场总指挥取得联系，得到许可后方可在佩戴监护、防护设备或在监护人员的监护下进入事故现场。发生燃气设备设施火灾事故，岗位人员迅速关闭相应燃气阀门或通入氮(蒸)气保压，并通知关闭相应燃气控制阀门，协调处理燃气设备设施。

3. 应急指挥

应急指挥部全体成员接到公司应急总指挥部电话通知或事故单位报告后，须在10min或最快的时间内赶到公司应急总指挥部或事故现场临时应急救援指挥部地点集合，指挥开展应急救援行动。

4. 应急行动及现场紧急处置

各专业应急救援组根据指挥部指令和本组专项行动预案开展应急救援行动。一般处置方案包括以下几项。

(1)启动专业应急救援组和事故所在单位应急救援预案。

(2)迅速组织撤离、疏散现场作业人员和其他非应急救援人员，封锁事故区域，按规定实施警戒和警示。

(3)立即采取措施保护相邻装置、设施，防止事故扩大和引发次生事故。

(4)参加应急救援人员要配备相应的防护装备(隔热、防毒等)及检测仪器，并设专人监护。

(5)根据人员伤亡情况展开救治和转移。

(6)及时掌握事故的发展情况，及时修改、调整和完善现场救援预案和资源配置。

5. 人员紧急疏散和撤离

1)事故现场人员的撤离方式、方法

(1)事故现场人员的撤离方式：沿安全通道迅速由本厂的安全出口撤离。

(2)事故现场人员的撤离方法。听到警报后，在本车间、(副)班长的指挥下，有秩序地沿安全通道迅速由安全出口撤离。本车间、(副)班长应检查自己负责的区域，在确保无人员滞留后方可离开。

2)非事故现场人员的撤离方式、方法

(1)非事故现场人员的撤离方式为口头引导疏散、广播引导疏散、强行引导疏散。

(2)非事故现场人员的撤离方法。听到警报后，在该车间、班组煤防员或安全员的指挥下，有秩序地沿安全通道迅速由安全出口撤离。本车间、班组煤防员或安全员应检查自己负责的区域，在确保无人员滞留后方可离开。

3)抢救人员撤离前后的报告

抢救人员撤离前向本车间、班组长请示后方可按指定路线撤离。撤离后及时报告撤离情况。

6. 危险区域的隔离和警戒

1)危险区域的设定

球团厂事故地点 500m 范围内为危险区域。警戒区域设置时需注意观察适时风向和风速，并注意上风向相对下风向为较安全区域。

2)危险区域周围的检测

安全处安全员及事故发生厂安全员按照巡检路线定时检测危险区域周围。

3)事故现场警戒区域的划定方式、方法

按照危险区域的设定，派人员在危险区域周边警戒。

4)事故现场警戒区的划定

在危险区域以外 50～100m 划定警戒区域。

5)事故现场周边道路的隔离与交通疏导

事故现场周边道路入口：公司主要道路与事故厂交叉道口派人警戒，按事故现场需要隔离。治安办派专人负责疏导道路交通。

6)应急避险

各专业应急救援组采取应急行动前必须做好次生、衍生事故的预测和预防措施。

7. 扩大应急

当应急救援资源无法满足应急救援需求时，事故单位或专业应急救援组应及时报告应急救援指挥部，请求提供支持或应急升级。

8. 救援及控制措施

(1)监测、救护人员的保护措施：监测、救护人员进入事故现场，须与现场总指挥取得联系，得到许可后方可佩戴监护、防护设备或在监护人员的监护下进入事故现场。

(2)抢险救援方式、方法及人员保护措施：①燃气事故应迅速关闭相应燃气阀门或通入氮(蒸)气保压，并通知关闭相应燃气控制阀门，协调处理燃气设备设施。②其他类型燃气事故应迅速查明燃烧点附近设备设施、人员情况，及时清除或隔离易燃、可燃物并疏导撤离人员。

(3)现场情况异常时，抢险人员的撤离疏散方法：抢险人员迅速由邻近的安全出口撤离。

(4)应急救援队伍的调度：①由公司应急总指挥部负责调度本单位应急救援队伍。②由公司应急总指挥部研究决定是否调度外部力量。

(5)事故可能扩大的情况及应急措施：①事故可能扩大的情况包括燃气扩散、火灾蔓延。②应急措施，迅速通知公司应急总指挥部及燃气可能扩散到的区域内公司其他厂。

9. 事故应急处置措施

1)燃气爆炸、着火和燃气大量泄漏事故

第一，当班煤防员或安全员、(副)班组长应迅速指挥现场及外来参观实习等人员沿逃生路线迅速撤离危险区域。

第二，当班人员应立即和公司调度室(值班领导)、安全处和消防队等有关单位汇报、联系，并同时采取有效安全措施控制事故，严防冒险抢救，扩大事故。

第三，抢救事故的所有人员必须服从统一指挥和领导。

第四，事故现场应划出危险区域，布置岗哨、警戒线，清点统计人数，阻止非抢救人员进入，进入危险区域的抢救人员必须佩戴呼吸器，严禁用纱布口罩或其他不适合防止中毒的器具。

2)燃气设施(管道)爆炸

第一，发生燃气爆炸事故后，当班煤防员或值班领导应迅速指挥现场及外来参观实习等人员沿逃生路线迅速撤离危险区域。

第二，事故现场应划出危险区域，布置岗哨、警戒线，清点统计人数，阻止非抢救人员进入燃气危险区域，切断燃气来源的抢救人员必须佩戴呼吸器，并由佩戴呼吸器的专人监护。

第三，防护人员穿戴好燃气防护设施，迅速将残余燃气处理干净，现场警戒，避免无关人员中毒。

第四，若爆炸后出现大面积着火，按火灾事故处理。

第五，若爆炸后没有出现管道破损，也没有出现连续爆炸的情况，要保护好现场，控制事故。

3)燃气设施(管道)失火

(1)燃气设施着火时，当班煤防员或值班领导应迅速指挥现场及外来参观实习等人员沿逃生路线迅速撤离危险区域。

(2)事故现场应划出危险区域，布置岗哨、警戒线，清点统计人数，阻止非抢救人员进入，抢救人员必须佩戴呼吸器，并根据压力逐渐关闭阀门，降低压力并向管内通入大量蒸气，但管内压力不得小于 100Pa，以防突然关闭阀门而引起回火爆炸。

(3)设专人警戒现场，防止灭火后出现中毒事故。

(4)如是燃气管道着火，当管径小于 100mm 时，直接关闭其阀门即可。若管道直径大于 100mm 时，可视情况逐渐关小阀门开度，并通入大量蒸气，至灭火后将阀门完全关闭。

(5)如燃气设施上出现小火苗，不必停机和停送，直接用泥土或湿麻袋将火扑灭。

(6)已经烧红的燃气设施严禁喷水灭火。

4)燃气中毒

(1)紧急措施：发现有燃气中毒者，应在确保抢救人员安全的前提下将中毒者迅速救出危险区域，抬到空气新鲜的地方，解除一切阻碍呼吸的衣物并注意保暖；迅速通知公司调度室、安全处和煤防人员携带紧急救护设备赶至现场救护，设置危险警戒区域，以防无关人员再发生中毒事件。对中毒轻微者，如出现头痛、恶心等症状，可直接送往附近卫生所急救；对于中毒较重者，如出现失去知觉、口吐白沫等症状，应通知煤气防护站和附近卫生所赶至现场急救；对于中毒者已停止呼吸，应在现场立即做人工呼吸，并使用苏生器，同时通知煤防站和附近卫生所赶到现场。

(2)现场抢救：中毒者未恢复知觉之前不得用急救车送往较远的医院急救，就近送往医院抢救时，途中应采取有效的急救措施，并有医护人员护送。

5)一般处置方案

(1)在做好事故应急救援工作的同时，迅速组织群众撤离事故危险区域，维护好事故现场和社会秩序。

(2)迅速撤离、疏散现场人员，设置警示标志，封锁事故现场和危险区域，同时设法保护相邻装置、设备，防止事态进一步扩大和引发次生事故。

(3)参加应急救援的人员必须受过专门的训练，配备相应的防护(隔热、防毒等)装备及检测仪器(毒气检测等)。

(4)立即调集外伤、烧伤、中毒等方面的医疗专家对受伤人员进行现场医疗救治，适时进行转移治疗。

(5)掌握事故发展情况，及时修订现场救援方案，补充应急救援力量。

6)受伤人员的现场救护和救治

(1)优先处理的伤员：休克、严重失血、意识丧失、呼吸困难、Ⅲ度烧伤面积达 10%、Ⅱ度烧伤面积达 30%。及时给予心肺复苏、止血、固定等可最大限度降低死亡率的抢救措施。

(2)次优先处理的伤员：一般可以在伤员集结地采用适当的措施，可拟定病情的伤员，转送医院治疗。

(3)延期处理的伤员：受伤后生理上没有太大改变的伤员，可转送医院治疗。

(4)濒死的伤员：遭受致命性损伤，必然死亡的伤员。

10. 应急结束

各专业应急救援组将救援进展情况及时报告指挥部，燃气事故现场得到有效控制，可能导致次生、衍生事故的隐患得到消除，伤亡人员全部救出或转移，设备、设施处于受控状态，环境有害因子得到有效监测和处置达标，达到上述条件后由各专业应急救援组组长向应急救援总指挥报告，由总指挥或常务副总指挥下达指令，宣布应急救援终止，应急结束。

2.5 烧结厂实习内容

烧结方法在冶金生产中的应用，起初是为了处理矿山、冶金、化工厂的废弃物(如富矿粉、高炉炉尘、轧钢皮、炉渣等)以便回收利用。

随着钢铁工业的快速发展，矿石的开采量和矿粉的生成量亦大大增加。据统计，每生产1t生铁需1.7～1.9t铁矿石，若是贫矿，需要的铁矿石则更多。另外，由于长期的开采和消耗，能直接用于冶炼的富矿越来越少，人们不得不大量开采贫矿(含铁25%～30%)。但贫矿直接入炉冶炼是很不经济的，所以必须经过选矿处理。选矿后的精矿粉，虽然含铁品位上提高了，但其粒度不符合高炉冶炼要求。因此，对开采的粉矿(0～8mm)和精矿粉都必须经过造块后方可用于冶炼。我国铁矿资源丰富，但贫矿较多，约占80%以上，因此，冶炼前大都需经破碎、筛分、选矿和造块等处理过程。

2.5.1 烧结厂工艺流程

烧结厂工艺流程的主要内容包括：烧结厂主要工艺流程(如含铁原料、燃料和熔剂的接受与贮存；原料、燃料和熔剂的破碎筛分；烧结料的配制、混合制粒、布料、点火与烧结；烧结矿的破碎和筛分、冷却、整粒及辅底料分出等工序)的特点和主要设备(如原料及混合设备、球团设备、烧结及冷却设备、主抽风机及主除尘设备、成品筛分设备和余热回收设备等)的简图及参数[13]。

1. 烧结的概念

将各种粉状含铁原料，配入适量的燃料和熔剂，加入适量的水，经混合和造球后在烧结设备上使物料发生一系列物理化学变化，将矿粉颗粒黏结成块的过程。

2. 烧结原料的准备

烧结原料主要由含铁原料、熔剂、燃料组成。下面我们分别对这三种原料进行介绍。

1)含铁原料

烧结含铁原料主要有铁矿粉、除尘灰、返矿、炼钢污泥等。而最主要的含铁原料是铁矿石，铁矿石分为磁铁矿、赤铁矿、褐铁矿、菱铁矿四大类。一般要求含铁原料品位高，成分稳定，杂质少。

2)熔剂

要求熔剂中有效生石灰含量高，杂质少，成分稳定，含水3%左右，粒度小于3mm的占90%以上。烧结熔剂的类别主要有石灰石、白云石、菱镁石、生石灰、轻烧白云石、轻烧镁粉、消石灰等。在烧结料中加入一定量的白云石，使烧结矿含有适当的氧化镁，对烧结过程有良好的作用，可以提高烧结矿的质量。

3)燃料

燃料在烧结过程中主要起发热作用和还原作用，对烧结过程及烧结矿质量、品质影响很大。烧结生产使用的燃料分点火燃料和烧结燃料两种。

(1)点火燃料。点火燃料有气体燃料、液体燃料和固体燃料。一般常采用焦炉煤气(15%)与高炉煤气(85%)的混合气体，其发热值为5 860kJ/m^3，而实际生产中不少厂只用高炉煤气点火。

(2)烧结燃料。烧结燃料是指混入烧结料中的固体燃料。一般采用的固体燃料主要是碎焦粉和无烟煤粉。对烧结所用的固体燃料总的要求：固体燃料含碳量高，挥发分、灰分、硫含量低。

3. 烧结方法的分类

按照烧结设备和供风方式的不同可分为：①鼓风烧结，烧结锅、平地吹。这是土法烧结，逐渐被淘汰[14]。②抽风烧结，将准备好的含铁原料、燃料、熔剂经混匀制粒，通过布料器布到烧结台车上，随后点火器在料层点火，点火的同时开始抽风，在台车炉箅下形成一定负压，空气则自上而下通过烧结料层进入下面的风箱。随着料层表面燃料的燃烧，燃烧带逐渐向下移动，当燃烧带到达炉箅时，烧结过程即告终结。③在烟气中烧结。

烧结过程是复杂的物理化学反应的综合过程。按照温度变化和烧结过程中所发生的物理化学反应，烧结料层可分为五个带(或五层)，即烧结矿带、燃烧带、预热带、干燥带、过湿带，如图2-29所示。

4. 配料以及配料的目的

根据对烧结矿的质量指标要求和原料成分，将各种烧结料(铁原料、熔剂、燃料等)按一定的比例组成配合料的工序过程叫配料作业。

配料的目的，就是依据高炉冶炼对烧结矿的要求，获得化学成分稳定、物理性能良好的烧结矿，同时考虑到烧结生产对混合料有一定透气性的要求，以保证烧结生产的优质、高产、低耗，并且要考虑矿物资源的综合利用和有利于有害杂质的去除。

三种配料方法为容积配料重量法检查、重量法配料和按成分配料，常用的为重量法配料。

5. 混合制粒的造球过程

造球的过程一般分为三个阶段：第一阶段形成母球，第二阶段母球长大，第三阶段

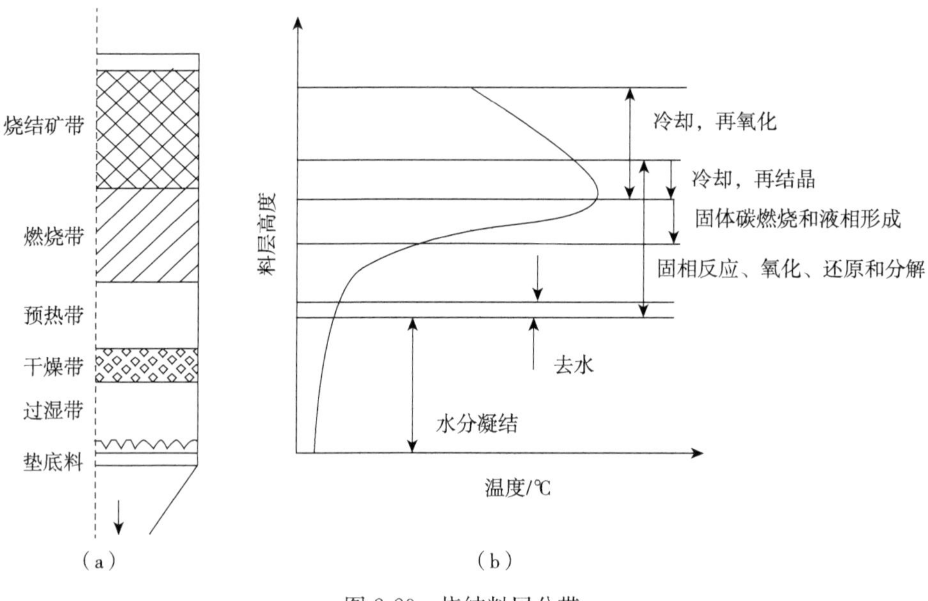

图 2-29 烧结料层分带

长大的母球(又称生球或准颗粒)进一步密实。上述三个阶段是靠加水润湿(水的状态主要分为结合水、毛细水、重力水)和用滚动的方法产生的机械作用(滚动、翻动、滑动)来实现的[15]。

6. 烧结生产的工艺流程

目前生产上广泛采用带式抽风烧结机生产烧结矿。抽风烧结生产的工艺流程如图 2-30 所示，主要包括烧结料的准备、配料与混合、烧结和产品处理等工序。

7. 成品烧结矿的处理

(1)烧结矿经过剪切式单齿辊破碎机进行破碎。

(2)冷却后的烧结矿经过鼓风式带式冷却机或鼓风式环式冷却机进行冷却处理。

(3)冷却后烧结矿进入整粒系统，控制烧结矿上下限的粒级，以达到烧结矿质量要求。

2.5.2 现代化烧结机的主要设备配置

1)自动化配料系统

使用计算机可编程逻辑控制器(programmable logic controller，PLC)系统，将各种原料的配比输入计算机后，实现自动化配料。

2)混料系统

将配好的原料送入圆筒混合机中，进行有效的混匀，并配加适量的水，保证烧结过程中合适的导热效果，使部分原料可造成球。

3)烧结机系统

将混合好的原料布到烧结机台车上，然后进行表面点火和抽风烧结，从而形成烧

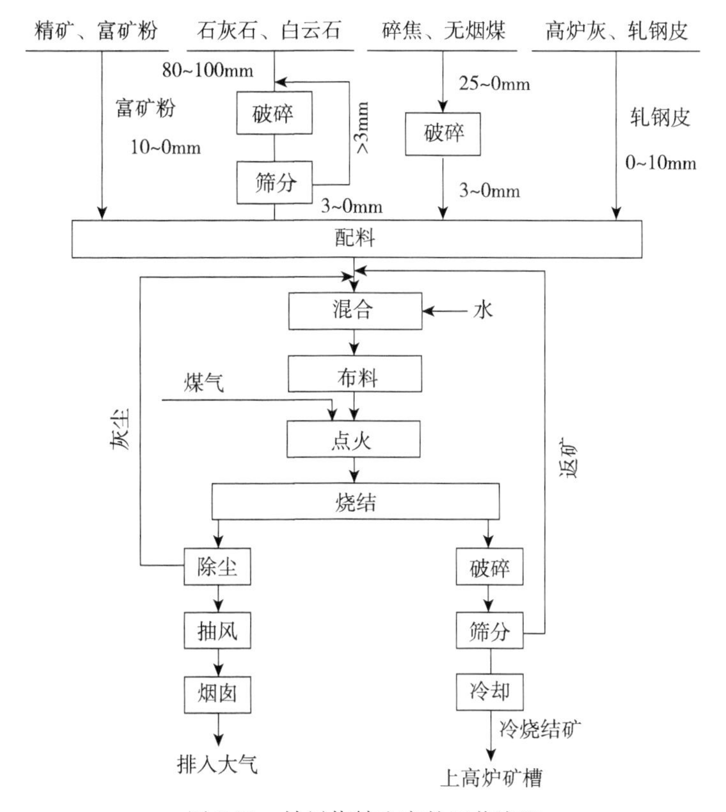

图 2-30　抽风烧结生产的工艺流程

结饼。

4)烧结抽风系统

烧结抽风系统主要是抽风机和大烟道、风箱等，为烧结生产提供抽风，保证烧结能够有效进行。

5)烧结矿破碎和冷却系统

将烧结机生产出的烧结饼破碎到 100mm 以下，然后使用带式冷却机或环式冷却机对热烧结矿进行鼓风降温。

6)烧结矿筛分系统

将冷却后的烧结矿使用振动筛分级，将小于 5mm 的烧结矿粉末返回烧结配料室进行重新配料烧结，大于 5mm 的烧结矿供给高炉使用，配用铺底料的烧结系统还需要在成品矿中筛出 10～20mm 的部分烧结矿当做烧结铺底料。

7)烧结矿供料系统

配有烧结矿成品矿槽和皮带输送机，将成品烧结矿储存在成品矿槽内，并根据高炉需要将成品烧结矿供到高炉矿槽。

8)除尘系统

(1)机头电除尘系统，将烧结抽风机抽出的烟气中的粉尘进行收集和回收，达到粉尘排放标准。

(2)机尾电除尘系统，将烧结机存在系统、筛分系统等处产生的粉尘抽入电除尘器后收集利用，以保证现场无扬尘。

(3)其他除尘器，收集成品矿转运站、配料室等产生的粉尘并回收利用。

9)烧结余热发电系统

利用冷却烧结矿时产生的高温废气生产高温蒸汽，然后带动汽轮机发电，以达到节能效果。

2.5.3 烧结过程中的危害及安全对策

烧结生产过程中存在的危险源主要包括高温伤害、粉尘危害、高速机械转动伤害、有毒有害气体及物质流危害、高处作业危险、作业环境复杂等。导致烧结事故发生的原因主要是设备设施缺陷、技术与工艺缺陷、防护装置缺陷、作业环境差、规章制度不完善和违章作业等[16~19]。事故类别为机械伤害、高处坠落、物体打击、起重伤害、灼烫、触电、中毒及尘肺病等职业病。

1. 粉尘危害和防尘措施

烧结过程中机头产生含尘烟气，其中含有一定数量的二氧化硫等有害气体；另外在生产过程中物料破碎、混合等工序以及转运过程中机尾、整粒系统产生粉尘、成分复杂的颗粒物；烟气温度高、颗粒物黏度大，含有硫、铝、锌、氟、一氧化碳、二氧化硅等有害成分，如果各工序段扬尘点密封罩密封不严，除尘器故障，或者卸灰阀故障堵塞，不及时清理，或烧结机本体、风机等受烟气长期腐蚀密封性不好，粉尘可能散发到车间，车间如果通风不良，可能对工作人员造成职业病伤害。防尘措施主要有以下几点。

(1)原料准备系统实现机械化、自动化生产，配合喷雾降尘和地面冲洗系统，可有效地发挥降尘作用和减少二次扬尘。

(2)燃料煤和焦炭粉碎室设置布袋除尘装置，以控制粉碎过程中产生的煤尘和焦炭尘污染。

(3)烧结机机头安装大型抽风除尘装置，使烧结机取于负压燃烧状况，可有效地控制烧结过程中尘烟的扩散。

(4)烧结机机尾安装大型抽风除尘装置，可有效地控制环冷和烧结料破碎过程中产生的尘烟。

(5)皮带输送转运站宜安装布袋除尘装置，以控制物料在转运掉落过程中产生的粉尘。

(6)成品筛分楼振动筛产生大量粉尘，应安装除尘装置，可选用重力旋风除尘器或电除尘器，以控制和回收振动筛产生的烧结矿粉尘。

2. 噪声和振动

烧结厂的噪声主要来源于高速运转的设备。这些设备主要有主风机、冷风机、通风除尘机、振动筛、四辊破碎机、抽风机、环冷机冷却风机、除尘系统的风机和助燃风机，以及成品和燃料的筛分设备、水泵。如果不选用低噪声设备又不安装消声器、消音隔声设施，则可能导致工作岗位的噪声超标，长期在这种环境中工作，可能引发员工职业病伤害。

噪声控制措施主要包括原料破碎机、粉煤机、破碎机、鼓风机、机头与机尾抽风机、空压机等产生高强度噪声设备的降噪措施，以及集控室和岗位操作室的隔声措施两个方面。降低设备噪声的首要措施是工艺设计和设备选型，应在工艺选择和设备采购时优先考虑噪声强度小、防护设施效果好的工艺路线和设备。对集控室和各岗位操作室均应进行隔声处理。

3. 中毒

工业点火炉点火燃料为煤气，煤气含有氢气、一氧化碳等可燃成分，如果与空气配比不恰当，未充分燃烧的煤气停留在炉内，检修时吹扫不彻底，或者煤气管道因为缺陷或者腐蚀导致泄漏，未及时发现，通风不畅，可能引发工作人员中毒。

4. 高温危害

生产过程中，烧结机、工业炉、高炉返矿缓冲槽等设备均不同程度地放散出大量辐射热和对流热，车间内气温较高，尤其在夏季，当室外环境温度较高和空气相对湿度较大时，岗位人员、检修人员机体可出现热蓄积，即机体产热和受热与散热平衡的破坏，体温升高，易发生中暑。高温主要影响人体的体温调节和水盐代谢及循环系统，还可以抑制中枢神经系统，使工人在作业中注意力分散，准确性下降，易疲劳，进而可能引发工伤事故。

高温防暑降温措施如下：环冷机和烧结机台车产生高强度辐射热，部分巡检工属露天作业。夏日高温季节应供应含盐清凉饮料，采取轮换作业的工作制度。对于生产人员较集中的集控室和各岗位操作室均应设置空调。

5. 配料过程的危害和防治措施

铁精矿是烧结生产的主要原料，在配料过程中，常夹杂着大块和其他杂物，在胶带运输过程中经常发生堵塞、撕裂皮带，甚至进入配料圆盘式排料口堵塞的事故，处理时易发生人身伤害事故。为避免以上事故，胶带输送机的各种安全设施要齐全，保证灵活、可靠，并应事先自动化控制。

生石灰进场时，不应含水，一般采用密闭式运输。否则，遇水局部消化，以致喷出伤人，在配水时也不能加水过多。

6. 主体设备存在的不安全因素及防范措施

1)抽风机

抽风机能否正常运行直接关系着烧结矿的质量。抽风机存在的不安全因素是转子不平衡运动中发生振动的问题。针对这个问题，在更换新的叶轮前应当对其做平衡试验；提高除尘效率，改善风机工作条件；适当加长、加粗集气管，使废气及粉尘在管中流速减慢，增大灰尘沉降比率。同时，加强二次除尘器的检修和维护。

2)带式烧结机

带式烧结机存在的不安全因素是烧结机又大、又长，生产与检修工人会因联系失误而造成事故。随着烧结机长度的增加，台车跑偏现象也很严重；受高温的变化，易产生过热“塌腰”现象。所以应当为烧结机的开、听设置必要的联系信号，并设立一定的保护装置。严格遵守煤气系统安全操作规程，防止煤气着火、爆炸、中毒事故的发生。

3)混料滚筒、制粒滚筒

联系失误造成的桶内有人情况下进料的事故时有发生，因此在清理滚筒粘料时一定要严格执行安全生产确认制度，确认在桶内无人的情况下开机。

7. *应急救援措施*

烧结点火装置以煤气为燃料，输气管道、加压风机和燃烧器均存在煤气泄漏的可能。此外，在设备试生产、开车点火、停车和检修过程中也存在违章操作导致煤气泄漏的可能。因此，应建立预防煤气中毒事故应急救援预案。对上述工作场所应安装煤气报警器、设置警示标志、配备个人防护用品等。高炉煤气和转炉煤气中一氧化碳含量显著高于焦炉煤气，因此在使用高炉煤气、转炉煤气和混合煤气做燃料时更应加强防患。

2.5.4 烧结厂安全管理

长钢集团烧结厂作为一个老牌的冶金企业，自建厂的第一天开始就依照“以人为本，安全生产”的原则指导烧结矿生产工作，在冶金领域职工的劳动安全保护方面取得了丰厚的成果。

1)强化安全生产责任制、制定安全规章制度

以安全生产责任制为中心，完善安全生产规章制度与安全操作规程，定时组织职工学习，严格落实各项安全生产规章制度与安全操作规程，建立、健全安全生产责任制是加强企业安全管理所必需的，在企业整个安全生产规章制度中，处于核心地位，是一个中心环节。长钢集团烧结厂按照“安全生产，人人有责”的原则，根据本厂实际情况制定了《长钢集团烧结厂安全生产责任制》，使企业内上至第一责任人，下到每个岗位职工，都能明确自己应负的安全责任，企业做到了人人有责任，事事有人管，从根本上改变了安全生产管理中权责不清、分工不细、赏罚不明的状况。围绕安全生产责任制，集团烧结厂又制定了一系列安全规章制度，主要有《安全生产确认制》、《安全生产检查制度》、《安全生产交接班制度》、《安全生产互保制度》、《安全教育培训制度》、《安全生产考核制度》、《防护用品管理制度》、《安全事故处理制度》、《安全资金使用和管理制度》及《应急救援预案制定和演练制度》等共计 29 项制度，明确了安全事务的程序与人员职责，保证一切有章可循，有法可依。

2)加强安全意识，强化安全技能，增加安全知识

从“加强安全意识，强化安全技能，增加安全知识”三方面入手，搞好职工的安全生产教育培训，全面提升职工的安全素质与安全归属感。安全教育是事故预防与控制的重要手段之一，长钢集团烧结厂在仔细研究事故致因理论中的瑟利模型后认定，安全教育能够从根本上消除和控制事故的发生，使职工在任何新环境、新条件下仍有保证安全的能力和手段。烧结厂的安全教育培训分为安全态度教育、安全知识教育、安全技能教育，其中以转变工人工作态度，提高安全意识为首要任务，“安全第一，预防为主，综合治理”的生产方针深刻地印在每个职工心中。定期对职工进行劳动安全保护知识教育，使职工了解生产操作过程中潜在的危险因素及防范措施。定期开展岗位技能大赛，强化职工安全操作技能和熟练程度。长钢集团烧结厂将三种教育有机地结合在一起，取得了

良好的安全教育效果。现阶段，每个职工在思想上有了强烈的安全要求，具备了必要的安全技术知识，掌握了熟练的安全操作技能，有效地避免事故和伤害的发生。

3)开展以“KYT”活动为核心的班组安全活动

班组是企业中的基本作业单位，是企业内部最基层的劳动和管理组织，所有制度、办法的落实都需要在班组内实现。长钢集团烧结厂以班组为基本活动单元，针对生产的特点和作业工艺的全过程，以其危险性为对象，重点开展伤害预知预警活动(kiken yochi training，KYT)，控制作业过程中的危险，预测和预防可能发生的事故，大大减少了各类事故的发生，值得借鉴。开展KYT活动的同时，烧结厂开展了岗位危险源辨识与风险评价活动，并整理成册，发放到每个职工手中，方便职工的学习。

4)加强安全检查

组织专业人员对关键岗位、关键人员、关键时间进行重点检查，通过正反激励的方法督促职工加强自身的劳动安全保护。长钢集团烧结厂的安全检查主要包括四方面内容，即查思想、查管理、查隐患、查整改，采用戴明环管理法(plan，do，check，action，PDCA)和安全生产“五同时”，及时查处安全隐患与管理漏洞，根据“三定四不推”及“四不放过”原则，及时整改，及时复查，使整个安全检查体系形成闭环。

2.5.5　烧结厂应急预案

为了保证烧结厂正常生产，防止突发事件给本厂造成不可避免的不良后果，尽可能控制事件造成的损失，根据公司相关规定，结合本厂实际情况，特汇编各事故预案如下。全体烧结厂员工加强学习，提高事件状态应急处理能力，做到思而有备，有备无患。

1. 工伤事故处理预案

为使烧结厂在发生安全事故的情况下能迅速有效地控制事态，抢救员工和公司财产，最大限度地减少损失，做好事故善后处理工作，根据《安全生产法》、《国务院关于特大安全事故行政责任追究的规定》及《××省安全生产监督管理规定》等法律法规，结合本厂实际情况制订本预案。

工伤事故、责任事故及重伤以上安全事故的具体标准，按国家有关规定执行。

(1)一旦本厂员工发生工伤事故，应急抢救预案如下。

现场人员通知当班班长，由当班班长指挥组织切断电源、气源，关停设备，立即向本厂值班员汇报事故经过，再由值班员向公司调度室汇报，是否派值班车到事故现场把工伤人员送至医院救治[20]。

专职安全技术员(以下简称安技员)必须到事故现场调查核实发生事故的经过情况，按照工伤事故“四不放过”的原则对事故进行处理；并在24h之内把调查核实后的事故经过情况书面报公司安环处，对事故责任人的处理决定在48h内报公司安全处。

专职安技员根据事故发生的原因，落实防范措施，教育全厂员工，吸取事故教训，在规定时间内办理工伤报批认定手续。协助工会及安全事故部门领导对工伤人员进行慰问。

(2)一旦本厂有重伤及重伤以上伤员，应急事故抢救预案如下。

本厂发生重大人身、设备事故，现场人员须立即通知当班班长，由班长指挥当班人员切断电源、气源，关停设备，并立即向分厂值班员简要汇报事故情况，再由值班员向公司调度室汇报，要求派值班车到事故现场。

调度室值班调度接到通知后，立即安排值班车及医务人员快速赶到事故现场，把受伤人员送医院抢救。事故发生后，值班调度要向公司安全管理委员会汇报事故大概经过，安全管理委员会接到后立即安排人员到事故现场采取措施，同时，调度室要通知保卫部门保护好事故现场。

一旦重伤人员送至医院抢救无效死亡的，由医院出具死亡证明后送殡仪馆存放。

公司安全管理委员会成员到现场调查掌握事故初步情况后，由安环处向上级安全生产主管部门汇报事故经过，并做好上级安全部门到事故现场调查的接待配合工作。

公司安全管理委员会立即召开会议，按照职责分工开展善后处理、事故调查等工作，把人员分两组，一组由安环科①负责接待配合上级有关部门调查事故经过，另一组由人事处、党委办或工会、保卫处、医务室及事故发生单位领导负责协调家属的善后处理事宜。

对有关安全事故责任人员做出处理决定，进一步完善安全规章制度。

安全事故调查处理资料装订成册，报上级有关部门。

2. 煤气事故处理预案

烧结厂煤气主要使用在预热炉与看火炉，当公司煤气管网突然压力低于3 000Pa时，眼镜阀后的磁力快切阀自动发生作用，快速切断煤气，此时预热炉与看火炉立即向值班班长汇报，值班班长立即与公司调度联系，询问情况，同时组织预热炉与看火炉按正常停火步骤操作(如果因公司管网煤气使用需要，公司调度安排我厂进行避峰，则按正常停产步骤操作)。

为使我厂在发生煤气中毒、着火、爆炸事故情况下能迅速组织有效措施控制事态，抢救员工生命与公司财产，最大限度地减少损失，并做好善后处理工作，根据有关法律及公司管理规定，结合我厂实际情况，特制订如下预案。

(1)煤气作业人员安全操作规程(通用)：①煤气作业人员必须熟悉本岗位设备工艺参数、运行条件、注意事项、预防措施及设备正常操作程序；②煤气岗位作业人员必须是两人以上，作业时必须有人在旁边监护，必须正确穿戴劳保用品；③煤气作业人员必须精力充沛、思想集中，严格遵守煤气作业区域“十不准”。

(2)煤气爆炸事故预案。我厂预热炉具备煤气爆炸三要素(即密闭容器、煤气与空气混合到一定比例、明火)，因此预热炉岗位操作必须牢记四要素：①负压点火；②先点火再送气；③第一次点不着火，必须将炉膛清理干净，然后再点火送气；④点火时，人必须站在点火口的侧面，防止火浪的冲击。

第一，发生煤气爆炸事故，作业人员应立即向专职安技员、厂长及公司调度室汇报，专职安技员立即赶到现场，组织切断煤气来源(磁力快切阀先动作，再关闭煤气蝶阀与眼镜阀)，通往适当压力的氮气以防回火爆炸。

---

① 安环科：安全部和环保部的合称，以下简称安环科。

第二，因爆炸引起的着火、中毒按着火与中毒事故预案进行处理。

第三，组织进行事故分析，严格按“四不放过”的原则进行处理。事故现场防范措施与整改方案落实到位后，经生产处、煤气防护站确认后，恢复使用煤气。

(3)煤气着火事故预案：①发生煤气着火事故时，生产现场作业人员应立即汇报专职安技员及厂长，并通知公司调度安排保卫处人员到现场支援、警戒，同时疏散现场，严禁闲人进入危险区域，防止中毒事故发生。②着火较小，火势不大时，可直接用二氧化碳灭火器灭火；火势较大时，由公司调度联系消防队灭火。③管道直径小于 100mm 的煤气管道着火时，可直接关闭磁力快切阀、蝶阀、眼镜阀进行灭火；管道直径大于 100mm 的煤气管道着火，应逐渐降低煤气压力，同时通入氮气，保持煤气管道内一定压力(100Pa 以上，但不得太高)，同时用消防器材灭火，严禁突然关闭阀门，防止回火爆炸。④火熄灭后，防止煤气外溢造成煤气中毒。⑤组织进行事故分析，严格按“四不放过”的原则进行处理。事故现场防范措施与整改方案落实到位后，经生产处、煤气防护站确认后，恢复使用煤气。

(4)煤气中毒事故预案：①煤气中毒的程度和症状如表 2-4 所示。②发生煤气中毒，监护人员应大声呼救，在先防护再救人的原则下将中毒人员撤离现场到空气通风区域，同时安排人员现场监护，防止其他人员进入煤气区域；通知专职安技员，并向公司调度汇报，说明中毒地点、中毒人数，同时安排人员到近段路口迎接。③中毒人员撤出现场后，解开阻碍中毒者呼吸和血液循环的衣、带，将肩部垫高 10～15cm，使头尽量后仰，面部转向一侧，以利于呼吸道畅通，特殊情况下进行人工呼吸，等待防护人员到场。一是防护人员到现场，由防护人员组织抢救。二是组织进行事故分析，严格按“四不放过”的原则进行处理。事故现场防范措施与整改方案落实到位后，经生产处、煤气防护站确认后，恢复使用煤气。

表 2-4　煤气中毒的程度和症状

中毒程度	症状	处理办法
轻度中毒	头痛、恶心、干呕吐	空气新鲜处休息、应给予氧吸入并送进卫生所治疗
中度中毒	除上述症状外，心跳加快、呼吸急促、脸色发白、四肢无力	给予自主呼吸抢救、通知防护站、医务室到场
重度中毒	除上述症状外，心率波动逐渐减慢、瞳孔放大、呈潮式呼吸、指甲面部与大腿内侧呈樱桃红色、大小便失禁	强制供氧、加强护理、立即送到医院
严重中毒	心跳微弱并逐渐停止，瞳孔放大，对强光反射消失，呼吸微弱并逐渐停止知觉	强制供氧、重点护理配合实施体外心脏按摩

3. 停电、停煤气应急预案

公司电网限电的停机操作预案责任人具体安排如下。

(1)主抽风机——停机第一责任人：当班主抽风机工

停机第二责任人：烧结值班长

(2)机尾除尘——停机第一责任人：当班机尾除尘工
停机第二责任人：除尘班长××
(3)配料除尘——停机第一责任人：当班配料除尘工
停机第二责任人：除尘班长××
(4)破碎除尘——停机第一责任人：当班破碎除尘工
停机第二责任人：××
(5)环冷风机——停机第一责任人：当班环冷工
停机第二责任人：成品值班长

限电停机操作接电调或公司总调要求限电停机后，记录好其姓名时间。通知看火工进行停煤气操作(关闭点火炉预热炉烧嘴阀，确认快切阀是否在切断状态，关闭蝶阀，打开煤气放散阀)。通知各岗位主要设备停机操作，设备选择开关打到零位(当班岗位工为第一责任人，区域班长为第二责任人)。各系统按顺序停下，即配混、烧冷、筛分、主抽风机、除尘。向电调汇报停机完毕，询问恢复供电的时间，并向分厂各级领导、公司总调汇报。

注意事项：因限电停机，按工艺要求及停机次序进行停机，停机不包括水泵房。当岗位第一责任人联系不上时，联系第二责任人。各区域必须长期配备电筒等自带电源的临时照明设备。各除尘停机顺序为先停风机，再停电场，开机时首先将风门关闭，其次开电场，最后开风机[21,22]。主控值班长经常与电调总调联系，得到公司总调通知恢复供电后，汇报分厂领导，按步骤开机组织生产。

(1)突然停电的操作预案。

主控值班长立即向总调汇报停电情况，确认(全公司)停电属实后，向当班人员下达全面停电应急救援预案处理指令，并亲自组织厂内关键设备(主抽、预热炉助燃风机、预热炉、点火炉助燃风机、点火炉、混合机、成品筛等)的处理，并把电筒等应急灯具(在主控室橱柜内)发放到相关岗位。

主控工立即通知当班电气工作人员进入停电事故紧急状况。主控工协助主控值班长通知各岗位进行停电事故处理，关闭一、二混水泵、加水阀，把机旁安全开关打到“零”位；安排看火工关闭点火炉与预热炉的烧嘴阀、快切阀，打开放散阀，手动关闭煤气管道蝶阀等。关注电梯有无人员被困，并做好救援工作(在切断电源的情况下，将轿门盘到层门相对应的位置，用钥匙把关闭的电梯门强行打开)。向动力调度了解停电故障的原因、现状、预计恢复送电时间等情况，并做好记录；并向厂领导、公司总调汇报。通知岗位员工将各系统主要设备打到零位，防止复电后设备突然运转造成事故。将各岗位人员集中安排并清点人数，保证劳动纪律等待生产指令。得到电调和总调的开机指令后按步骤组织生产，并向分厂各级领导、事业部调度汇报。

(2)停煤气，或煤气压力过低的应急预案。

烧结系统煤气设备安全措施主要是气动快切阀，当公司煤气管网突然压力低于4 000Pa时，烧结系统煤气管道眼镜阀后的气动快切阀自动发生作用，快速切断煤气。主控联系看火工立即组织预热炉与点火炉正常停火操作，并向主控值班长汇报，值班长立即与公司调度联系，询问情况(如果因公司管网煤气使用需要，公司调度安排我厂进行避峰，则按正常停产步骤停机）。汇报厂部各级领导、事业部调度，得到公司总调的指令恢复供气后，按步骤组织开机生产。

注意事项：煤气作业人员必须熟悉本岗位设备工艺参数、运行条件、注意事项、预防措施及设备正常操作程序；煤气岗位作业人员必须两人以上，作业时必须有人在旁边监护，必须正确穿戴劳保用品；煤气作业人员必须精力充沛、思想集中，严格遵守煤气作业区域"十不准"。

4. 紧急停电预案

(1)烧结厂紧急停电可能出现的情况。1＃、2＃烧结机：1＃、2＃烧结机高配现有两段进线。紧急停电将引起包括主抽风机在内的各高压风机跳闸，烧结变电所、配料变电所、成品筛分变电所、空压站变电所、各低配室全部失电，各用电设备全部停机。空压站设备停机将影响全公司的压缩空气输送。

(2)烧结厂倒、送电协调小组。

组长：××

副组长、受令人、发令人：××

组员：××

组长负责指挥伤员救护、事故抢修现场的协调及与公司的协调工作，并作相应的安全指导。

副组长负责指挥事故现场和生产部门的协调工作、停送电指挥工作及现场的安全工作。

组员全面负责处理 1＃、2＃烧结机区域的事故处理工作，协助组长、副组长工作，并指挥抢修人员以最快速度抢救伤员、恢复生产；并随时向组长、副组长汇报工作进展情况。

(3)紧急停电后组织恢复供电的原则：①紧急停电以后，煤气预案、停水预案等预案全面启动；生产系统组织全面对现场进行检查确认。②以电倒送电协调小组为主组成事故处理小组，负责查明停电原因。③明确无供电禁忌情况后，向公司总降申请用电，依总降命令选择进线受电。④小组成员在事故处理过程中同时汇报上级厂部领导、公司调度。⑤夜间紧急停电，值班长做好各区域思想安抚工作，严禁岗位人员离岗串岗，严禁再随意动用设备。

(4)倒、送电操作方案(禁止两路电源合环运行)。

第一，送电方案：①确认所有开关在冷备用状态；通知 110kV 总降(8778)，申请负荷，确认负荷已送后，送电开始。②确认母联开关(1200)及母联隔离(12001)在冷备用状态，摇进Ⅰ段进线总开关(1205)，检查接地刀状态。③确认开关柜状态无误后，合Ⅰ段进线开关(1205)。④摇进Ⅱ段进线开关(1206)，检查接地刀状态。⑤确认开关柜状态无误后，合Ⅱ段进线开关(1206)。⑥烧结低压变电所送电。⑦通知主控室，可以生产。

第二，倒电方案。

首先，停Ⅰ段转Ⅱ段：①确认Ⅰ段负荷是否都在冷备用状态；②确认母联开关(1200)及母联隔离(12001)在冷备用状态；③确认Ⅱ段负荷使用情况；④分Ⅰ段进线开关(1205)，转冷备用状态，合接地刀，确认开关状态；⑤摇进母联开关(1200)，由冷备用状态转热备，检查接地刀状态；⑥摇进母联隔离开关(12001)，检查接地刀状态；⑦确认母联开关(1200)状态无误后，合母联开关(1200)；⑧烧结低配变电所送电；⑨通知主控室，使用Ⅰ段停用设备，恢复生产。

其次，停Ⅱ段转Ⅰ段：①确认Ⅱ段负荷是否都在冷备用状态；②确认母联开关(1200)及母联隔离(12001)在冷备用状态；③确认Ⅰ段负荷使用情况。

最后，分Ⅱ段进线开关(1206)，转冷备用状态，合接地刀，确认开关状态：①摇进母联开关(1200)，由冷备用状态转热备，检查接地刀状态；②摇进母联隔离开关(12001)，检查接地刀状态；③确认母联开关(1200)状态无误后，合母联开关(1200)；④烧结低配变电所送电；⑤通知主控室，使用Ⅱ段停用设备，恢复生产。

5. 高压配电系统事故预案

电力系统发生事故是工业的重大灾害，因为当电力系统发生故障时不但电气设备本身受到损坏，而且会引起停产、设备损坏和生产产品报废甚至人身伤害等事故。为此，针对我厂高压配电部分作以下预案。

(1)事故应急处理小组名单、通信及职责。

组长：××，负责指挥伤员救护、事故抢修现场、公司的协调工作，并作相应的安全指导。

副组长：××，负责指挥事故现场和生产部门的协调工作、停送电指挥工作及现场的安全工作。

组员：××，协助组长、副组长工作，指挥抢修人员以最快的速度抢救伤员、恢复生产，并随时向组长、副组长汇报工作进展情况。

(2)事故表现：①主要电气设备的绝缘损坏；②高压电缆头、电缆的损坏事故；③高压断路器与操作机构的损坏事故；④继电保护及自动装置的误动作；⑤由绝缘损坏或脏污引起的闪络事故；⑥由雷电引起的事故；⑦配电变压器事故。

(3)事故处理的一般原则通常包括以下几点。

第一，发生事故时，当班人员必须沉着、迅速、准确地进行处理，遇到自己不能解决的事故时，应迅速向领导反映，不能慌乱匆忙或未经慎重考虑即行处理，以免扩大事故。具体措施包括以下几点：①尽量限制事故的发展，消除事故的根源，并解除对人身及设备安全的威胁；②在确保安全的前提条件下，用一切可能的办法保持设备继续运行，对已停电的用户应迅速恢复供电；③改变运行方式，使供电尽快恢复正常。

第二，处理事故时，除领导和有关人员外，其他外来工作人员应退出事故现场。

第三，对解救触电人员、扑灭火灾、挽救危急设备，当班人员有权先处理后汇报。如逢交接班时发生事故，应由交班人处理，接班人做助手，待恢复时再交班。

(4)主要事故现象及处理。

第一，主要电气设备绝缘损坏及高压电缆损坏的处理：①停止对设备的供电并退出相应的高压开关。②将高压柜接地刀闸打到接地位置，打开高压柜后门，用10kV验电笔确认设备停电。③确认高压柜出线端无电后，用2 500V摇表检测高压电缆相间及相对地的绝缘电阻。④如果对地电阻不合格，则先将电缆及设备放电，然后将开关及设备端电缆头接线拆除。⑤分别检测电缆及用电设备的三相对地及相间电阻。用摇表检测时，高压电缆的另一端必须清灰且相间有足够的绝缘距离，并在电缆头周围设置遮拦、挂警告牌，派专人看守。⑥如果是高压电缆故障，需顺电缆沟排查故障点，也可通过询问相关岗位的值班人员及电缆沟附近人员尽快查明故障点。⑦查到故障点后应立即向领导汇报，切勿轻易接触导线，要确认无电且旁边的高压电缆未破损的情况下方可接触检查。⑧做完高压电缆中间接头后需对电缆做耐压试验及泄漏试验，试验合格后需再次对电缆放电。然后由副组长发令拆除遮拦和警告牌，将电缆和设备连接好后须确认安全后方可送电运行。

第二，配电变压器的事故、异常情况处理：①当变压器发生异常情况时，如漏油、油位降低、油色变化、声音比较大、声音异常、瓷套管有裂纹、渗油等情况时，应向上级报告，并设法消除。②当变压器有以下严重情况时，可先切除变压器再向上级汇报。变压器内部有强烈而不均匀的噪声；油枕喷油；漏油严重，油位降到最低限度；油色变化过甚，油内有明显的碳质；套管严重破损及放电炸裂现象，已不能持续运行时。

第三，变压器的严重事故处理。

其一，当变压器有严重情况需切换时，应先停事故变压器进线高压开关，再停变压器低压侧总开关并抽出，合母联开关。通知该用电区域恢复用电，同时向上级汇报。

其二，当变压器漏油和着火时，需先停事故变压器进线高压开关，用四氯化碳灭火机或沙子灭火，然后停变压器低压侧总开关并抽出，合母联开关。通知该用电区域恢复用电，并立即向上级汇报。

其三，当变压器重瓦斯或压力继电器动作时，先检查变压器情况，确定是否是信号线故障。如果是变压器本身故障，可作严重事故处理。如果是信号线故障，可临时将高压柜内信号线拆除，待烧结检修时再处理。

第四，断路器事故处理(断路器事故一般为控制开关远方操作时操作机构拒绝分合闸)。

其一，在分闸位置不合闸时，先看高压柜开关指示灯，如果储能、分闸指示灯亮，表示合闸回路良好，检查控制室是否已复位。如果分闸灯不亮，则要检查操作电源电压值，如果电源电压值正常，则检查合闸回路是否断线。

其二，在合闸位置不能分闸时，如果储能、合闸指示灯亮，表示分闸回路良好，可查高压柜控制开关是否打在远程上。如果合闸指示灯不亮，则查分闸回路是否断线。

其三，事故分析、备案及整改。

其四，事故处理完后要对事故的发生、抢修过程做详细记录，同时召开事故分析会，按“四不放过”的原则进行处理，杜绝类似事故的发生。

6. 防洪、抗台事故预案

为了保证烧结厂的安全生产工作落实到实处，根据我国防洪、抗台的有关条例，结合本厂实际情况，特制订本预案。

(1)防洪、抗台小组机构。

组长：××

副组长：××

组员：××

(2)职责及流程：①根据季节与天气情况，在梅雨季节汛期或台风到来之前，由防洪、抗台小组组长组织召开专题会议，具体布置各项备战工作，防洪、抗台预案正式启动。②由防洪、抗台小组副组长具体落实设施的检查工作，包括运输工具、通信设施、防汛器具，确保各防洪、抗台的工器具安全可靠；同时对电气系统重点检查，包括露天设施、移动设备、野外接线箱、接线柜及各岗位配备的水泵等，对于野外与露天的接线能拆除的拆除，不能拆除的做防护处理，并加强雨期台风期间用电安全使用管理与检查。③由防洪、抗台小组副组长组织重点对烧结区各排水沟进行检查与疏通，保证水道畅通，同时加强堆料监督，严禁堆放外高内低水库式的料堆。④汛期与台风到来之际，组织各组员加强对本负责区域内巡查，检查排水、积水情况，发现问题及时组织处理。⑤各岗位在汛期与台风期间，加强对本岗位区域巡查，发现问题，及时向所负责区域的防洪、抗台小组组员汇报，由各组员组织抢险。⑥汛期、台风期间，碰到突然断电事宜，甲、乙、丙三班值班班长组织停机，把各开关都打到零位，同时做好员工思想安抚工作，严禁岗位人员离岗串岗，并及时向防洪、抗台小组副组长汇报情况，并紧急启动紧急停电事故预案，恢复电以后，甲、乙、丙三班值班班长组织正常开机，必须在确认各流程各岗位完好情况下，才能下达恢复生产的指令，特别注意岗位人员的动向掌握。

7. 消防管理事故预案

第二烧结厂是生产烧结矿的生产厂，位于中天钢铁集团本部西南部。为保证生产现场发生火灾后能得到有效合理的控制，最大限度地减少事故造成的损失，保证人身安全及财产不受损失，特制订如下事故预案。

(1)处理原则：①坚持统一指挥，现场解决，分工负责，快速处理的原则；②坚持尽快恢复生产、减少经济损失的原则；③坚持原则性与灵活性相结合的原则，讲究策略与方法。

(2)消防管理领导小组。

组长：××

副组长：××

组员：××

(3)事故预案：①生产现场一旦发生突发火情，如火势较小，易于扑灭，随手用岗位配备的消防器材灭火，或者用消防水灭火[①]。岗位灭火器使用后，书面报告专职安技员，对岗位配备的灭火器进行更换。②一旦火情较大，立即通知消防管理领导小组组长或副组长、报公司调度，必要情况打火警电话119，消防管理领导小组立即组织消防工作小组到现场。详细报告发生火灾的单位、时间、地点、原因、经过及其他重要情况。③消防管理领导小组到现场后组织强有力的救火，统一进行指挥，所有人员服从领导小组工作安排，同时报公司调度室。④事故处理结束，严格按"四不放过"原则处理。

(4)以上预案自发布之日起开始执行。

8. 停水、断气事故预案

(1)水：①影响。烧结厂突然停水、断水，应立即停产；如果发现不及时，会造成生产的恶化，不会造成其他安全事故；设备上的停水、断水，短时间内不会造成设备事故

---

① 电气部位着火，只能使用干粉灭火器或二氧化碳灭火器进行扑救。

(15min 左右)；如果长时间作业，会造成设备轴承损坏，影响生产的恢复。②停水操作。突然断水时，主控立即与工段工长、主管生产的厂长联系；厂长在确认后，组织正常停止生产，随即停止设备运转。同时与能源处联系、确认，做好生产恢复前的准备工作。

(2)气。第二烧结厂使用的气体(不包括煤气)主要是氮气、蒸汽、压缩空气；氮气在我厂主要用于煤气管道吹扫，停气对我厂没有影响。另外压缩空气还使用于生石灰加压打进料仓，如停气，需及时对生产进行调整，不会有事故发生。蒸汽主要是混合料时使用，蒸汽停止对我厂产量与质量有一定影响，如果发现停蒸汽，必须及时调整生产，以免烧结矿质量出现波动。

【本章小结】

本章主要介绍了露天矿开采、选矿厂、球团厂、烧结厂的工艺流程和生产过程中的危险有害因素辨别与分析，并提出了相应的安全管理措施和应急预案，从而减少人员的伤亡和财产损失。

露天矿开采时的危险有害因素主要是爆炸伤害、边坡失稳、运输事故、高处坠落、物体打击、触电伤害等。针对这些危险有害因素，要加强安全管理，主要包括安全生产的管理、“三同时”的管理、安全检查和特种作业的管理、及时革新现有的安全生产措施等。应急预案主要是针对铁矿排土场突发滑塌事故所做的预案，制订应急预案，可以在事故发生之时，迅速准确地做出反应，进而避免事故的发生或者降低事故造成的损失。选矿厂的危险有害因素主要是尾矿坝的危害：①尾矿规程坝边坡过陡；②浸润线逸出；③裂缝；④渗漏；⑤滑坡。安全管理主要是针对各岗位安全管理和作业流程的管理。应急预案也是针对选矿厂的高处坠落、火灾、触电、机械伤害等危险因素的预案。球团厂的危险有害因素主要是针对具体的生产过程中发现的危险有害因素的分析，如配料、干燥、润磨、造球、筛分工艺过程有害因素分析和链箅机-回转窑-环冷机系统有害因素分析，安全管理主要针对的是人员的管理和生产物煤粉的工业管理及消防管理等内容。烧结厂的危险有害因素主要是机械伤害、高处坠落、物体打击、起重伤害、灼烫、触电、中毒及尘肺病等职业病。烧结厂以长钢集团为例讲解了安全及管理措施：长钢集团除了加强安全检查、安全知识学习之外还开展了极具特色、以“KYT”活动为核心的班组安全活动。应急预案主要是针对煤气泄漏和突然停电、停气与高压配电系统等的预案。

【思考题】

1. 露天矿开采、选矿厂、球团厂、烧结厂的主要生产设备有哪些，生产工艺流程是怎样的？

2. 露天矿开采、选矿厂、球团厂、烧结厂的危险有害因素主要是什么？针对这些危险有害因素提出了哪些对策措施？

3. 露天矿开采、选矿厂、球团厂、烧结厂的安全管理措施主要有哪些？

4. 露天矿开采、选矿厂、球团厂、烧结厂的应急预案有哪些？

第3章

钢 铁 厂

【本章要点】

我国是世界上炼铁最早的国家之一。1890 年创办的汉阳铁厂，是我国第一个近代钢铁厂。本章主要介绍实习企业的生产工艺流程和生产设备、危险有害因素分析、安全管理措施和事故应急预案。实习的 企业主要包括炼铁厂、炼钢厂和热轧板带钢厂。

3.1 高炉炼铁的工艺流程及主要设备

高炉冶炼是将铁矿石还原成生铁的连续生产过程。一代高炉(从开炉到大修停炉为一代)能连续生产几年到十几年。生产时，从炉顶(一般炉顶由料种与料斗组成，现代化高炉是钟阀炉顶和无料钟炉顶)不断地装入铁矿石、焦炭、熔剂，从高炉下部的风口吹进热风(1 000～1 300℃)，喷入油、煤或天然气等燃料。装入高炉中的铁矿石，主要是铁和氧的化合物。在高温下，焦炭和喷吹物中的碳及碳燃烧生成的一氧化碳将铁矿石中的氧夺取出来，得到铁，这个过程叫做还原。铁矿石通过还原反应炼出生铁，铁水从出铁口放出。铁矿石中的脉石、焦炭及喷吹物中的灰分与加入炉内的石灰石等熔剂结合生成炉渣，从出铁口和出渣口分别排出。煤气从炉顶导出，经除尘后，作为工业用煤气。现代化高炉还可以利用炉顶的高压，用导出的部分煤气发电。

3.1.1 高炉冶炼工艺流程简图

高炉炼铁生产工艺及主要设备简图如图 3-1 所示。

3.2.2 炼铁流程及设备系统

高炉炼铁生产流程比较定型，它由高炉本体及若干辅助系统组成。

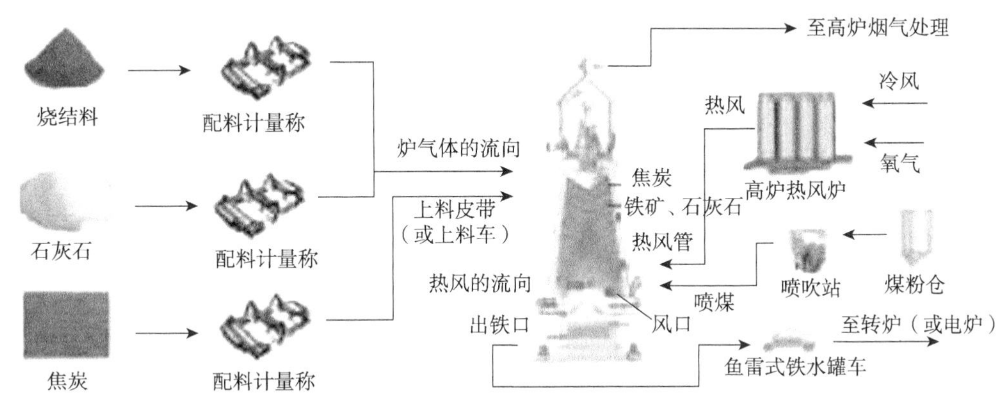

图 3-1 高炉炼铁生产工艺及主要设备简图

生产时从炉顶分批装入各种炉料，从高炉下部风口不断鼓入热风，在连续熔炼过程中得到液态渣铁，定期从炉缸渣铁口排出炉外，与炉料进行一系列作用的煤气从炉顶溢出，如图 3-2 所示。高炉炼铁的高炉本体结构图、原料系统工作图、送风系统工作图、炉渣系统工作图、煤气系统工作图分别如图 3-3～图 3-7 所示。

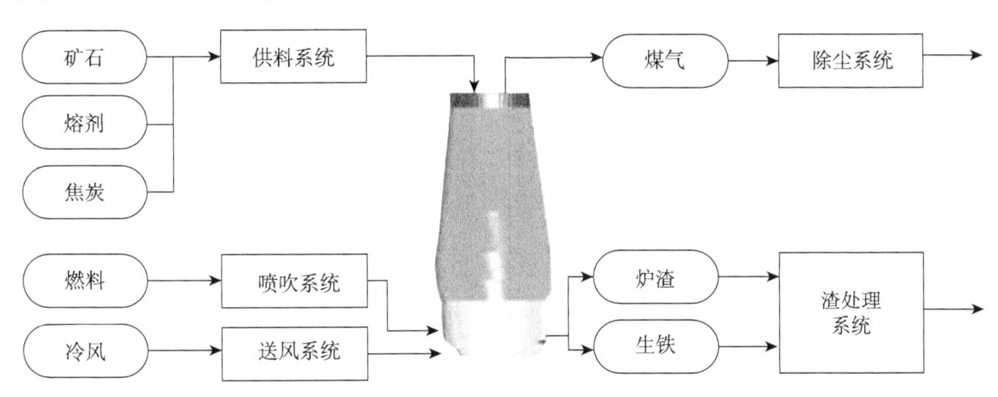

图 3-2 高炉炼铁生产流程图

（a）高炉本体

炉喉
炉身
炉腰
炉腹
出铁口
炉缸
风口

（b）高炉内型

图 3-3 高炉本体结构图

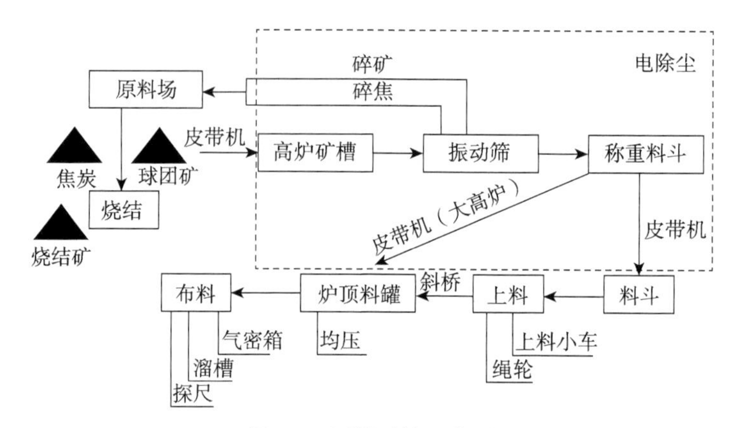

图 3-4 原料系统工作图

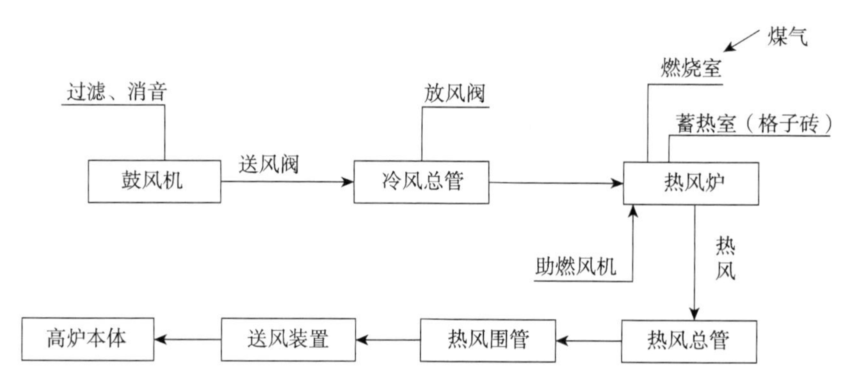

图 3-5 送风系统工作图

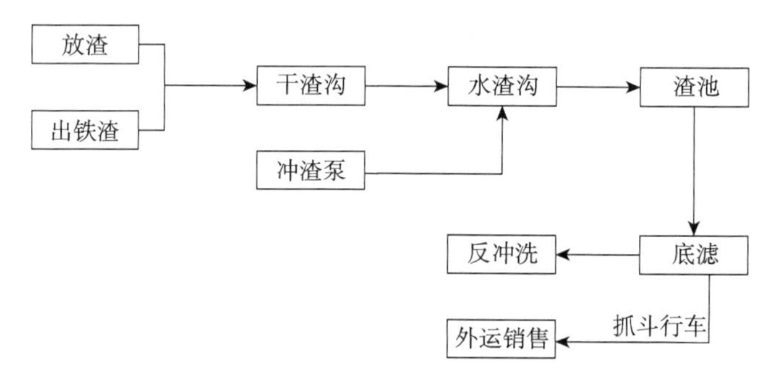

图 3-6 炉渣系统工作图

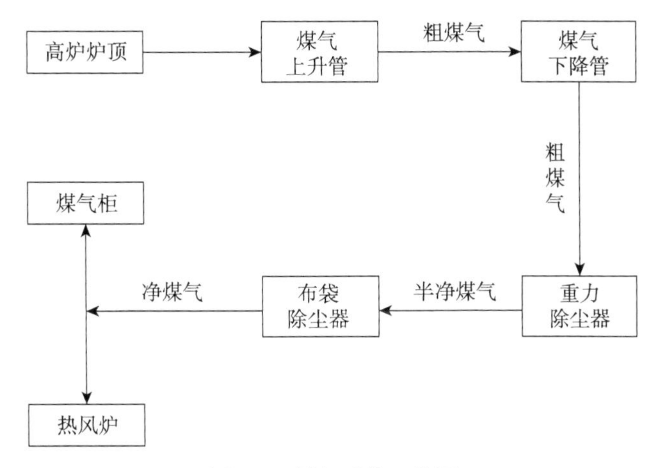

图3-7 煤气系统工作图

3.2 高炉炼铁过程危险及有害因素分析

3.2.1 粉尘危害和防治措施

炼铁项目产生粉尘的位置较多，在原辅材料的转运、筛分、制备、上料以及后续的出铁场出铁、出渣、铸铁、渣铁钩维护、修罐、渣处理、除尘设施清灰等工艺过程中都伴有粉尘的产生。煤尘主要来源于原煤贮运系统、煤粉制备和喷吹系统中原煤的转运、称重、除杂物、制粉、干燥和喷吹过程。矽尘是指游离二氧化硅含量超过10%的无机性粉尘。辅助生产系统修罐工作人员可能接触耐火材料尘，耐火材料尘往往含有较高的游离二氧化硅，属于矽尘。另外，高炉渣中二氧化硅的含量约为35.82%，因此高炉出渣、渣处理以及水渣贮运过程中产生的粉尘也属于矽尘。石灰石粉尘主要来源于附加矿石灰石，存在的环节主要是槽上槽下供料系统、上料系统、炉顶系统称量转运等过程。石墨尘来源于铁水浇铸，电焊烟尘来源于修罐库的交流电焊机。槽上、槽下供料、上料过程中烧结矿、球团矿、焦炭产生的粉尘以及出铁、渣铁钩维护的过程中产生的粉尘为其他粉尘。通风除尘系统清灰时根据捕集粉尘的部位不同，产生不同种类的粉尘危害。

防治措施主要有以下几点。

1)尘源密封

尘源密封是一种防止操作人员与粉尘接触的隔离措施，并能缓冲含尘气流的运动、消耗粉尘飞扬的能量、减少粉尘的外逸，为除尘创造良好的条件。防尘效果取决于扬尘点的密封程度，因此，尘源密封是粉尘综合治理的重要环节。

2)物料输送过程中的除尘

日本对原料系统粉尘治理的经验是，原料从船上卸料过程就开始采用喷水除尘；从港口到原料堆放场大多数用胶带运输，而胶带全部设有钢板密封罩；原料场设有喷水装置，水中加入3%的醋酸乙烯树脂防尘剂，使水滴落在料堆表面后结成一层硬壳，防止粉尘飞扬；烧结矿和焦炭在送往贮料槽的过程中都采取密封和抽风除尘措施。

首先将散发粉尘的设备进行密闭，其次抽风除尘。除尘抽风点包括矿槽、焦槽等卸料口、振动筛、称量漏斗、转运站、给料器、炉顶上料口等。原料系统要有20～30个密闭抽风点，总风量可达3 000～4 000m^3/min。除尘设备多采用大型反吹风袋式除尘器。鞍钢11号高炉沟下除尘采用大型反吹式除尘器。在各产尘点设有密封罩，净化后的气体经引风机排至烟囱放散。进口粉尘浓度为3g/m^3，出口粉尘浓度为60mg/m^3，处理风量为240 000m^3/h。在灰斗内收集下来的粉尘，经GX型螺旋输送机、斗式提升机等输送机械运送到灰仓。

3)出铁口除尘

出铁场在打开铁水口出铁时产生大量的烟尘。出铁场除尘一般采用两个系统，即一次除尘系统和二次除尘系统。所谓一次除尘系统就是将铁沟、铁罐等处用密封罩罩起来，在罩子的适当部位设置除尘吸风口进行抽风除尘。但是在打开铁水口和出铁过程中仍有大量的烟尘溢出，因此在铁水口处需再设置除尘系统，该系统称为二次除尘系统。

4)其他除尘措施

(1)高炉区附近的公辅设施室内建筑物一般设置正压送风，室外新风经过滤器处理后送入室内，以保证室内有良好的洁净度。

(2)车间内皮带通廊、料场还设有洒水抑尘、冲洗地面设施，减少岗位粉尘对人体的危害。

(3)铁水罐修理库的烘烤铁罐厂房应设有自然通风，屋顶应设天窗，并应防止穿堂风将烟尘吹到其他作业区；在热修平台上应设有移动喷雾风扇；为给热罐中的操作人员局部降温应设有冷却送风系统，送风口应对准热罐中心，并能够按需要转动风口以满足局部送风要求。

(4)割砖、磨砖机等处应设吸尘罩抽风除尘。从对新建炼铁厂职业病危害控制效果结果来看，其粉尘危害基本得到控制。

3.2.2 噪声和防治措施

炼铁工序存在大量噪声源，主要如下：供料过程中给料机、振动筛、皮带机、称量斗等设施产生的噪声；煤粉制备过程中产生的噪声；出铁场开铁口、出铁渣、封堵铁口、铸铁及渣处理阶段产生的噪声；TRT① 余压发电装置运行中产生的噪声；净煤气减压阀组减压时产生的噪声；各类气体放散产生的噪声；配套的水泵、风机、起重机、压缩机等运转产生的噪声；等等。

防止噪声的主要措施：在工程设计阶段，应做到尽量选用低噪声的设备，从源头控制噪声。在设备选型时，低噪声作为一项重要的指标。各种大型除尘系统的风机集中布置在室外，风机出口设消声器，风机机壳外部做隔声包覆；当风机布置在转运站平台上时应采取减震措施。高炉鼓风机吸气、排气、放风均设消声器，同时设专用鼓风机房。

---

① TRT：blast furnace top gas recovery turbine unit，简称TRT高炉煤气余压透平发电装置。

热风炉助燃风机、热风炉放风阀、高炉炉顶均压放散、减压阀组均应设消声器，降低噪声污染。煤气透平压缩机应设隔声罩。水处理循环系统的水泵应设专用泵房，水泵出口设橡胶软接头，操作室设隔声门窗，确保室内噪声≤70dB(A)。采取以上噪声防护措施后，其噪声危害基本可得到有效控制。

3.2.3　高温、热辐射防治措施

炼铁工序涉及的高温设备较多：炉顶系统工作温度为 150～250℃；高炉冶炼时炉腰部位的温度高达 1 400～1 600℃，风口区是高炉内温度最高的区域，一般在 1 700～2 000℃；顶燃式热风炉设计风温 1 250℃；煤粉制备系统烟气发生炉混合的干燥剂温度约 260℃；铁水罐烘烤装置的烘烤温度可在 1 100℃以上；TRT 系统入口煤气温度在 160～230℃；此外，铁水浇铸、蒸汽管道、液压油站也存在高温危害。炉顶粗煤气温度约为 250℃，净煤气总管温度为 70～120℃；铁水出炉温度一般为 1 400～1 550℃，渣温比铁温一般高 30～70℃。这些高温物质通过传导、对流、辐射散热，使周围物体和空气温度升高，如出渣、出铁时作业环境温度可超过 40℃。高温物质周围物体被加热后，又可成为二次热辐射源。

防止高温伤害的主要措施：对高炉存在的生产性热源，应通过车间工房的防暑设计、有组织的自然通风和对炉体等热源采用保温、隔热等措施进行控制。对于室内湿度要求不高且无人值班的场所，设置机械通风系统，以消除室内余热或废气。

高温作业区设局部通风降温移动风扇；主操作控制室、电气仪表室、计算机等设置空调；电气仪表室、水泵房设通风设施，消除室内余热。浇铸工及炉前工的防护服应用白色帆布、铝膜布、克伦布等不易燃烧的布料制成，以防热辐射及熔化金属飞溅烧伤，还应戴宽边毡帽、铝膜布防热面罩或有机玻璃镀金(银)面罩及帆布套袖。为炼铁工人设置休息凉亭或制冷空调休息室，使工人在夏季有舒适的地方休息，得到充足的睡眠。夏季对接触高温作业工人配备发放防暑降温饮料。高温、热辐射是炼铁炉前工的主要职业病危害因素之一，应尽量通过各种措施降温，减少对工人健康的影响。总之，目前现代化的新建炼铁厂在职业卫生防护设施齐全、管理和个体防护措施到位的前提下，职业病危害可得到有效控制。

3.2.4　一氧化碳中毒防治措施

在高炉炼铁的冶炼工区，生产过程均产生大量的一氧化碳，高炉煤气中一氧化碳含量高达 23%～30%。一氧化碳无色、无味，对高炉维护、检修作业人员造成的危害最大。现代化的炼铁厂工艺过程采用全分布式控制系统(distributed control system，DCS)自动化控制系统的新技术。操作主要在计算机室、控制室及专用操作台进行。自动控制系统设置相应的手动控制与操作系统。重要设备及设施设有相应的联锁装置。

对可能泄漏煤气的地方设一氧化碳监测报警设施和机械通风换气设施；煤气清洗系统供水管道上设低压报警装置；灰泥捕集器液位设置高低液位报警；透平主机平台的隔声罩内设一氧化碳浓度检测仪，在一氧化碳超过 30mg/m^3 后发出声光报警；透平轴承处设氮气密封装置，防止煤气泄漏，当氮气压力低于规定值时，将发出声光报警信号或

禁止透平启动；在TRT入口管道上，设敞开式插板阀，出口管道上设敞开式插板阀，作为可靠的切断装置，透平前后还设有旁通快开阀，以确保高炉及TRT的操作、运行安全稳定；TRT润滑油站、液压油站及综合仪表控制室等设有火灾自动报警装置，并配有灭火器材；焦炉煤气管道设自动低压报警及自动切断煤气装置，防止煤气管道吸入空气而造成危险。为防止钢铁厂急性一氧化碳中毒等职业中毒事故的发生，应落实下列措施。

(1)坚持"安全第一，预防为主"的方针，落实国家各项职业卫生、劳动保护法规及安全操作规程，实行标准化作业，从根本上杜绝和减少各种中毒事故的发生。

(2)加强职业卫生与安全监督管理。例如，定期组织设备维护，提高设备完好率；定期组织现场检测与评价，改善劳动条件；发现设备隐患，及时报告，及时维护，防患于未然。应提倡在有害因素存在的工作区安装自动报警系统，以便及时撤离现场和采取相应的急救措施；对新建、改建、扩建项目应同步安装安全环境保护设施，提高安全装置的可靠性。

(3)加强通风，根据毒物产生与逸散的实际情况建立自然通风、机械通风或事故通风系统，并按卫生学要求组织通风系统的设计、安装及运行，建立无毒作业环境。

(4)强化个体防护，普及安全知识教育，尤其对新入厂职工、临时工和混岗工应进行系统的、有针对性的职业卫生和安全生产教育，使职工不仅要了解本岗位的毒物种类及其毒性，而且掌握必要的防护、救护措施，这样才有可能减少中毒事故的发生和减轻中毒的程度。

(5)健全应急救援组织和网络，做好自救互救、现场救护、途中救护和医院救护，把急性事故损失减少到最低。

3.2.5 机械伤害

胶带机、起重机、泥炮、铸铁机等设备运转时，防护不当容易造成机械伤害。

3.2.6 起重伤害

起重机作业频繁，作业过程中可能造成起重伤害。炼铁厂的炉前吊挂作业频繁、物件多样、形状特殊、场地狭窄，使吊挂作业事故较多。

3.2.7 煤气爆炸和铁水穿漏

炼铁生产过程中最常见和最严重的事故是煤气爆炸和铁水穿漏。

1)煤气爆炸

多数煤气爆炸事故是由于休风时未遵守操作规程发生的。休风就是停止向炉内送风，也就是停止生产。这时煤气系统中还有很多煤气，如果不将煤气赶走或保持正压力则由于气体冷却造成负压就会吸入空气。当空气与一氧化碳混合(46%～62%空气，54%～38%煤气)到着火温度(610～650℃)时就会发生爆炸性的燃烧。

2)铁水穿漏

铁水穿漏的征兆是出铁量连续减少，冷却器出水温度骤增，或在工作平台上有蒸汽冒出来，有时还跑出煤气。其原因是炉缸或炉底被侵蚀得很厉害，尤其是出铁口附近的炉衬容易变薄，如果这一薄层砖衬或渣皮受到破坏，则铁水可能将冷却水箱烧毁而流到炉外，一遇积水就发生猛烈的爆炸。

3.3 安全管理

3.3.1 炼铁厂各级职能人员安全责任制

1)安全生产责任制(专职安全员职责)

(1)在部长或车间主任领导下，协助贯彻执行有关安全生产的规章制度，并按受上级安全部门的业务指导。

(2)负责组织职工(含实习、代培、调转、参观人员等)进入全厂(车间)和复工人员的安全教育与考评，定期对职工进行安全生产宣传教育，做好每年的普测、考核、登记和上报工作。

(3)协助领导开展定期的职业安全、卫生自查和专业检查，对查出的问题进行登记、上报，并督促按期解决。

(4)负责组织全厂(车间)内的安全例会、安全日活动，开展安全竞赛及总结先进经验等。

(5)协助领导修订全厂(车间)安全管理细则、岗位安全操作细则、安全确认制和制定临时性危险作业的安全措施等。

(6)经常检查职工对安全生产规章制度的执行情况，制止声音作业和违章指挥，对危及工人生命安全的重大隐患，有权停止生产，并立即报告领导。

(7)参加伤亡事故的调查、分析、处理，提出防范措施。负责伤亡事故和违规违制的统计上报。

(8)根据上级规定，督促检查个体防护用品、保健食品、清凉饮料的正确使用。

2)区长、炉长、直属班长安全生产责任制

(1)在部长的直接领导下组织本单位职工安全顺利地安成厂下达的生产作业计划及各方面的工作任务。

(2)牢固树立“安全第一、预防为主”的思想，对全工段的安全生产负主要责任。

(3)安全工作方面接受厂安全管理人员的领导。

(4)自觉遵守并组织本作业区职工认真学习贯彻执行上级有关生产方面的政策、法令、规章制度，做好入厂新工人、调入本工段人员和实习代培人员的三级安全教育。

(5)组织好每周一次的安全活动日，要有组织、有准备、有内容、有记录、有总结地进行活动，提高职工遵章守纪的自觉性。

(6)领导和支持班长做好安全工作，坚持开好班前会。

(7)督促检查各班组人员严格按安全技术操作规程进行作业和维护设备，以及备品、备件的装配，保证设备良好、正常运转，抵制、纠正任何人的违章指挥，对于情节严重的，有权进行经济制裁或令其停止工作，并向厂安全员或经理汇报。

(8)对管辖范围内的设备情况、技术熟练程度要做到心中有数，发现问题及时处理，以免在生产过程中出现人身或设备事故。

(9)发生事故后，应立即报告经理或有关人员组织参加检查分析，制定防范措施并组织实施。

(10)在生产检修、事故处理过程中要制定完善的安全措施，并加以实施。

(11)工段要有专用的安全生产记录本，做好安全日记活动。例如，计划检修安全措施，隐患及隐患的处理措施、实施情况，违章违纪人员的处理和三级安全教育，安全知识考证等情况的记录。

(12)督促各班组搞好环境和设备卫生保护工作，场地清洁，每周进行一次大清扫，平时随时清扫。

3)工人安全生产责任制

(1)在班长的直接领导下，安全顺利地完成生产作业计划及各方面的工作，做到“三不伤害”。

(2)正确佩戴劳保用品和设备工具，女工应将长发盘入帽内。任何人不得冒险作业、违章指挥。

(3)认真学习和执行安全规程，自觉遵守各项规章制度和劳动纪律，严格按技术操作规程进行操作，实行标准化作业，并且要制止他人的违章行为。

(4)积极参加各项安全生产活动，学好并掌握安全生产知识。

(5)发现安全隐患问题，要及时汇报，并积极解决自己能解决的问题，不得使用不合理的工具和操作带病作业的设备。

(6)对设备工艺出现安全隐患问题违章指挥和没有防范措施的危险作业，有权拒绝操作，并及时向上级汇报，必要时可越级反映举报。

(7)坚守工作岗位，不得擅自到有毒、危险、要害岗位和别人不易看到的场所逗留、休息。

(8)搞好管辖范围内的设备及环境卫生。

(9)个人出现工伤事故，立即报告班长，经班长核对无误后，签字证明，在8h内上报厂安全员，不得隐瞒事故。

3.3.2 炼铁厂安全生产规章制度

(1)凡一切工作人员在进厂工作前，必须贯彻、执行国家安全方针和上级有关安全生产的指示，在接受三级安全教育后方可进厂工作。

(2)炼铁厂员工必须树立安全第一的思想。工作前要保证自己的充分休息和足够的睡眠的时间，以便精力充沛地进行工作。

(3)工作前必须佩戴好劳动保护用品和保护用具。

(4)工作前必须详细检查好本工种岗位上使用的工具、机械设备和安全设施等是否处于良好状态，发现毛病立即修理或更换，不得带病运转或勉强使用。

(5)工作现场必须保持平整清洁，物料和工具堆放有序，物料之间有安全距离。

(6)不准在铁道中间行走，也不准在车厢下乘凉休息，更不准从铁路停留的车厢上跨越或由车底穿过。

(7)不准在检修、出铁、出渣及各种起重物件等危险场所逗留，行走要严加注意，并应绕道通行。

(8)凡与工作无关人员，不准靠近高炉、布袋、喷吹、烧结、竖炉等地区或重要设备附近，更不准与正在操作的人谈话，不准私自领亲友入厂参观。

(9)在车间内要按规定从安全通道上行走，不准在天车运行或操作繁忙的场所逗留，更不准任意乱串。在行走或工作中，要注意危险标志，倾听机车笛声、汽车喇叭和天车铃声，尤其是阴雨、下雾天及夜间，更要特别注意。

(10)未经领导批准或有关部门同意，不准擅自攀登天车、梁柱、房顶等高处行走或工作，更不准在车辆行驶时抓车或未停稳时下车。

(11)非因工作需要不准擅自开闭各种电气开关和水门、气门、风门等，需要时应找有关人员进行这项工作。

(12)操纵机械设备时，必须熟悉该设备的性能、安全技术规程及操作方法，对穿戴的防护衣袖和裤腿要扎紧，女工的发辫要盘于帽内。

(13)机械设备在开动前，必须与有关人员取得联系，做到“三确认”，即确认设备无故障、确认现场无安全隐患、确认相关人员在安全区域。天车、卷扬机、上料、皮带等操作人员，要遵守信号或指挥人的手势。

(14)凡一切机电设备各部传动的部位，必须安装防护装置(罩子、栏杆、保险、信号、电铃、挡板、安全阀和接地线等)。

(15)机械设备上的一切防护装置和信号装置要人人爱护，不准任意拆除不用，因检修拆卸时，工作完毕后应立即装复。

(16)禁止在任何危险地区和依靠在机械设备防护物上停留或休息。导线破皮，禁止用手或金属导体去触动，以防触电。

(17)禁止在机械传动的危险部分进行注稀油、擦抹、清扫和修理等工作，此项工作必须待机械完全停止后方可进行。注干油时要特别注意机械运转情况，严防撞伤。

(18)机械在运转中，禁止隔着机械传动部分传递、拿取工具和物器，禁止用手摸、脚蹬开动或停止机械的飞轮和皮带等处。

(19)检修过程中，必须执行“挂牌操作”制度。禁止站在，如裸露的齿轮、接手、皮带等任何传动、转动部位进行检修工作。

(20)工作现场应有足够的照明，所使用的手提灯，必须采用36V以下的低压安全灯。

(21)从事高空检修作业时，距离标准面3m以上时，必须佩戴安全带，并绑在牢固地点。操作人员要躲避高压电线，禁止由高空往下和由下往上扔东西。

(22)多人作业时，必须有专人指挥、号令一致，统一行动，互相照顾，不得冒险作业。

(23)未经领导批准不准将自己的工作转交他人或擅自脱离工作岗位。

(24)交接班时，必须把本班发生或遇到的不安全因素详细交代清楚，以便下班掌握和处理。

(25)不准在上班前或工作中喝酒，也不准在工作中睡觉。

(26)禁止在工作中打闹、开玩笑和闲谈。

(27)禁止在煤气波及区域行走、吸烟和休息，在煤气区域工作时应遵守煤气安全规程。

(28)禁止在库房、化验室、煤气区域、氧气、配电室、液压站、煤场、控制室等易燃易爆场所附近吸烟或动火，该场所必须设置消防设备。

(29)禁止将潮湿、凉的东西直接接触高温液体金属。禁止用潮湿物件擦拭各类电气、仪表设备。

(30)禁止在安全通道放置任何物料。

(31)不要用好奇感观的方法尝试任何化学药品或用盛过化学药品的杯子和容器喝水，以及探摸自己不熟悉的东西。

(32)禁止将防火用具当做生产工具使用。

(33)各处安全警示标志要保持干净、清晰。

(34)一切工种员工应遵守岗位责任制，如因工作需要临时做其他工作时，必须经过有关工种岗位安全教育后，方可进行工作。每名员工必须按照炼铁厂和作业区规定的时间认真参加安全活动。

(35)要切实熟悉、掌握各项规章制度和安全技术总则，并要严格遵守，认真执行。

(36)对不遵守和不执行安全规章制度的人，根据情节轻重，予以适当批评教育或处分，对有意破坏安全生产的人，给予除名。

3.3.3 安全教育培训

班组长半年至少培训一次；特种作业人员持证上岗；新上岗、转岗、工种变动员工安全教育率达到 100%。培训、安全教育率达不到 100%，每少 1%扣罚责任单位 10 元，责任人 5 元。对不参加培训、安全教育者，每次扣罚 20 元。对重新上岗、转岗、工种变动人员没有进行三级安全教育就安排上岗者，处罚所在作业区区长 100 元/人，班长 50 元/人，兼职安全员 50 元/人。

3.3.4 安全检查、隐患整改

(1)从炼铁厂班子做起，每天对各作业区安全、现场、劳动纪律等方面进行全面排查。调度室设排查记录本。

(2)对检查出的问题必须及时整改，未按要求整改的，每项扣罚作业区区长 50 元，兼职安全员 30 元。

3.4 炼铁厂应急救援预案

3.4.1 风口大灌渣应急处置规程

由于停风、停水或遇其他突发事故，如果发生在炉前渣铁未出尽时，会造成高炉风口严重灌渣，甚至会灌进鹅颈管及围管中。为了让炼铁厂每位干部都熟悉风口大灌渣的抢险方法，以在最短时间内恢复高炉生产，特制定本应急处置规程(本节均以中铁炼铁厂为例)。

1. 主题内容

本规程规定了中铁炼铁厂风口大灌渣事故的应急处置程序。

2. 适用范围

本规程适用于中铁炼铁厂。

3. 职责

(1)各班看水工、炉前工、值班工长、热风工、鼓风工切实掌握本应急规程，一旦发生风口大灌渣事故，听从统一指挥，按规程认真操作。

(2)各班调度主任要熟悉本规程，正确指挥应急操作并及时汇报。

(3)分厂领导负责组织指挥以及与其他单位的协调，组织事故原因的调查、分析，以及提出改进措施。

4. 停风事故的预防

(1)加强对鼓风机重要设备的维护，防止鼓风机突然放风或跳机；保证高炉鼓风机的高压电能够正常长久连续的供应，确保鼓风机不停电。

(2)炉前工应维护好铁口，确保高炉炉缸内的渣铁能够按时顺利排尽；高炉值班工长应随时掌握炉内渣铁的储存量，在渣铁未尽或憋压时，应适当减风，保证炉内的渣铁不超过高炉炉缸的安全容铁量。

(3)提高鼓风工及热风工的业务技术水平，强调他们的工作责任心，防止误操作而导致高炉断风。

(4)软净水处理工应加强对设备的点检及维护，防止水泵故障或管道破裂而导致高炉及其相关系统停水，造成高炉断风而灌渣。空压站必须保证压缩空气管网压力稳定，防止压力下降而使风机防喘阀自动打开放风，造成高炉停风而灌渣。

(5)高炉值班工长休风或坐料时，要确保高炉渣铁已出净，当发现风口大面积来渣时应及时回风。

5. 日常准备工作及抢救设备、设施配备

(1)搞好风口相关设施的备品备件工作，日常应备有直吹管28只，风口小套14只，风口中套7只，风口大小销子及螺栓螺帽若干，风口顶杆、拉杆各14个。

(2)风机房必备一些日常检修工具，如扳手4把、起子4把、手电筒2把。

(3)风口平台东西各有一个氧气接头，南北方向各有水管接头1个，橡胶皮管4根(10m)。

(4)换风口叉车1辆，管钳4把，3吨手拉葫芦2只，滑锤2只，小榔头4把，大榔头6把，风口堵耙6个，长短扁嘴钎10根，手电筒2把，小液压千斤顶2只。

6. 风口大灌渣应急处置

当发现风口大面积来渣而又无法迅速回风时，高炉应紧急休风。炉前若不在出铁，条件允许时，应至少打开一个铁口出铁。风口大灌渣时，调度主任、看水工、炉前工应第一时间内赶到风口平台抢险。

(1)高炉看水工及炉前工在确认高炉风已休下来后，应迅速打开视孔大盖使灌进的熔渣流出，避免直吹管、弯头与鹅颈管被灌进的渣铁凝死而延长处理时间。开灌渣风口大盖时，原则上应先打开南面的，而后再开其他方位的，防止从风口流出的红渣流到煤气管道上或炉前液压站中而发生危险。打开风口大盖时，应站在风口大盖的侧后面，两个人配合，打掉销子后，迅速打开大盖，防止喷出来的煤气火焰或熔渣伤人。大盖打开淌渣将要停止时，炉前工应用钢钎插入直吹管内，将熔渣向外引流，待直吹管内的渣子流不动为止。

(2)待直吹管不向外淌渣时，炉前工应迅速卸下直吹管，若鹅颈管也灌渣时，应用风镐清理，清理不出时，鹅颈管也要组织更换；风口小套内的渣子用风镐或钢钎抠掉，有凝铁抠不动时用氧气烧开，然后用少量有水炮泥把风口临时堵上。

(3)当直吹管灌铁后卸不下来时，可用千斤顶顶直吹管的后端，一般都可以顶下来。当灌铁较多顶不动时，立即用氧气紧贴直吹管前端面用小量氧气烧，避免烧坏小套。烧断后再把风口里的凝铁烧出一个洞。如果风口已经烧损，则把风口换掉。

7. 停风事故应急情况下的汇报程序

中铁炼铁厂应认真组织全体干部职工学习掌握停风应急处理规程，做到在应急情况下不手忙脚乱正确处置，并及时汇报。

(1)灌渣只影响到分厂生产范围的汇报程序。

看水工 2min 内向本班调度主任汇报；本班调度主任 5min 内向分厂主管领导汇报；分厂主管领导 10min 内向生产协调部汇报；生产协调部 15min 内向项目主管领导、主要领导汇报。如中夜班发生大灌渣事故除执行以上汇报程序外，还应在 10min 内向条线值班领导汇报。

(2)灌渣影响到本条线及公司相关车间(工段)的汇报程序。

看水工 2min 内向本班调度主任汇报；本班调度主任 5min 内向分厂主管领导、主要领导汇报；主管领导、主要领导 10min 内向生产协调部、生产总调办汇报；生产协调部、生产总调办 15min 内向项目主管领导、主要领导、公司主管领导汇报；项目主管领导、主要领导、公司主管领导 30min 内公司主要领导汇报。如中夜班发生灌渣事故除执行以上汇报程序外，还应在 10min 内向项目和公司值班领导汇报。

(3)分厂内部人员由分厂内部通知，条线领导、公司领导和相关处室的汇报由分厂主要领导直接汇报。须协助抢险的由生产协调部通知，中夜班由值班室通知，相关部门及分厂在接到通知后要全力以赴迅速组织人员予以抢险。

8. 无法上料的应急规程

上料系统分为三个系统，即槽下供料系统、卷扬系统、炉顶布料系统。高炉一旦无法上料，将对炉内操作带来直接影响，处理不当将会影响炉况顺行，给公司造成经济损失。因此，一旦发生无法上料，必须迅速处置，避免事态的恶化，把事故损失降到最低限度。

(1)首先岗位操作工对无法上料做出一个判断，需处理多长时间，第一时间组织人员处理，并通知当班工长、调度来调整炉内操作。如时间较长可减风降压，视炉顶温度打水冷却，同时组织出铁出渣工作，尽量减少炉况波动。

(2)槽下供料系统发生故障无法上料。

第一，返矿皮带故障：返矿皮带从槽下矿粉斗下来经 F101→F102→F103→F104→烧结。F101、F102 由宏发炼铁控制，F103、F104 由烧结控制。当 F101 皮带出现故障，此时所有槽下矿石振动筛都无法工作，高炉无法上料。联系电工手动短接 F101 皮带，使操作画面 F101 皮带有运行信号，烧结矿、球团矿、返矿斗开孔，尽量减少使用料仓数，保持一定的上料能力。同时，视故障时间长短，要求工长减风降压，控制料速，尽快抢修 F101 皮带机。处理时间过长，则要考虑是否休风，防止料线亏得过深，影响炉况。当 F102 皮带机故障时，如时间短(半小时内)能处理完，通知工长，减风控料线，控顶温。如时间较长，需 30min 以上，则找电工手动短接 F102 皮带，使操作画面上 F102 皮带有运行信号，并在 F101 皮带下料口开孔，用引料槽将料往 F101 转运站下卸，启动 F101 皮带维持上料，并组织人员抢修 F102 皮带。当 F103 皮带发生故障时，可在机旁启动犁式卸料器，将返矿粉卸入返矿仓内用汽车外运，维持上料。

第二，槽下主矿皮带故障：槽下主矿皮带或一侧设备发生故障无法上料时，可将故障一侧矿石集中斗打“手动”，将一侧矿忽略，半边上矿。但要注意矿石配比，必要时可要求工长更换配比，维持上料。但上料速度较慢一段 6 批/h，此时工长可适当减风降压，不可亏料过深，影响炉况顺行，并组织人员尽快处理故障。

第三，槽下停电无法上料：通知工长减风降压，控制顶温，通知电工尽快找出造成停电的原因，尽快修复。上料工将槽下操作方式打到“手动”控制好料车，防止送电后程序混乱，造成乱排放料。注意炉顶温度升高，过高时要求工长派人打水降温。

(3)卷扬系统故障无法上料。

第一，料车超极限。当发生料车超极限时，到现场确认通知工长减风降压，控制好顶温。视超极限的程度，并通知相关检修人员到现场处理。如料车超极限前轮已离开轨道吊于半空中，此时应用 32t 炉顶行车，用钢绳将料车的前端吊住，将前端稍微抬起，操作人员在机旁慢速点动将料车下行，同时将吊起的前轮缓慢放于轨道上，然后，查清超极限的原因，防止事故的再次发生，恢复上料。如处理时间超过 1h，立即安排休风处理。

第二，钢绳松弛信号来。当钢绳松弛信号来，料车无法动作时，首先确认钢绳是否松弛，是不是错误信号，到现场确认。如未松弛，可临时短接维持上料；如钢绳松弛，确认松弛原因，料车是否垫料，有垫料时组织人员将垫于料车底上的落料扒掉，料车底部清理干净，处理后维持上料。同时观察造成落料的原因，防止事故的再次发生。

第三，主卷扬跳电。发生跳电后，通知工长减风降压，控制顶温，通知电工找出跳电的原因，尽快恢复送电，并将料车控制方式选择“手动”，将集中斗打到“禁止排料”方式，以免造成跑料，待恢复送电后，恢复主卷扬的“自动”方式上料。如处理时间超 1h，须安排休风处理。

(4)炉顶系统故障无法上料。

第一，炉顶系统停电。当炉顶停电时，应立即切除主卷扬，通知高炉工长。工长应酌情减风降压，直到休风。上料工严密注视炉顶温度，通过减风、打水，通 N2 或蒸汽等手段将其控制在 350℃以下，并严密注视齿轮箱温度的变化情况，联系有关人员尽快排除故障，及时送风恢复，恢复时应注意风量与料线关系。等故障排除后，应解除切掉的主卷扬，并通知有关的操作人员将卷扬转手动，手动将料车内的料装入料罐，方可将主卷扬转入自动。

第二，料罐“过满”时无法上料。若发现上密关不到位，首先，将移动受料斗打到另一罐单罐上料。其次，上炉顶检查上密口是否拉满。如拉满，可临时短接一下上密的关位信号，手动开启料罐的一次均压(注意开启时间不可太长，防止大量煤气泄漏)吹掉上密上的积料，然后将短接信号切除，手动开关上密看是否有信号，是否卡料，处理后找出原因，防止事故再次发生，恢复上料。如上密仍关不到位，料吹不掉，此时应通知工长，高炉工长决定“解锁”作业。作业时必须改常压，甚至低压，必要时开炉顶放散阀，并控制好顶温。上料操作人员在高炉工长的指令下，将系统转手动，并“解锁”处理，将布料溜槽动作调到所属状态后，开均压阀→开下密→关均压→提探尺→开料流调节阀，料罐放料。

第三，受料斗移不动时的处理。受料斗移不动的原因如下：液压系统故障；受料斗与斜桥有卡阻。如果是液压系统故障应立即查找原因，排除故障(可临时捣电磁阀)；如果是受料斗与斜桥卡阻，首先设法将受料斗移到一侧料罐位置，改单罐上料。同时，工长应适当减风控制料速，检修人员尽快消除卡阻后恢复正常。

第四，料罐悬料下不来时的处理。当一侧料罐发生悬料下不来时，可先用另一侧料罐单罐上料，安排人员上炉顶用榔头敲打料罐，使炉料振动而下。如处理困难，可减风降压处理，改常压后仍不能消除，料罐内可能有大块杂物卡住，须安排休风处理。

3.4.2 风机应急预案

为确保高炉的正常供风和安全生产，以“安全第一、预防为主”，制定了相关突发事故处理措施。

1)大停电应急操作步骤

(1)确认风机跳闸停机，应立即通知高炉工长和厂调度、主管主任。

(2)正确确认记录时间，现场确认。观察润滑油油压下降，高位油箱泄油情况及转子惰走情况。

(3)确认 1＃、2＃反喘振阀是否全开，静叶角度是否关至最小(14°)，并进行现场确认。

(4)关闭室外送风阀，打开放风阀，如无操作电，可到现场手动关闭。关闭冷油器进水阀。

(5)转子静止，手动盘车，每 15min 旋转 180°。

(6)其他按正常停机步骤进行操作。

(7)恢复送电后做好开机准备，根据调度指令开机。

2)责任分工

(1)停电后组长应立即通知高炉工长和调度、主管主任。

(2)主值班：停电后机组跳闸，及时到现场观察润滑油油压、高位油箱泄油及转子惰走情况，记录惰走时间，之后汇报代班长。

(3)副值班：及时开启拨风阀，随后确认现场防喘振阀，静叶角的动作保护情况，之后汇报代班长。

(4)机动：手动开放风阀、关闭送风阀，之后汇报组长。

(5)组长：负责机组跳闸后及电源恢复后，随时启动的一切对外联系，安排并协调小组成员的各项工作。

(6)按照以上操作及分工，小组成员要各负其责，明确任务，服从组长安排，并确保自身安全。

3)电源恢复后的操作

(1)通知电工、自动化部人员做好机组启动准备工作。

(2)按照正常启动前启动准备工作对机组进行全面检查。

(3)检查并确认油系统、冷却水系统、风系统各阀门位置状态，均处于启动状态。确认主控室微机及中央盘的各种信号、显示、转换开关、声光报警均处于正常启动状态。

(4)根据调度指令，按照AV71-14风机启动步骤进行启动，启动正常后恢复生产供风。

3.4.3 水泵房应急预案

为确保高炉、热风炉的正常供水和安全生产，以“安全第一、预防为主”制定了相关突发事故的处理措施。

1)停电应急操作步骤

(1)确认停电水泵停泵后，应立即通知高炉和热风炉值班室人员。

(2)停电后柴油机组会自动启动运行。泵房值班人员应及时把柴油泵的出口阀打开。

(3)如柴油机因其他原因不能自动启动，应把选择开关打到“机旁操作”按下启动按钮，柴油机开始启动运行。

(4)停电后，应关闭所有原运行泵的出口阀门。防止水倒流，使水泵倒转。

2)分工

(1)主值班、倒值班停电后负责启动柴油机，把出口阀门打开。

(2)机动：停电后负责把原运行泵的出口阀关闭。

3)电源恢复后的操作

(1)通知电工检查线路，确认具备启动条件后，泵房值班人员做好启泵准备。

(2)按原先运行泵的号数，依次把泵启动，流量、压力、电流应和原来一致。

(3)水泵依次启动完成后，应把柴油机组关闭，首先关闭柴油泵的出口阀门，按下“停止按钮”柴油机停止运行。

3.4.4 磨煤机着火应急预案

1)磨煤机着火的原因分析

(1)磨煤机运行温度太高。不允许磨煤机的出口温度超过规定的出口温度11℃。

(2)外来可燃杂物堆集，如纸片、破布、稻草、木块和木屑之类堆积于锥体内和磨煤机的其他部位。这些东西不易磨碎，系统中进入这类杂物后，它们会堆积起来可能着火。

(3)在磨煤机底部或进风口沉积过多的石子煤或煤块，长期不能排除。

(4)在磨碗上面的区域内积煤过多。

(5)不正确或异常的操作。

2)磨煤机着火的现象

(1)磨煤机出口温度无故迅速升高。

(2)磨煤机或煤粉管道油漆剥落。

3)磨煤机着火后的处理

(1)如果磨煤机系统出现着火，不管在什么部位着火，磨煤机应采取紧急停机措施，在所有着火迹象清楚和磨煤机冷却到环境温度之前决不能打开磨煤机的检修门。

(2)在采取任何灭火措施时，不参与积极灭火的检修人员应离开磨煤机、通风管和给煤机层面。

(3)磨煤机着火是十分危险的，它可能引起整个系统着火或爆炸的危险，一旦发现磨煤机着火，应谨慎地采取灭火措施。

4)磨煤机着火的灭火步骤

(1)一旦有着火迹象，立即关闭热风切断阀，100%打开冷风阀，继续以等于或高于正好着火时的给煤频率向磨煤机给煤，但不能使磨煤机超载。此时，关闭热风切断阀通常可熄灭着火。

(2)关闭石子煤收集装置的隔离阀。

(3)在分离器体顶盖上装有消防接口，侧机体上装有惰性气体接口。安装惰性气体喷射嘴进行安全连锁。

(4)在磨煤机出口温度降低以及所有着火迹象消失之前，继续给煤或充氮。

(5)停止充氮。

(6)停止给煤。

(7)磨煤机运转数分钟以后清除积煤。

(8)停止磨煤机，关闭所有阀门，即冷风截止阀、密封空气阀、煤管截止阀，使磨煤机隔绝。

(9)采取安全措施，切断磨煤机和给煤机的电动机电源，打开开关并挂上标牌。

(10)在打开检修门时，要遵照下述步骤：①确保磨煤机电动机开关已经断开，并挂出了警告标牌。②所有紧固件旋出一半。③小心地打开石子煤收集斗门，然后全部打开。用撬棍揭开门或用锤子把门击松。在密封破坏时，有些煤尘会从门的四周溢出。④完全拆去所有紧固件，除位于四角的最后拆除。⑤拆去或打开门。

在进入磨煤机之前，查核有毒气体已经全部消除并无残留低凹处的煤屑在燃烧。在人工清理磨煤机时要谨慎小心。作用在成堆煤上的磨辊压力会使磨碗产生以外的转动。为了防止磨碗转动，可在磨煤机驱动联轴器上安装限制器。

(11)全部检查下列区域的着火迹象和煤或焦灰的燃烧产物并予以清理：①煤粉管道；②侧机体；③分离器体；④内锥体和分离器顶盖。

(12)清除磨碗上的剩煤，磨煤机不能在磨碗上有煤的情况下重新启动。

(13)在着火或磨煤机冒烟之后，整个磨煤机系统(给煤机，磨煤机进风管道、煤粉管道、翻出机构等)应检查其可能的损坏和完好。如果需要的话予以修理和清理。一定要清除煤和焦炭的沉积物。

(14)检查润滑油，如发现炭化应该更换。

(15)从磨碗和侧机体清除煤屑后彻底清理和修理磨煤机后，磨煤机即可重新启动。应用正常的启动步骤。

3.4.5 制动器失灵应急预案

1)现象

抓煤起重机起升机构的制动器在抓煤时突然失灵。

2)处理措施

(1)工作中发现后应立即进行一次点车或反车操作，看是否可以刹住重物，然后按不同情况处理。

(2)如果仍不能刹车，应发信号并采取以下措施：①立即用大、小车在就近处选择安全的空地，用最快的速度放下吊物，接近地面时减慢速度，不应用自由下落的办法。②如果地面无空地不能安全放下时，在吊物能够提起的情况下，反复提起，以延长吊物在空中停留的时间。开动大、小车选择安全空地将物件放下。③如果重物过重需要提起时应逐挡拉起，不能快速拉到本挡。防止过电流继电器动作而停电。如果提不起来，则要迅速选择安全空地放下吊物。

3.4.6 布袋除尘器堵塞应急预案

1)堵塞现象

(1)冒出大量煤粉。

(2)阻力增加，风量减小。

(3)抽风机入口负压上升，电流下降。

2)堵塞处理

(1)检查各螺旋是否正常，否则停机处理。

(2)检查各气缸是否动作，气压是否在0.5MPa。

(3)检查反吹风机是否正常。

(4)布袋损坏，停机更换。

3.4.7 煤粉仓自燃应急预案

1)原因分析

(1)煤粉粒度细、水分低。

(2)煤粉仓漏风。

(3)煤粉仓煤粉积存过久。

(4)着火物进入煤粉仓。

(5)磨煤机或制粉布袋着火。

2)自燃现象

(1)煤粉仓温度升高,达80℃以上。

(2)有燃烧的焦气味。

(3)从各孔门和不严密处往外冒烟。

3)处理措施

(1)停止制粉系统,关闭煤仓吸潮管。

(2)用灭火器灭火,或通蒸汽、氮气。

3.4.8 布袋除尘器着火应急预案

1)原因分析

(1)检修时带进的火种或人为带进火种。

(2)磨煤机着火。

(3)系统带进火种。

(4)死角煤粉久存、自燃。

2)采取措施

(1)停止系统工作,查明原因及位置,迅速隔离,以防扩大。

(2)用灭火器灭火或水灭火或通蒸汽。

(3)清理火种更换设备。

3.4.9 炼铁厂鱼雷罐、铁水罐穿包紧急预案

鱼雷罐、铁水罐内衬耐材在使用过程中经过不断冲刷、侵蚀,加之受时冷时热的影响,内衬开裂未及时停用会造成穿包漏铁事故,影响高炉的正常生产运行,处置不当会造成巨大的经济损失。特制定鱼雷罐、铁水罐穿包紧急预案。

1)鱼雷罐、铁水罐穿包事故的预防

(1)加强罐内衬耐材质量的检查与验收,确保耐材的各项物理化学性能指标满足生产要求,包括耐火砖、泥浆、浇注料等质量指标满足相关标准。

(2)罐内衬砌筑、浇注施工严格按耐材施工标准执行。泥浆稠度达到要求,砌筑时泥浆饱满,不出现花脸现象。砖缝严格控制在相关标准内(垂直缝和水平砖缝)。砌筑过程上下层砖必须错缝半块砖,浇注衬施工时模具制作、安装固定符合要求。浇注时要充分振动,保证砖与浇注层接合处严密,必要时最上面一层砖设置密封凸台。耐材施工完

后，应制定合适的烘包升温曲线，有必要的升温段、保温段，控制合理的烘包制度，防止急热急冷，并保证均匀烘烤，消除热膨胀应力产生的变形或破坏。

(3)新罐投用前必须进行烘烤，备用包时刻处于烘烤状态，严禁将冷包直接投用。

(4)加强周转，确保热罐受铁。对超过 10h 未用的鱼雷罐、铁水罐必须送回大转炉烘热后再投入使用。

(5)鱼雷罐、铁水罐维护部门(承包商)必须加强罐内衬的检查。对侵蚀严重、有穿包危险的罐及时判罐并及时停用，备用罐投入使用。

2)鱼雷罐、铁水罐穿包的紧急处置预案

日常准备工作：①高炉炉前摆动流嘴下面的六条铁水停放线铺满黄沙。黄沙面与轨道上平面平齐，以防止铁水下地烧坏铁道。②摆动流嘴日常检查，每炉铁前加强检查，确保电动、手动灵活好使，减速箱、轴承勤加油润滑。③罐维护部门平时加强罐的冷检、热检工作，发现漏铁及时汇报当班调度主任。④罐维护部门每班派人在出铁期间监护鱼雷罐、铁水罐的运行情况(同时做好电视监控)，及时发现漏铁，并须在第一时间向当班调度主任汇报。⑤高炉区域铁路沿线两侧的消防栓加强检查，数量不够的要配齐。消防栓阀门、消防带故障应及时修理或更换。各岗位的灭火器随时保持满瓶，处于待命状态。⑥随时准备堵漏的工具和材料。

3.4.10　铁路机车及铁水罐车掉道的应急预案

由于机车、铁水罐车在作业时经过与铁轨不断摩擦，加之在高温下调车作业，我厂铁路线路较短，使用刹车频率较高，我们的铁水罐车在运行中没有刹车装置，全靠机车强行制动，特别在拖重铁水罐车两台以上，机车、铁水罐车轮子与轨面摩擦急剧升温，使轮缘、路轨磨损极大，再加上平时对铁路路线、机车、铁水罐车检查、维修、保养不到位，就极容易发生机车、铁水罐车掉道事故，给公司造成巨大的经济损失。因此，一旦发生机车、铁水罐车掉道，必须采取正确的处置方法，避免事态进一步恶化，把事故损失降到最低限度，特制定本应急处置规程。

1)火车、铁水罐车掉道事故预防

(1)对铁路路线每班巡道工全线要认真检查线路情况不少于两次。

(2)巡道工在线路检查过程中发现小毛病要及时处理(如道钉、路轨连接板、轨距杆、道岔螺丝、螺帽松动，公路与铁路交会道口处轨道垃圾清除，线路上障碍物等)。

(3)巡道工在雨天、雪天特别要加强线路检查，防止在特殊气候下，产生铁路严重下沉，发生火车、铁水罐车掉道事故。

(4)铁路路线凡超过冶金企业铁路规定使用范围值以外，必须立即组织抢修，确保行车安全。

(5)定期按规定对火车、铁水罐车轮子轮缘进行检测，凡超过极限值的轮子必须更换，不能在铁路上行驶，防止掉道事故发生。

(6)信号楼调度员指挥调度机车要正确，信号开通要及时，乘务员驾驶机车思想要集中，副驾驶瞭望要不间断，防止挤坏道岔，严重时可能发生掉道事故。

2)日常准备工作及抢救设备、设施配备

(1)每台机车上应配备止轮器两副、复轨器两副(左右各1副)中检库要备足不同厚度的钢板及枕木(垫车用)4只50吨液压千斤顶，必要时向兄弟单位求援大型吊车及有经验的起重工。

(2)一旦发生机车、铁水罐车掉道及时组织好求援人员到位，由分厂领导直接指挥。

(3)掉道事故发生后，抢救设备及工具应有专人负责组织到事故发生现场。

3)机车、铁水罐车掉道后应急处置

(1)单机车掉道应将复轨器垫置于掉道轮下，利用机车自身动力牵引爬上轨道。

(2)空铁水罐车掉道，应将复轨器垫置于掉道轮下，利用机车动力将其牵引到轨道上来。单机不行，可采用双机车牵引。

(3)重铁水罐车掉道后，必须请大型吊车将重铁水罐吊下转移，以减轻铁水罐重量，然后按空铁水罐掉道后处理办法实施。

(4)由于地理、环境限制，机车、铁水罐车掉道区域不同，不能使用大型吊装设备，只能靠千斤顶、枕木、不同厚度的钢板将掉道机车、铁水罐车顶起，慢慢移到复轨器旁，再利用机车动力将其牵引上轨道。

3.5 炼钢厂实习内容

转炉炼钢是把氧气鼓入熔融的生铁里，使杂质硅、锰等氧化。在氧化的过程中放出大量的热量(含1%的硅可使生铁的温度升高200℃)，可使炉内达到足够高的温度。因此转炉炼钢不需要另外使用燃料。炼钢的基本任务是脱碳、脱磷、脱硫、脱氧，去除有害气体和非金属夹杂物，提高温度和调整成分[23]。归纳为“四脱”(即碳、氧、磷和硫)、“两去”(即去气和去夹杂)和“两调整”(即成分和温度)。采用的主要技术手段为供氧、造渣、升温、加脱氧剂和合金化操作。其目的是将生铁里的碳及其他杂质(如硅、锰)等氧化，产出比铁的物理、化学性能与力学性能更好的钢。

3.5.1 工艺流程及主要设备

1)炼钢的任务与原理

炼钢的主要任务是将铁水、废钢等炼成具有所要求化学成分的钢，并使其具有一定的物理化学性能和力学性能，主要的任务概括为“四脱、两去、两调整”，如图3-8所示。

“四脱”，即脱碳、脱硫、脱磷、脱氧。

“两去”，即去除有害气体、去除有害杂质。

“两调整”，即调整钢液温度，调整合金料成分。

炼钢的化学反应如下。

(1)硅的氧化与还原如下：

$$[Si]+\{O_2\}=\!=\!=(SiO_2)、[Si]+2(FeO)=\!=\!=(SiO_2)+2[Fe]$$

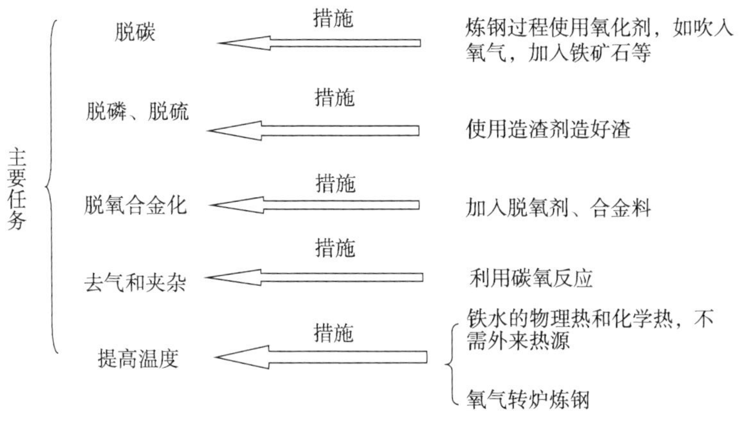

图 3-8　炼钢的主要任务

(2)锰的氧化与还原如下：

$$[Mn]+[FeO]=\!=\!=(MnO)+[Fe]$$

(3)脱碳反应如下：

$$[C]+[O]=\!=\!=(CO)$$

(4)脱磷反应如下：

$$2[P]+5(FeO)=\!=\!=(P_2O_5)+5Fe、2[P]+5(FeO)+4(CaO)=\!=\!=(4CaO\cdot P_2O_5)+5Fe$$

(5)脱硫反应如下：

$$[FeS]+(CaO)=\!=\!=(CaS)+(FeO)$$
$$[FeS]+(MnO)=\!=\!=(MnS)+(FeO)$$
$$[FeS]+(MgO)=\!=\!=(MgS)+(FeO)$$

2)炼钢的工艺设备

炼钢工艺设备简图如图 3-9 所示。

3)炼钢的工艺流程

炼钢工艺流程图见图 3-10。

3.5.2　炼钢厂危险及有害因素分析

1. 生产过程中的职业危害及防护措施

轧钢线生产系统存在着粉尘、一氧化碳中毒、噪声与振动、高温、辐射等职业危害因素，具体分析如下。

粉尘危害是在轧钢工艺过程中存在的职业危害。步进梁式加热炉、热处理炉产生少量的含二氧化硫烟气；冷矫机、抛丸机运行过程中产生的氧化铁粉尘；精轧机产生的少量烟尘[24,25]。长时间吸入含粉尘的空气，容易导致矽肺病。其危害程度与粉尘的组分、粒度有关，有害元素含量越高、粉尘粒度越小，其危害性也就越高。

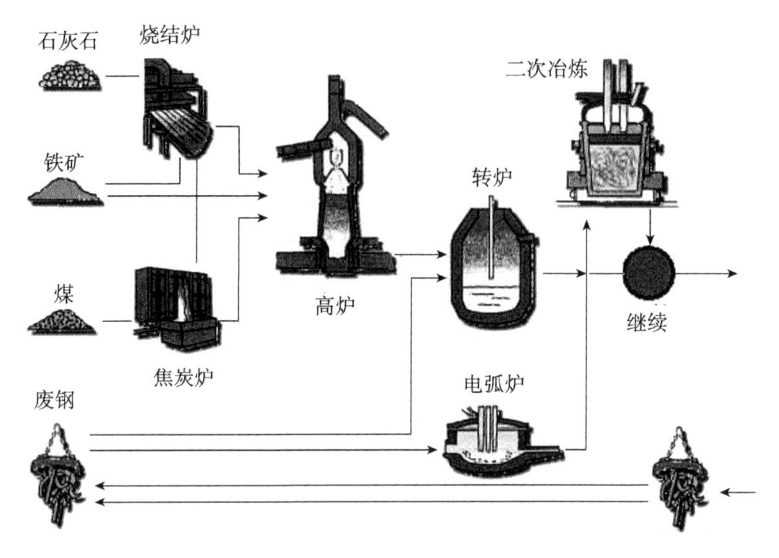

图 3-9 炼钢工艺设备简图

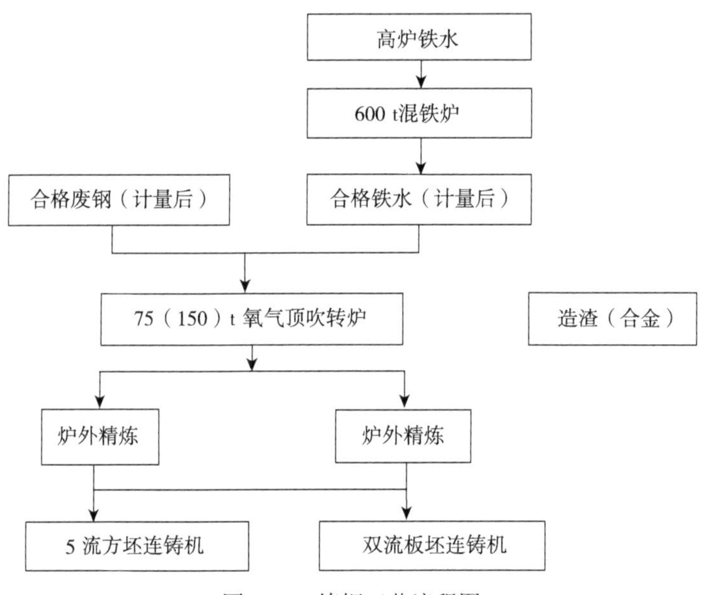

图 3-10 炼钢工艺流程图

2. 生产性粉尘治理的技术措施

1)改革工艺过程

通过改革工艺使生产过程机械化、密闭化、自动化，从而消除和降低粉尘危害。

2)湿式作业防尘

其特点是防尘效果可靠，易于管理，投资较低。目前湿式作业已被厂矿企业广泛应用。

3)通风

通风是实际有效的防尘措施，其目的之一是稀释并带走工作场所的浮游粉尘，能否将粉尘带走的重要因素是风速。过小的风速不能携带粉尘，形成粉尘在工作场所滞留致使浓度增高，过大的风速又会把沉积粉尘再次吹扬，也会造成粉尘浓度增高，所以要科学合理地运用通风。

4)密闭、抽风、除尘

对不能采取湿式作业的场所应采取密闭、抽风、除尘的方法控制粉尘危害。在使用本方法前必须对生产过程进行改革，理顺生产流程，实现自动化生产，自手工生产或流程紊乱的情况下，密闭、抽风、除尘的方法不能奏效。

5)个体防护和个人卫生

当防、降尘措施难以使粉尘降至国家标准水平时，应佩戴防尘护具同时加强个人卫生，注意清洗。

综合防尘措施可概括为“革、水、密、风、护、管、教、查”八字方针。革，技术革新；水，湿式作业；密，密闭尘源；风，通风除尘；护，加强个人防护；管，加强粉尘及尘肺病人的管理；教，加强宣传教育；查，健康检查，对作业环境进行监测。

3. 一氧化碳中毒

一氧化碳有时从高炉炉顶和炉腰向外散发，或从厂内的许多煤气管道中漏出，偶尔会造成急性一氧化碳中毒，但大多数一氧化碳中毒是在高炉周围工作，特别是在进行修理工作时发生。其余则是在热风炉附近工作、在炉体周围巡查或靠近炉顶工作时发生的。高炉开始出渣和出铁时，从炉内逸出的煤气也会引起在出渣口和出铁口附近操作的工人中毒。一氧化碳中毒还可能产生于下列原因：煤气从炼钢厂或轧钢厂的水封阀或液封槽逸出；鼓风机、锅炉房或通风机突然关闭；漏气；清理静电除尘器或关闭管道阀门时，煤气未曾全部排除。

4. 噪声与振动

噪声与振动都是较常见的生产性有害因素。在生产过程中，噪声与振动多是同时并存的，有时以噪声为主，有时以振动为主。强烈的噪声与振动能分散人的注意力，降低工作能力和工作效率，影响人体生理过程，损害健康，甚至导致职业病的发生。

轧制生产线上各种机械设备运转噪声和碰撞摩擦噪声；泵房内水泵运转噪声；空压站内空压机噪声和气体散放管噪声；各类风机噪声；空压站的压缩机产生的噪声；精整剪切时发出的噪声。

一级预防主要是改进工艺，改造机械结构，提高精密度。对室内噪声，可采用多孔吸声材料(玻璃纤维、矿渣棉、毛毡等)，使用得当可降低噪声5～10dB。装置中心控制室采用双层玻璃隔声，加大压缩机机座重量，对机泵、电机等设备设计消声罩。另外，用橡胶等软质材料制成垫片或利用弹簧部件垫在设备下面以减振，也能收到降低噪声的效果。同时，也要研制、推广实用舒适的新型个人防护用品，如耳塞、耳罩、防噪声头盔，实行噪声作业与非噪声作业轮换制度。

二级预防就是对接触噪声的作业工人定期进行听力检查，《职工安全卫生管理制度》

规定：接触 90～100dB 噪声的工人每两年进行一次听力检查，接触大于 100dB 噪声的工人 1 年检查一次。

5. 高温

高温作业人员受到环境热负荷的影响，作业能力随温度升高而明显下降。高温环境会引起中暑，长期高温作业可出现高血压、心肌受损和消化功能障碍病症。

该项目高温部位主要有：加热炉、轧钢生产线；地下油库及地下室；变电站、主操作控制室、电气仪表室、计算机室、水泵房、蒸汽管道；等等。

1)预防中暑的防护措施

在高温作业职业危害的预防措施中，防暑降温措施是最为重要的。

避免高温和辐射热对工人的影响，各厂矿企业应结合技术革新，改造生产工艺和操作过程，改善工具设备，减少高温部件、产品的暴露时间和面积。

疏散热源和合理布置热源。

显著影响操作工人的对流热和辐射热，应尽量采取隔热措施。

高温车间应首先采取自然通风。

新建、扩建高温车间时应考虑建筑方位和自然通风的关系，使厂房的纵轴与夏季主导风向垂直，同时考虑阳光直射到工作地点。

一般高温车间除自然通风外，还应根据温度、辐射热、气流速度的情况使用机械通风。

高温高湿机放散有毒有害气体的车间，应根据工艺采取隔热、自然通风、机械送风和机械排风装置。

对特殊高温作业，应采取隔热、送风或小型空气调节器设备。

烧砖的轮窑作业时，不要过早出热窑，应尽量提前打开窑门和火盖通风，并采用淋水加速砖瓦的冷却，以降低工作地点温度。

在采用技术要求较高、投资较大的设备时，必须先经过详细了解和设计，才能施工和安装，防止效果不良。

2)防暑降温保健措施

对从事高温作业的人员应进行就业前和入暑前查体，杜绝不宜从事高温作业的人员在此岗位工作。例如，有心、肺、血管器质性疾病，持久性高血压及十二指肠溃疡。活动性肺结核、肝脏病、肾脏病、肥胖病、贫血、急性传染病恢复期、中枢神经系统器质性疾病的人员不应从事高温作业。

夏季要组织医务人员深入车间工地巡回医疗和预防观察。

对作业人员需供给足够的饮料和含盐饮料。轻体力劳动一般不少于 2～3L，中等以上劳动不宜不少于 3～5L，要防止暴饮暴食。

对辐射强度较大的高温作业，必须配耐燃、坚固导热率较小的工作服，根据工作环境配备手套、靴罩、护腿、眼镜、隔热面罩等，并加强防护服装的清洗、修补和管理。

6. 辐射

一切能生产电磁辐射、放射线的物质或装置都是辐射有害因素的根源；当屏蔽、控制装置故障或缺少时，在一定时空范围内使人体受到非正常、超限值照射，是各类辐射发生危害后果的条件。

7. 机械伤害

通过技术分析及相关的事故案例统计来看，在使用机械设备过程中，由于操作者的不安全行为、机械设备的不安全状态等原因，往往容易引发各种机械伤害事故，造成人员伤亡，影响生产正常进行。在生产安全事故中，机械设备对人体伤害的事故占据很大比例。

易造成机械伤害事故发生的因素主要有：车间布置不合理，空间较小，布置零乱；机器的使用过程中机器发生故障易发生机械伤害。

8. 灼烫

灼烫是指火焰烧伤、高温物体烫伤、化学灼伤、物理灼伤，但不包括电灼伤和火灾引起的烧伤。易造成灼烫的部位主要有高温加热设备、高温物流、热力管道等。在热轧钢项目中，所要的原料需要加热后轧制，轧钢过程中不可能实现完全的机械自动化，所以在轧钢车间中由于钢材温度极高，易发生高温灼烫、辐射事故。造成灼烫的原因有物的不安全状态和人的不安全行为。物的不安全因素包括：操作人员的防护衣服、帽、鞋、手套等不合格，不符合国家标准，在使用的过程中失效，当人员接触到高温物体时从而发生高温烫伤事故。人的不安全因素主要来源于人员的大意、误操作、不遵守操作规程、私自蛮干和乱指挥等，有效地降低人的不安全因素是相当主要的环节。

9. 起重伤害

在各生产车间及辅助车间，主要采用天车进行起重作业。天车的桥架沿铺设在两侧高架上的轨道纵向运行，起重小车沿铺设在桥架上的轨道横向运行。在用天车进行起重作业时，如果不按规程操作，违章作业，容易导致起重伤害。

起重伤害的具体危险因素分析如下。

(1)物的不安全因素，起重机的主要部件有钢丝绳、滑轮、卷筒、吊钩(吸盘)及制动器等。

钢丝绳的安全寿命很大程度上取决于良好的维护及定期检验，该项目应当选用符合相关起重标准的钢丝绳，并按规定更换新绳，如果钢丝绳老化，维护不当，腐蚀严重的话在起重的过程中断裂，易造成起重事故。滑轮直径的大小对于钢丝绳的寿命有重大影响。增大滑轮直径可以大大延长钢丝绳的寿命，这不仅是由于减小了钢丝的弯曲应力，更重要的是减小了钢丝与滑轮之间的挤压应力。滑轮的选用直接影响到了钢丝绳的强度，若是选用了不符合要求的滑轮，造成钢丝绳过早的疲劳从而发生钢丝绳的断裂，造成起重伤害。

卷筒在起重设备中用来卷绕钢丝绳，将旋转运动转换为所需要的直线运行。卷筒有单层卷绕与多层卷绕之分。一般起重机大多采用单层卷绕的卷筒。单层卷绕筒的表面通常切出螺旋槽，以增加钢丝绳的接触面积，并防止相邻钢丝绳互相摩擦，从而提高钢丝绳的使用寿命。所以同滑轮一样，卷筒选用的好坏也直接影响钢丝绳的强度。

吊钩、吸盘等起重机械的重要部分，要求制造工艺及承受重力强度较高，吊钩应当定期地进行检查及吊钩负荷试验。为了防止脱钩发生意外事故，吊钩还应装有防止脱钩的安全装置。另外使用电磁吸盘吊运装置，如果发生突然停电，有可能造成所运输的货物掉落，从而发生起重事故。

在起重吊运过程中制动器具有重要的作用，制动器是一种间歇动作的机构，它的工作特点是经常启动和制动，因此制动器在起重机中既是工作装置又是安全装置。它可以有效地降低起重事故的事故率。

(2)起重设备的检修，无论是新安装的起重设备还是正在服役的起重设备都应该定期地进行质量检测、维修及更换组件，若检测、维修不及时，则会存在严重的事故隐患。

企业应当建立机械设备的维修、保养、任务交底、运转交接班、工作记录的制度并认真执行；企业的设备管理部门和安全管理部门定期对机械设备的安全技术状况进行检查和评定，认真执行对关键部位的日常检查工作，及时消除隐患，确保机械设备不带病运转。经检测检验安全技术性能严重下降的机械设备按规定作报废处理，严禁继续使用。

(3)起重机操作人员应当进行安全培训，必须取得特殊工种岗位证，持证上岗。同时必须按照国家有关规定及有关操作规程进行作业，不得违章操作。很多起重事故的发生都是由于作业人员无证上岗，违章操作造成的。

易造成起重伤害事故发生的其他因素还有以下几点。

(1)滑触线安装不牢固，接触不良，天车在运行中突然断电；传动轴座、齿轮箱、联轴器及轴、键等安装不牢固；液压系统出现漏油；制动器及制动轮间隙不符合要求，需要润滑的部位没有按要求加入或更换润滑油，制动装置不能做到灵敏、可靠。

(2)起重机上和作业区内的无关人员没有撤离到安全区，起重机运行范围内存在未清除的障碍物；开车前或操作中接近人时没有鸣铃示警；司机在正常操作过程中采用极限位置限制器停车，采用打反车进行制动。

(3)起重机各部位、吊载及辅助用具与输电线的最小距离不符合安全要求；操作室内部无绝缘隔板；吊物超载或重量不清；吊物捆绑不牢，吊挂不稳，重物棱角与吊索之间未加衬垫；被吊物上有人或浮置物。

(4)在起吊前，对吊物的重量和重心估计不准确，没有对吊具进行安全检查，使用不合格的吊具；表面光滑的吊物没有采取防滑措施来防止起吊后吊索滑动或吊物滑脱。

10. 物体打击

物体打击伤害，是指由失控物体的重力或惯性力引起的伤害，但不包括因机械设备、车辆、起重机械、坍塌等引发的物体打击。

物体打击的打击物主要有落下物、飞来物、崩块等。例如，砖石、工具等从高处落下，高速旋转的机器部件因脱落飞出伤人，轧机扎制和剪切设备剪切过程中的扎制废料和剪切废料甩出伤人，高处设备的零部件因安装不牢而坠落伤人，打桩、锤击造成的碎物飞溅等。

11. 触电事故

触电事故是由电流及其转换成的其他形式的能量造成的事故。触电事故分为电击和电伤。电击是电流直接作用于人体所造成的伤害，电伤是电流转换成热能、机械能等其他形式的能量作用于人体造成的伤害。

易造成触电伤害发生的因素有以下几点。

(1)电气设备的绝缘不符合相应的电压等级要求，或者因遇到各种机械性的挤、压、砸等因素而使绝缘损坏。

(2)电气设备的屏护装置安装不牢固，缺乏足够的尺寸，与带电体之间的安全距离达不到规程要求。

(3)带电体与地面之间、带电体与树木之间、带电体与其他设备和设施之间、带电体与带电体之间没有保持一定的安全距离。

(4)在低压操作中，人体及其所携带工具与带电体之间的距离小于 0.1m。

(5)在检查变压器接头温度、油温、线圈温度和三相温度时未保持一定安全距离。

(6)更换厂房照明、临时接线等作业时未执行停电确认制度。

(7)在高低压操作中误操作。

(8)进行电焊作业时一、二次接线未按规定连接。

(9)在对变压器进行清扫、接头紧固和实验时未执行停电、验电、挂牌等制度。

(10)电气设备和线路未按规定要求设置漏电保护装置。

(11)电气设备和线路未按规定位置配置准确、统一的安全标志。

(12)安全思想教育和技术培训不到位，管理制度不完善，违章作业或操作失误。

(13)在工作中，由于作业人员(包括电气工作人员和在作业场所的非电气工作人员)未能按照电气工作安全操作规程进行操作，或缺少安全用电常识，或设备本身出现故障及设备防护措施不完善，均可能导致触电事故的发生。

(14)一些非专业人员思想麻痹，缺乏用电安全知识，因而事故发生大多是因为严重违反安全操作规程而造成的。

(15)电气开关线路绝缘性能不符合要求，或者机泵的金属外壳保护性接地(或接零)措施不当，均可能导致漏电、触电事故。

(16)电缆铺设不合理，因排水不畅或车辆辗轧而造成电缆绝缘破损漏电事故。

(17)防雷设施不符合要求或失效，在雷雨天气有可能导致雷电击伤。此外，台风、火灾或其他灾害有可能引发电气事故，进而导致人员伤亡或财产损失。

(18)配电室应当配备合格的电工衣物和工作，绝缘鞋子和衣服应当每年进行检验合格，若电工衣服不合格达不到要求，容易造成电工人员触电危害。

12. 高处坠落

高处作业，是指在距基准面 2m 以上(含 2m)有可能坠落的高处进行的作业。在高处作业过程中因坠落而造成的伤亡事故，称之为高处坠落事故。

项目建成投产后，存在天车、登高人梯、人孔、安装孔、地坑等高处作业，在进行设备检修及维护时，也大量存在高处作业。在这些易坠落部位，如果设施设置不牢，缺少防护栏杆，易导致坠落事故发生。

3.5.3 安全管理

1. 炼钢安全操作规程

(1)工程中的隐蔽部分，应经设计单位、建设单位、监理单位和施工单位共同检查合格，方可进行隐蔽。施工完毕，施工单位应将竣工说明书及竣工图交付建设单位。建设工程的安全设施竣工后，应经验收合格方可投入生产。

(2)炼钢厂应建立健全安全管理制度，完善安全生产责任制。厂长对本厂的安全生产负全面责任，各级主要负责人对本部门的安全生产负责，各级机构对其职能范围的安全生产负责。

(3)炼钢厂应依法设置安全生产管理机构配备专(兼)职安全生产管理人员，负责管理本厂的安全生产工作。

(4)炼钢厂应建立健全安全生产岗位责任制和岗位安全技术操作规程，严格执行值班制和交接班制。

(5)炼钢厂应认真执行安全检查制度，对查出的问题应提出整改措施，并限期整改。

(6)炼钢厂的厂长具备相应的安全生产知识和管理能力。

(7)炼钢厂应定期对职工进行安全生产和劳动保护教育，普及安全知识和安全法规，加强业务技术培训，职工经考核合格方可上岗。新工人进厂，应先接受厂、车间、班组三级安全教育，经考试合格后由熟练工人带领工作，直到熟悉本工程操作技术并经考核合格，方可独立工作。调换工种和脱岗三个月以上重新上岗的人员，应事先进行岗位安全培训，并经考核合格方可上岗。外来参观或学习的人员，应接受必要的安全教育，并应由专人带领。

(8)特种作业人员和要害岗位、重要设备与设施的作业人员，均应经过专门的安全教育和培训，并经考核合格、取得操作资格证，方可上岗。上述人员的培训、考核、发证及复审，应按国家有关规定执行。

(9)炼钢对厂房、机电设备要进行定期检查、维修和清扫。要害岗位及电气、机械等设备应实行操作牌制度。

(10)安全装置和防护设施，不得擅自拆除。

(11)炼钢厂应建立火灾、爆炸、触电和毒物逸散等重大事故的应急救援预案，并配备必需的器材与设施，定期演练。

(12)炼钢厂发生伤亡或其他重大事故时，厂长应立即到现场组织指挥抢救，并采取有效措施，防止事故扩大。发生伤亡事故，应按国家有关规定报告和处理。事故发生后，应及时调查分析，查清事故原因，并提出防止同类事故发生的措施。

2. 安全生产规章制度

为了贯彻执行《安全生产法》的方针，加强安全生产管理，规范职工作业过程中操作行为，杜绝操作中违规违纪现象的发生，有效控制危害因素，预防事故的发生，保障职工生命和财产安全，特制定本安全操作规程。

安全生产是企业管理的一项基本原则，各级管理人员和职工都必须遵守，当生产和安全发生矛盾时，首先服从安全，发生危及人身和设备安全，要立即停止作业，在组织紧急和临时抢修工作时，负责人必须提出临时的安全措施。

(1)凡新进厂职工(包括实习、培训、产品试验、转厂、施工建设人员)必须经三级安全教育合格后，方能到生产岗位，并指派人员带领，不合格不准上岗，学员不得单独顶岗作业；特殊工种需持有上岗证。

(2)进行爆破、吊装和生产交叉施工等危险作业，必须制定相应的安全措施并安排专人进行现场安全管理。

(3)在易燃易爆部位动火，必须取得有关部门签发的动火证，采取可靠的安全措施，并在防护人员的监护下才能动火。

(4)各种压力容器和高压管道应有灵敏可靠的压力表和安全阀，并定期检查、效验，不准随意触动电器、煤气、氧气等危险装置，未经查验，一切电气装置及线路一律视为有电，一切气体管道一律视为通气。

(5)生产现场的物品堆放应符合安全规定，不得妨碍操作和安全，易燃易爆、剧毒放射和腐蚀物品必须分类存放，妥善管理。

(6)按时参加班前会，进入生产现场，必须穿戴好劳保用品，同时对劳保用品的防护性进行检查，发现有缺陷或失效的应停止使用及时更换。女工应把发辫盘入帽内，打二锤和机床作业不准戴手套。不准穿拖鞋、高跟鞋、裙子、短裤、背心、赤脚或敞衣袒胸进入厂房。

(7)班前4h及班中严禁饮酒。上班时间禁止开玩笑、打闹、吵架、斗殴、睡觉、看书报和做其他与工作无关的事，不准上逗逗班。

(8)接班者必须认真查看上一班各种原始记录，了解上一班安全生产情况和存在的问题，同时对本区域及周围进行安全检查，场地照明、安全防护装置、防护栏杆、人行过道、楼梯等必须保持完好。如有损坏应及时修复，不能修复时，应通知工段安排维修工进行修复，并在交接班记录中予以记录，提醒下一班的人员注意。

(9)严格遵守岗位责任制，不准迟到早退、脱岗、串岗、不准擅离职守，未经许可不得乱动他人设备和越岗操作。

(10)各类消防器材要按规定配置齐全，便于取用，建立台账，严格按规定使用灭火材料。电气设备起火，灭火前首先要切断电源。

(11)严格执行交接班制度，安全检查确认制度，发现隐患必须立即处理和汇报，并认真填写安全检查表。

(12)不论任何人发出停止信号行车必须立即停车。

(13)乙炔瓶、氧气瓶和使用点三者之间互距应不小于10m。使用乙炔瓶时禁止卧放。

(14)不准带非本岗位人员及小孩进入生产现场，不准擅自将易燃易爆、剧毒、放射和腐蚀物品及各种动物带入厂房。外来人员未经厂领导同意，不准进入厂房，岗位人员必须令其退出。非工作人员未经许可和登记不准进入要害岗位。

(15)在2m以上的高空作业，应拴好安全带，必要时设置安全网和划定危险区域，使用的跳板、脚手架及其他设施应符合《建筑安装工程安全技术规程》的要求。作业人员的工具应放好，向下抛物应有专人监护。患有高血压、心脏病、精神病及其他不适应高空作业的人员，不准上高空。

(16)电气设施的检修必须有两名以上电工，检修时应切断电源，不断电作业应有可靠的防护和技术人员在场监督指导工作，操作人员应具备符合规定的技术水平。

(17)使用氧气作业时，必须一人操作，一人开启阀门，开启阀门应缓慢进行，操作时禁止吸烟，手不准握在氧气管和胶管连接处，防止回火伤人，不准用氧气吹扫灰尘和设备，氧气管道和阀门不得沾染油类物质。

(18)严禁向红渣锅、红中包内投放潮湿物；钢铁包表面结壳，必须将结壳处理后才能倾倒。

(19)生产用吊钩、吊具、吊环、钢丝绳、吊杆、链条、耳轴、组合吊具及其他吊具，必须符合使用规定，要分类放置，用前检查，不准勉强使用。

(20)发生伤亡事故、重大险肇未遂事故、重大设备事故、重大火灾事故等必须立即组织抢救，保护好现场并立即报告单位领导和安全部门，不准隐瞒，认真对待事故调查，不得提供假证、伪证，积极参加事故分析，协助找准事故原因，提出防范建议，从中吸取教训。

(21)各个工种应做到“工完料尽，清理场地，清洁生产交班”。

(22)本规程未尽事项，按国家、集团公司相关规定执行。

3. 安全生产责任制

在安全生产过程中实行逐级安全生产责任制。厂长、生产副厂长、设备副厂长、技术副厂长、技术科、办公室、安全员等都有不同的责任，本章主要介绍安全员的责任制。

1)生产科安全员安全职责

(1)在安全主管的领导下，负责全厂安全生产工作，协助科长贯彻上级有关安全生产的指标和规定，并监督检查执行情况。

(2)参加安全生产管理制度和安全操作规程的制定、修订和完善工作，并检查执行情况。

(3)负责编制区域内的安全技术措施计划，并检查执行情况。

(4)搞好职工的安全教育和安全技术考核工作，具体负责新入厂人员的安全教育，督促检查班组、岗位安全教育的执行情况。

(5)制订事故演练计划，组织相关人员参与演练，提高事故处理能力，参与应急预案的修订与完善。

(6)每天深入现场检查，及时发现隐患，制止违章作业，对紧急情况和不听劝阻者，有权停止其工作并立即报请领导处理。

(7)负责各区域内安全设施、防护器材、灭火器材和事故隐患管理，做好区域内危险源点的控制与管理。

(8)参加责任区域内安全事故的调查和处理，做好统计分析和上报工作。

2)作业长、班组长安全职责

认真贯彻各项劳动保护法规和要求，严格执行安全生产规章制度和操作规程，领导班组安全监督员开展安全工作，对本班组职工在劳动过程中的安全与健康负责。

(1)组织开好每天的班前会，根据生产任务、作业环境和人员精神思想状况等特点，布置生产，做好安全交底，对新调入职工要进行现场安全教育，在未熟练掌握操作技能和安全操作规程前，要指定专人负责指导。

(2)组织和督促兼职安全员组织好每周一次的安全活动，做到有内容有记录，符合规范要求。

(3)坚持搞好交接班，班中巡回检查和定期安全检查，发现隐患及时消除，当班不能解决的立即报告车间领导并采取临时安全措施。

(4)坚持在安全稳妥的条件下组织生产，经常对职工进行安全教育，组织岗位练兵、技术比武，检查抽考有关制度和安全操作规程的执行情况，做到不违章、不冒险、不蛮干。

(5)按照上级要求，带领职工认真开展各种劳动安全竞赛，做到有布置、有检查、有小结。

(6)有权拒绝上级违反安全管理规定的指令和违章指挥，有权制止和处罚职工违章现象。

(7)指导和督促职工搞好现场文明生产，不断向定置管理转化，重点做好危险源点的控制与管理。

(8)严格执行大、中、小修，临时检修，抢修等安全管理规定，若临时改变施工方案则必须向上级和主管部门报告，提出安全措施后，方可进行。

(9)发生人身伤亡事故，要积极组织抢救，保护好现场，并立即上报车间领导，负责组织全班职工，本着“四不放过”的原则，认真分析原因、吸取教训、制定防范措施。

3)班组兼职安全员安全职责

(1)协助班组长做好本班组安全工作，做好班前安全布置、班中安全检查、班后安全总结。

(2)组织开展本班组各种安全活动，认真做好安全活动日记录，提出改进安全工作的意见和建议。

(3)对新工人进行岗位安全教育。

(4)严格执行有关安全生产的各项规章制度，对违章作业有权制止，并及时报告。

(5)检查督促班组人员合理使用劳动保护用品、各种防护用品和消防器材。

(6)发生事故要及时了解情况，维护好现场，并及时向领导汇报。

4)职工的安全职责

(1)按时上班，参加班前会。穿戴好劳保用品，检查本岗位的安全设施是否安全可靠，确认安全后方可操作。

(2)严格执行安全操作规程和各项制度，不违章作业，必须了解操作设备的性能，安全上的薄弱环节和防范措施，对使用的工具一定要做好确认。

(3)有权拒绝违章指挥，在特殊情况下操作或处理生产事故必须有临时安全措施，并在班组长指导下进行作业。

(4)认真落实互保责任，相互做好安全监护，做好“三不伤害”，决不违章作业。

4. 安全生产教育培训考核制度

(1)凡新入厂、调换工种(岗位)、休长假(三个月)、工伤复工人员必须接受厂、车间、班组安全教育，并经考试合格后方可上岗。

(2)经过三级教育并经测试合格者，填写“安全教育卡片”，教育人与被教育人签字后交安全生产科存档，新入厂及变更工种人员，在进入生产的最初3～6个月内，班组长应指定专人带教。

(3)各级领导要经常对职工进行安全生产的宣传教育，班前、班后会必须讲安全，生产调度会、生产碰头会布置生产工作首先布置安全工作。

(4)上级下达的安全工作文件、指示或事故通报等，要及时组织学习、贯彻、落实。

(5)每逢重大节日(五一、国庆、元旦、春节)前，厂、车间、班组都要对职工进行一次结合节日特点的节前安全教育。

(6)根据季节和气候的交替及变化要及时进行针对性的安全教育。

(7)重大工程项目施工前，应由工程负责人或施工组织者对全体施工人员进行专题安全教育和现场安全交底。

(8)运用厂内外发生的典型事故案例，不失时机地针对全体职工进行安全教育。

(9)充分利用各种宣传工具进行安全宣传教育，各车间黑板报每月要有一期安全专题，及时学习《冶金安全报》，并且保存完好齐全。

(10)按时参加上级部门举办的厂领导、车间领导、班组长、特殊工种安全培训学习班，培训率要达到100%。

5. 安全检查制度

为贯彻落实“安全第一、预防为主、综合治理”的安全生产方针，防止和减少生产安全事故，消除、减轻职业危害，落实安全生产责任制，强化安全工作，认真贯彻、落实国家相关法律法规特制定本制度。

各级从业人员日常安全检查。所有从业人员必须随时对自己所处的环境进行检查确认，确保不伤害自己、不伤害他人、不被他人伤害。岗位操作人员应对管辖区域、设备按班地进行安全检查工作，班前、班中和班后都必须进行安全检查。

(1)对易发生事故或留下隐患的部位要随时检查，对重点控制的设备要随时监控，重点进行检查，确保安全运行。检查出的问题应及时向相关人员沟通处理并向班组长或安全员汇报，有关情况要记入班组安全日志。

(2)班组长要组织班组人员进行班前、班中、班后安全检查。每班对本班组人员贯彻落实各项安全生产制度和执行规程情况、生产现场安全状况进行检查，将查出的问题记录在班组安全日志中。要保证每周对本单位区域做到普检，不留死角。非车间级的工段长、大班长、工长参照班长检查要求执行，对抽查情况和发现的问题做好记录，并对相应问题进行处理。

(3)车间级安全员(含兼职)应对管辖区域进行不少于每天一次的巡检，每周至少对一个班组的安全管理情况进行检查签认，每周至少抽考两名岗位操作人员安全规程或班组长安全生产职责，检查结果填入安全检查记录。安全员因故不能参加检查时，由车间主任安排他人代行职责。车间其他专业人员在检查本专业工作时应同时检查本专业所负责的安全工作，并做好相应记录。

(4)安全检查人员及生产现场带班人员、班组长和调度人员在遇到险情时，有第一时间下达停产撤人命令的直接决策权和指挥权。要定期组织文明生产检查，确保生产现场安全有序，各类物品按定置要求码放置，保持现场安全通道和人员巡检路线的畅通，发生各类意外事故导致停产时，必须组织对现场进行安全检查，确保安全后，方可恢复生产，每年汛期来临前，要组织一次防汛大检查，在检查交接班制度时，认真检查安全工作交接情况。在对设备进行检查时，应同时检查设备的安全装置；在对设备使用与维护规程进行检查时，要同时检查安全使用要求完善情况、岗位人员熟知情况及落实情况。

(5)日常工作中要加强对电气设备、线路、煤气设施、特种设备的状况进行检查。材料库负责劳保用品质量、燃气气瓶情况的检查。要加强劳动纪律检查，杜绝离岗、睡岗、酒后上岗现象的发生；对安全专业提出的考核、奖惩落实情况要进行抽查；对特种作业和特种设备操作培训、复审及配置情况要及时进行检查；在进行劳动组织检查时，要检查人员配备情况是否符合安全工作要求。工会负责班组安全建设、劳动保护的监督检查。

(6)要定期对要害部位进行检查，确保无关人员不得进入，日常工作中要对防火情况进行检查，对易燃易爆场所进行检修动火的，要检查防火措施的落实情况。技术科在采用新工艺、新技术时，要组织对其安全性进行确认，在进行新产品合同评审时，要对工艺进行安全性确认；在对产品质量进行检查时，要确保产品不影响后续工序的安全生产。

3.5.4 应急救援预案

1. 炼钢厂生产设备应急预案

1)应急组织机构及职责

设备应急救援指挥部的构成如下。

总指挥：××

副总指挥：××

成员：××

电话：××

2)职责

(1)及时与当班生产调度取得联系，了解事故的发生地点、时间、位置和事故发展趋势等，并向公司上级主管部门汇报。

(2)及时了解、统计事故情况、抢险救灾、生产生活等情况，迅速有效安排，协调应急救援工作。

(3)向公司报告本单位的事故情况，抢险救灾、恢复生产、重建工作等情况。

(4)炼钢厂应急救援总指挥部在公司领导下全面负责本厂救灾、抢修、恢复发布指令、命令，指挥厂生产系统开、停工；灾情调查处理；与上级机关联络等工作。

(5)总指挥部职责主要包括以下几点。

第一，厂调度接到公司有关情况预报或指示后，应立即向厂总指挥汇报，并根据总指挥的指示向各分指挥部下达抢险救灾指令。

第二，厂调度室在接到公司有关情况预报或指示后，要建立24h值班制，并做好灾情和有关指令纪录，严格交接班制度。

第三，事故发生后要及时准确处理各分指挥部要求解决的有关事宜，并负责组织各抢修队在最短时间内尽快恢复生产。

第四，根据厂事故情况，向分指挥部下达抢险、救灾、抢修等指令。

第五，负责统一调动抢险救灾人员、物资、车辆。

3)对分指挥部的要求

(1)总指挥部下设各指挥部在总指挥部统一领导下工作，并对系统实行领导。各分指挥部应服从命令听从指挥。

(2)包括厂车辆、起重运输工具等必要的人员物力由指挥部统一调动，不得在行动上有任何阻碍。

(3)各分指挥部应及时准确地向总指挥部汇报事故和抢险救灾指令的执行情况，以及需要总指挥部解决的问题。

(4)各分指挥部要平战结合，结合业务定期检查，组织预演。

(5)抢险救灾工作应根据事故情况，按先安全，后生产及恢复生产为最小代价的原则进行工作，尤其是生产调度更应注意。

(6)分指挥部成员单位或系统要各负其责，恪尽职守，把自己承担的抢险救灾工作做好。

4)生产设备设施抢险物资准备

配备必需的辅助设备及工具，如移动式电焊机、汽车吊、铁锹、镐头、锤头、撬棍、千不拉、潜水泵、连接带、铅丝、扳子、钳子、改锥等工具。

5)电力抢修物资准备

配备工具包括用风机、常用电机、电工常用工具梯子、绳索、照明灯具、各种瓷瓶和必要的绝缘物等。

6)煤气系统抢险物资准备

应配备的工具有空气压缩机、电焊机、气焊工具、起重工具、登高用梯子、安全带、氧气呼吸器、葡萄糖等。

7)水系统抢险救资准备

应配备的工具有潜水泵、泥浆泵、雨裤、电气焊、管工工具及管箍等。

8)抢救伤员物资准备

应配备的工具有担架、急救药包、伤肢固定用品、急救用药、器械等。

9)次生灾害抢险物资准备

应配备的工具有灭火器、水龙带、水桶、镐头、铁锹、沙子袋等。

10)安全抢险物资准备

应配备的工具有袖标、车辆等。

11)事故抢险救灾生活物资的准备

应急检查及补充是重要的后勤保证，应给予高度重视，重点解决好总指挥部、抢险救灾队伍及厂内职工的饮水问题。

12)加强事故预防的宣传

以多种形式开展事故预防宣传，普及事故预防知识、应急处理知识，防止突发次生事故，自查互查能力，强化设备点检、润滑、保养，增强广大职工的设备管理能力。

2. 蒸汽、采暖设施应急预案

1)蒸汽、采暖设施现状

炼钢厂的60T转炉现有三套转炉余热锅炉系统，担负全厂伴热和蒸汽采暖用汽。

2)准备工作

发生事故岗位、抢修队伍人员必须坚守生产岗位，在没有接到厂指挥部下达的命令前，不能撤离岗位。

热力管道完好性要求主要包括以下几点。

(1)管道阀门应开关灵敏，严密可靠。设备、附件不应有严重腐蚀，否则应立即更换。

(2)管道上的检修平台、扶梯、爬梯应安全可靠。

(3)管道穿过建筑物的墙体或基础时，没有套管的必须增设套管，套管与管道间的空隙填用柔性材料。

(4)架空管道的活动支架，应有抗震动措施，防止事故时甩落。

(5)管道的支架和吊架，架设在墙上、柱上的应锚固牢靠。

3)事故损坏时的应急预案

(1)蒸汽应急预案：当蒸汽系统遭到破坏时，为将损失降低至最低限度，可按下列原则先后顺序供汽，即汽化锅炉—厂房外蒸汽管路—各用汽点。

(2)供风应急预案：①当空压风管路发生破损断裂、落地等事故，确认后应立即停机，通知给排水及调度。②若油系统发生着火，并且无法控制火势时，立即停机，并立即报告指挥部，组织人员救火，拨打火警电话119，必须先通知总指挥。③当空压机被迫停机后，立即打开放风阀。

4)设施破坏后的恢复

当蒸汽、鼓风、软水、采暖系统遭到事故破坏时，厂指挥部应立即组织对蒸汽、鼓风、软水、采暖等领导及专业人员进行事故调查，按照生产急需程度和专业特点分轻重缓急做出恢复计划，组织专业抢修队伍迅速抢修，尽快恢复生产。

(1)当汽化烟道遭到故障，部分或全部中断运行时，按上述应急预案处理按先后供汽顺序供汽。

(2)空压机停机时，要及时准确判断停机原因，找出恢复的部位，在分指挥部的指令下，组织专业抢修队伍按计划恢复，保证高炉的正常供风。

(3)软水系统中断，抢修队立即组织人员进行对软水中断的部位，损坏程序调查，做出恢复软水的计划，尽快恢复。

(4)采暖中断，在分指挥部的指令下，立即恢复。按先生产后生活的原则恢复，若

24h 内不能恢复供暖的，应将原存水放净，以防系统冻坏。

3. 氧气系统应急预案

1)氧气设施现状

炼钢厂的现有氧气厂的两套主氧气管路，其中 60t 炉西管路为 DN400，东管路为 DN250。两路主管路到两路炉区后分别供转炉吹炼、连铸切割及各检修用气点，各支管路全部集中在主场房内，支管路管径从 DN15 到 DN100 分布。

2)事故前准备工作

岗位、抢修队伍人员必须坚守生产岗位，在没有接到厂指挥部下达的命令，不能撤离岗位。氧气管道的完好性要求主要包括以下几点。

(1)管道阀门应开关灵敏，严密可靠。阀门、减压设备部位不得有油质，设备、附件不应有严重腐蚀，否则应立即更换。

(2)管道上的检修平台、扶梯、爬梯应安全可靠。

(3)管道穿过建筑物的墙体或基础时，没有套管的必须增设套管，套管与管道间的空隙填用柔性材料。

(4)空压管道的活动支架，应有抗震动措施防止震动时脱落。

(5)管道的支架和吊架，架设在墙上、柱上的应锚固牢靠。

3)事故破坏时的应急预案

(1)事故发生时，氧气系统遭到破坏时，炉前及使用氧气操作的岗位应立即关掉用氧阀门，听从指挥命令，按厂事故救灾总指挥部发出的命令果断执行各项操作任务。

(2)当氧气管路发生破损断裂、落地等事故，确认后岗位操作人员在接到应急事故救灾总指挥部的命令后立即关闭控制阀门，为以后的恢复奠定基础。

4)设施破坏后的恢复

当氧气系统遭到事故破坏时，厂指挥部应立即组织专业人员进行调查，按照生产急需程度和专业特点分轻重缓急做出恢复计划，组织专业抢修队伍迅速抢修，尽快恢复生产。

4. 煤气系统设施应急预案

1)煤气设施现状

炼钢厂煤气系统现有一、二文氏管系统三套；转炉、高炉煤气管道 300 多米，煤气排水器 19 个，风机房 4 套设备。

2)前期准备工作

(1)强化设备、设施点巡检，加强仪表计器监视、记录工作，及时掌握各设备、设施的运行情况，及时发现问题和隐患，清楚隐患部位，对不能及时处理的要制定严密防范措施，并及时向厂、工段两级领导汇报。

(2)按照厂“无准备期检修”制度要求详细落实各材料、备件、人员、机具，检查准备是否齐全，是否全部落实到位，特别是抢险时必备的呼吸器、报警器不但要备齐，而且要认真检查压力、充气和电池状况，保证万无一失。

(3)管道上的阀门要提前确认和检查，保证开关灵活，必要时进行加油处理，以免在事故状态下不能及时切断气源影响事故处理时间。

(4)大中包烘烤器、混铁炉的设备用机要提前检查，确认备用状态良好，在运行机事故状态下及时投入运行，降低事故损失。

(5)根据煤气系统现辖各设备、设施提前做好应急预案，制定出各生产环节用气、停气的先后次序，在事故发生时能够采取及时、果断、有效的措施将煤气系统造成的损失降到最低。

3)事故的应急预案

(1)事故发生时，各煤气岗位应服从命令，不慌乱，按厂总指挥部发出的命令果断执行各项操作任务。

(2)总的原则：按照生产急需程度和煤气特点及事故区域，分轻重缓急，进行供停。

4)设施损坏后的恢复

(1)事故发生后恢复煤气供应前对各管道、支架、基础认真进行检查，看有无漏气、开焊、松动、变形、倾斜，如有必要，采取措施进行处理，避免因恢复煤气后出现二次事故。

(2)使用煤气设备在开停机时要采取严密措施，按照各设备工艺操作稳定设备运行或按规程停机，避免因慌乱造成责任事故。

(3)事故后恢复送煤气要按照规范进行，分步实施，不能因为慌乱出现着火或爆炸事故。

(4)事故发生后各组织机构成员要在厂指挥部领导下认真、稳步开展工作，必须在第一时间内到位；必须认真、及时、准确汇报事故造成的损失；必须主动或配合其他成员做好事故处理工作；必须坚守岗位；对事故中谎报、瞒报、临阵离岗造成设备事故、人员伤害的将给予严厉处罚。

5. 混铁炉事故应急预案

1)现场技术资料与工器具

(1)技术资料：混铁炉相关设备、管道、阀门位置图，电气原理图。

(2)工器具：撬棍、电气焊、扳手等钳工工具，万用表、摇表等电工工具。

2)事故现象与应急处理方法

出铁时突然停电：①岗位工立即手动打开混铁炉倾动电机抱闸，待混铁炉回到零位，关闭抱闸。②关闭混铁炉煤气主阀门。③通知调度室、电工，处理事故。④通知调度，机械故障由钳工处理。

6. 转炉倾倒系统事故应急预案

1)现场技术资料与工器具

(1)技术资料，现场技术资料如表3-1所示。

表3-1 现场技术资料

1、2、3#炉	一次减速机	中心距：976	传动比：127.82
	二次减速机	中心距：1212	传动比：7.33

(2)工器具：液压推动器 YT1-90Z/8、制动器 YWZ3-315/80、液压千斤顶(50t)、专用大扳手、大锤、手拉葫芦、万用表、摇表、对讲机等。

2)事故现象及应急处理方法

(1)事故现象一：制动器不工作。

当制动器在摇炉过程中突然不能工作，导致闸瓦烧损，应立即用扳手将调整丝杆松开，使制动器处于打开状态，更换闸瓦；同时，检查是电器还是机械的原因，并做出相应的处理。处理完毕后，再调整制动器行程和闸瓦间隙。

(2)事故现象二：摇炉过程中外网供电突然全线停电。

摇炉工确认氧枪枪位在吹炼位置后，首先关闭氧气阀门，迅速打开氮气提升阀，将氧枪提至待吹位置。使用手动阀关闭氧枪水，待炉内确认无积水后方可动炉。

(3)事故现象三：出钢、出渣时倾动电机不能运行。

当一台电机不能运行时，则应立即通知值班钳工将其抱闸松开，同时从程序中做出相应的处理以确保生产，然后再做进一步的处理。如是两台电机不能正常运行，应立即手动打开抱闸，将转炉恢复到零位，然后向调度室、值班领导汇报，通知相关人员做进一步的处理。

7. 转炉氧气系统事故应急预案

1)现场技术资料与工器具

(1)技术资料：氧枪电机 YTSZ225M-637kW；氮气提升装置 TMH8A37kW；气压 0.63MPa650r/min。

(2)工器具：5T 单梁吊，钳工工具，直径 Φ17.5m、长 60m、交互捻钢丝绳一根。

2)事故现象及应急处理方法

例如，氧枪钢丝绳断：当氧枪在运行过程中因外力导致钢丝绳突然崩断，致使升降小车坠落至氧枪下车轨道下限时，首先应切断该氧枪的气源、电源，并挂好“有人工作，禁止合闸”的安全标示牌；其次利用 32M 平台 5t 的单梁吊车将氧枪小车吊起；再次缓慢将小车和氧枪一起吊离氧枪口；最后移枪换用备用枪生产。事故枪移到备用位后，应做详细检查。同时检查其他零部件是否完好，并将备用钢丝绳换上，并调整好限位及氧枪主令。

8. 连铸事故应急预案

1)现场技术资料与工器具

(1)技术资料：板坯大包回转台机械、电气原理图。

(2)工器具：万用表、摇表等电工工具。

2)事故现象及应急处理方法

(1)事故现象一：浇注时大包回转台连续转动。

第一，通知调度室、连铸主控室，立即对大包回转台断电。

第二，联系电仪工、维修工到现场处理。

(2)事故现象二：中包穿漏。

第一，及时关闭大包水口，把大包旋转到事故包位置，中包车开到两侧的事故坑位置，打水灭火。

第二，通知电仪机修人员到现场。

(3)事故现象三：停电事故。

第一，使用手动(储能罐压力)关闭大包水口，立刻停浇。

第二，使用气动马达把大包转到事故包位置。

第三，确认结晶器完好情况后指挥恢复生产。

9. 天车事故应急预案

1)现场技术资料与工器具、备件

(1)技术资料：各部天车图纸(包括机械设备部分和电气仪表部分)。

(2)工器具、备件：撬杠、扳手、钳工工具、万用表、摇表、电工工具等。

2)事故现象及应急处理方法

(1)事故现象一：吊运重物时突然断电。

在天车作业过程中，若突然发生断电(全车间或全跨断电)，天车司机应将手柄拉回零位，切断电源。人员不得离开操作室，夜间更不能随意走动，利用通信设备与地面相关人员取得联系，找出事故原因。若断电时间过长，应将所吊物品通过松制动装置坠放在安全地带。

(2)事故现象二：制动器突然失灵。

第一，操纵手柄，反复起落，同时大小车联动，寻找安全地带，将吊装物安全落地。

第二，通知维修工、电仪工查找事故原因并处理。

(3)事故现象三：控制系统失灵。

第一，立即切断天车电源(按“急停”开关)。

第二，通知维修工、电仪工查找事故原因并处理。

10. 水泵事故应急预案

1)现场技术资料与工器具

(1)技术资料：车间水管道布局网络图、电气原理图。

(2)工器具：焊管、电气焊、焊条，万用表、摇表等电工工具。

2)事故现象及应急处理方法

(1)事故现象一：结晶器水突然断水。

第一，通知连铸主控室打开事故水塔阀门，然后通知调度。

第二，通知维修工、电仪工前来处理。

(2)事故现象二：氧枪水突然断水。

第一，通知炉前主控室提枪，停止冶炼。

第二，通知维修工、电仪工前来处理。

(3)事故现象三：除尘水突然断水。

第一，通知炉前主控室提枪，停止冶炼。

第二，通知维修工、电仪工前来处理。

(4)事故现象四：炉前软化水突然断水。

第一，通知炉前主控室提枪，停止冶炼。

第二，通知维修工、电仪工前来处理。

11. 电仪事故应急预案

1)现场技术资料与工器具

(1)技术资料：所有低压配电室和高压配电室平面布置图、电气原理图，主要设备电气原理图，万用表、摇表等电工工具。

(2)工器具：高低压摇表、万用表、高低压测电笔、高压绝缘靴、绝缘手套、封地线、隔离板、绝缘拉杆、铝合金升降梯、安全带、电工工具、手柄等。

(3)现场备件：高低压熔断器、中间继电器等。

2)应急处理的一般原则(工作程序)

(1)发生事故时，值班人员必须及时、准确、简明地向有关调度员及有关领导汇报下列情况：①跳闸断路器名称及时间。②保护及自动装置的动作情况。③事故的主要象征。

(2)系统发生事故时，值班运行人员应迅速派人赴事故现场加强对设备的监视，做好事故蔓延预想，事故处理应在调度统一指挥下进行，为防止事故扩大，在下列情况下，值守人员应迅速、立即自行处理，事后再汇报调度：①对人身和设备的安全有威胁时。②站用电失压时。③系统频率(电压)降低到低频(低电压)减载(解列)装置动作值，而装置未动作，或因装置校验、损坏而退出运行，手动切除该装置所控制的断路器及设备。④在事故情况下，运行值班人员应根据预先下达的事故处理方案(如按事故拉闸顺序执行)，进行事故处理。

(3)发生事故时，运行值班人员应遵守的注意事项：①根据信号、数据等象征，迅速判明故障性质及其范围。②运行值班人员可以自行处理的事故，应先处理而后汇报。③运行值班人员应记录事故发生时的数据、信号、保护动作及开关跳闸时间，各项操作的执行时间及其他与事故有关的象征。④检修人员赴现场进行事故处理，对设备进行必要的检查和操作，并详细记录保护装置动作情况和信号的变化情况。⑤发生事故时，无关人员不准占用调度电话和急于询问事故情况。⑥发生事故时，各运行站班长应协助处理事故，必要时可直接指挥处理。

(4)对于事故原因不明的设备现场，尽可能保留原状，以便分析原因。

3)事故现象与应急处理方法

(1)单电源线路跳闸处理。

第一，对单供线路断路器跳闸，应先检查断路器与保护动作情况，设备正常无明显故障时，在下列情况下，得到调度命令后，可送电一次：①无重合闸、重合闸退出或未动作。②雷雨天气，重合闸动作不成功。③经查明确系保护装置误动作(试送前可退出误动作保护装置)。

第二，检查设备发现可疑故障点或纯电缆出线的线路，开关动作跳闸后不得强行送电。

下列情况线路断路器掉闸，运行值班人员应立即向调度汇报，听候处理：①正常天气重合闸动作不成功，检查站内设备无明显故障点。②空载线路充电。③纯电缆线路故障。④设备有明显故障点。⑤切除故障次数达到规定次数而使断路器发生异状。

(2)电压互感器高压熔断器熔断故障现象：①监控机警铃响或中央信号屏警铃响；②监控电压指示，熔断相电压接近为零，未熔断相电压不升高，仍为相电压不变。

电压互感器高压熔断器熔断故障处理：①检查系统运行正常无接地故障。②退出与电压相关的所有保护及自动装置。③检查电压互感器无异状，汇报调度，拉开电压互感器隔离刀闸(手车)，退出电压互感器，查明熔断原因。④布置安全措施，更换合格的熔断器。⑤确证电压互感器无问题，拆除安全措施，合上隔离刀闸(手车)，投入电压互感器。⑥投入与电压相关的所有保护及自动装置。

全站失压的主要象征：①交流照明灯全部熄灭。②各母线电压表、电流表、功率表均无指示。③继电保护发出“交流电压回路断线”信号。④运行中的变压器无声音。

(3)母线失压事故处理。

母线失压，应迅速判明母线失压原因(系统失压、断路器失灵等)并立即汇报调度处理。

单相接地故障的象征：①监控机警铃响。②监控发“母线接地”或“电压越限”信号。③绝缘监察电压表有指示。

稳定性全接地，表计指示无摆动，故障相电压接近为零，非故障两相电压升高；稳定性过渡接地，表计指示无摆动，故障相电压降低，非故障两相电压升高；间歇性接地，表计指示摆动很大，故障相电压降低，非故障两相电压升高。弧光接地产生过电压时，非故障相电压很高，电压互感器高压保险可能熔断。

接地故障的判断：①根据监视绝缘仪表指示，当一相完全接地时，则其仪表的指示值将等于零，而其他两相将升高至三倍，在某些情况下，如当各相对地电容显著不等，或高、低压可熔片烧断时，监视仪表的指示可能不正确。②根据未发生故障时的电晕和火花声音等间接的征象，来察觉线路上已发生的接地故障。③检查设备有无闪络放电和损伤痕迹。

单相接地故障处理的一般原则：①发生单相接地故障时，值班人员应将故障象征做好记录，汇报调度。②按有关规定，对接地故障进行查找，如经查找无明显接地迹象，必要时可停电拉闸寻找。③拉闸寻找接地故障，必须由两人进行，指定一人观察监控电流指示在拉闸时的变化，一人按顺序拉闸寻找，两人密切配合，当拉闸瞬间表计恢复正常，即证明该回路有接地故障，若表计无变化，则应继续按顺序拉闸寻找。

单相接地故障查找的一般步骤：①检查站内母线及设备(如避雷器、电压互感器等)是否接地。②试拉接于母线上的配电装置、电容器。③一般拉闸顺序为先次要负荷、后主要负荷；先架空明线负荷、后电缆出线；先室外设备、后室内设备。

发生接地故障时的安全注意事项：①发生接地故障时允许带接地故障运行两小时，如超过两小时，应汇报调度退出故障设备，如电压互感器有异常现象时应提前退出。②查找接地故障时，必须穿绝缘靴，接触设备外壳还必须戴绝缘手套，并有两人及以上同时进行。③发生接地故障时，应停止该系统的其他工作，无关工作人员均应撤离现场。

12. 炼钢厂电气车间停送电应急预案

1)应急预案的原则和目的

在日常的正常炼钢生产中，存在许多不在意料之中发生的故障，有生产上的、机械上的、电气上的，但是在发生意外故障时不能盲目或慌乱，要有条不紊，知道该先干什么后干什么，同时也要知道什么该做什么不该做。

特别是在电气行业，有些设备可以瞬间断电，如一些电机传动、控制回路、部分检测单元。有些设备不可以直接断开电源，如DCS控制系统中的PLC、上位机，以及一部分测量仪器仪表、通信设备。如果上述电气设备突然掉电就会造成控制程序丢失、主板可能烧坏、测量不准确或者通信连不上等故障。为了杜绝以上事故的突然发生，在正常安全生产中要做好停电时的应急预案，以备在突发停电事故时知道该怎么做，才能最大限度地保证电气设备的安全稳定。

2)停送电应急预案的内容

当突然发生断电事故时，要按照以下操作顺序来进行操作。

(1)检查停电原因。

如果是高压供电系统断电，短时间(30min为限)可以先断开变压器总开关，再断开各个配电系统分开关、控制柜电源，以及控制回路电源开关。但是如果时间太长(30min以上)则必须先要把DCS控制系统的操作上位机，按照停止运行的仪器仪表、退出操作界面、关闭上位机、断开各DCS系统电源、关闭不间断电源(uninterruptible power system/supply，UPS)的顺序来完成DCS控制系统的断电，之后断开变压器总开关，再断开各个配电系统分开关、控制柜电源，以及控制回路电源开关。

(2)检查各个配电室的进线开关、电机电源以及动力、控制、照明电源是否断开。如果没有断开，则必须一一分段，以防送电时电压不稳、电流冲击而烧坏用电设备。

(3)检查各个用电设备的重载负荷(转炉是否有钢水、天车是否正吊重物、连铸是否正在生产等)，如果负荷太大，必须通知生产或维修单位进行清理或维修，以防送电生产时由于负荷过大烧坏用电设备，同时检查用电设备的位置、控制限位所在情况，以防开机运行时位置或限位不对而影响设备的正常运行。

当来电时，按照以下顺序进行操作。

(1)检查供电设备及用电设备线路是否正常，是否有接地或短路故障，供电和用电设备有无维修人员在工作。

(2)检测供电电压是否稳定，是否在规定的范围内，当检测到供电电压稳定并且在规定的范围值后，再开始送变压器电源、各个配电室电源、照明电源、电源柜电源、控制柜电源、控制回路电源、DCS系统UPS电源、仪器仪表电源以及PLC电源和操作上位机电源，同时打开上位机的操作界面。

(3)设备开机运行时，检查设备的运行电流是否正常，电机是否有异音，电气设备的运行状况是否良好，各种运行参数以及各个控制点的行程、状态是否正常，然后再上料带载运行。

3)停送电应急预案的演练

(1)在正常生产情况下，上述事故应急预案必须时刻学习，清楚应急预案的目的和原则，熟悉停送电的操作顺序和检查内容，必须做到清楚无误。

(2)在停机有条件的时候最好做实际操作演练，这样在发生停送电突发故障时就可以做到先干什么后干什么，同时也要知道什么该做什么不该做。

(3)在生产资金允许的情况下，最好能做计划购买几台燃油发电机，这样可以在出现高低压供电系统故障时，可以满足照明和维修的需求，为正常生产、快速有效检修带来很大的方便。

13. 炼钢厂重大危险源应急预案

1)应急救援的组成及职责

(1)领导组织。

总指挥：××

电话：××

副指挥：××

组员：生产科　机动科　保卫科　供应科　技术科

(2)职责。

总指挥：负责组织指挥全厂的应急救援。

副指挥：负责协助总指挥做好应急救援的具体指挥工作。

组员：在指挥部统一指挥下进行工作，各部门主要负责人在事故应急救援中的职责如下。

生产科：负责事故处置时生产系统、开停车调度工作；同时负责事故现场通信联络和对外联系及人员救护工作。

机动科：协助总指挥负责工程抢险抢修工作的现场指挥。

保卫科：负责灭火、警戒、治安保卫、疏散、道路管制工作。

供应科：负责抢险救援物资的供应和运输工作。

技术科：负责对事故现场及有害物质扩散区域内的无害化处理及监测工作。

2)救援预案

(1)当发现有重大煤气泄漏时，发现者要立即向厂调报告，同时通知煤气防护站，并采取尽可能的应急措施防止事故扩大。

(2)厂调在接到报告后要立即组织对现场中毒人员的撤离和救护工作，协调有关单位人员开展对泄漏点的确认，并向总指挥及有关人员报告。

(3)厂调要及时组织疏散处在危险区内及相邻部位的人员，并设立警戒线，防止发生爆炸或火灾。

(4)立即组织切断煤气来源的操作，并保护好现场。

(5)在煤气防护站人员到达现场并对现场进行检测后，按要求进行工作。

(6)如发生煤气爆炸或火灾时，厂调要立即向总调报告，请求指示，同时通知消防人员。

(7)清点各相关岗位人数，确认损失、伤亡情况。

3)事故报警与应急通信

(1)事故报警。

目前我厂所采取的事故报警装置有两种，一种是固定煤气报警装置，主要用于风机、水封逆止阀和V形水封区域的事故报警，四个风机设置四台，主要是通过现场探头检测煤气含量通过信号线反馈风机值班室，每台设备有不同的编号。另一种是便携式煤气报警仪，主要用于岗位职工在煤气区域从事巡检和作业过程中的事故报警。一旦发生事故报警，先要确认煤气泄漏的程度和初步位置。

由调度室电话通知指挥及厂值班领导和有关成员。

调度室电话通知公司总调及煤气防护站。

(2)应急通信。

发生事故报警时不管泄漏程度的大小，都要及时用对讲机通知值班室和调度室，调度室在接到通知后用电话及时通知煤气防护站及厂值班领导。

4)事故及应急对策

(1)当发现有重大煤气泄漏时，发现者要立即向厂调报告，同时通知煤气防护站及有关专业科室，并采取尽可能的应急措施防止事故扩大。

(2)为防止事故扩大，应根据煤气泄漏情况设置警戒区域，同时由现场操作人员根据事故大小关闭有关截门。

(3)发生泄漏点的下风向40m内禁止有火源及人员；上风向20m内禁止有火源及人员，并设置警示线、牌等明显标志和专人警戒。煤气含量达到160ppm以上时，必须采取个人防护，80ppm以内时，可工作30min。

(4)发生有中毒人员或其他伤员时，应及时通知保健站、煤气防护站人员到场。

5)条件保障

(1)事故发生后，由厂统一调配各车间的防护设备及仪表，由熟悉使用者指导现场操作人员使用。

(2)处理事故时，可依据现场情况使用自然通风、机械通风面具和氧气、空气呼吸器，在高温及有着火的情况下，应使用空气呼吸器。

6)培训与演练

(1)对应急人员按年度组织培训，其中岗位人员日常培训方式可采取集中授课、网上培训等，对不按规定参加培训的人员按月度重点工作予以考核。

(2)领导小组定期要对应急计划进行检查，检查内容包括职责内容、报警程序、应对措施、通信方式、防护装备、培训情况等。

(3)每年根据生产情况和工艺变化，组织定期和临时培训及演练。

(4)对于在用的固定式和便携式报警仪，每半年标定一次，有问题的要及时报修，对于备用的呼吸器、苏生器由岗位每月检查一次，发现问题及时报修。

7)预案的评估和修改

3.6 轧钢厂实习内容

3.6.1 工艺流程及主要设备

轧制过程是靠旋转的轧辊与轧件之间形成的摩擦力将轧件拖进辊缝之间，并使之受到压缩产生塑性变形的过程。轧钢的目的与其他压力加工一样，一方面是为了得到需要的形状，如钢板、带钢、线材以及各种型钢等；另一方面是为了改善钢的内部质量。我们常见的汽车板、桥梁钢、锅炉钢、管线钢、螺纹钢、钢筋、电工硅钢、镀锌板、镀锡板包括火车轮都是通过轧钢工艺加工出来的。

1. 轧制分类

1)按轧制温度分类

(1)热轧——变形容易、易产生氧化皮、表面粗糙、尺寸波动大。

(2)冷轧——力性好、尺寸精度高。

2)按轧制产品分类

(1)半成品轧制——轧成各种尺寸的坯料——开坯。

(2)成品轧制：①粗轧——高温、大压下量；②精轧——小变形。

3)按轧件、轧辊的位置和相对运动关系分类

(1)纵轧——初、板带材、型、线轧制。

(2)横轧——齿轮、车轮、车轴等回转体。

2. 轧制生产工艺

从炼钢厂出来的钢坯还仅仅是半成品，必须到轧钢厂去进行轧制以后，才能成为合格的产品。从炼钢厂送过来的连铸坯，首先进入加热炉，其次经过初轧机反复轧制之后，进入精轧机。轧钢属于金属压力加工，简单点说，轧钢板就像压面条，经过擀面杖的多次挤压与推进，面就越擀越薄[26]。在热轧生产线上，轧坯加热变软，被辊道送入轧机，最后轧成用户要求的尺寸。轧钢是连续的不间断作业，钢带在辊道上运行速度快，设备自动化程度高，效率也高。从平炉出来的钢锭也可以成为钢板，但首先要经过加热和初轧开坯才能送到热轧线上进行轧制，工序改用连铸坯就简单多了，一般连铸坯的厚度为150～250mm，先经过除磷到初轧，经辊道进入精轧轧机，精轧轧机由七架四辊式轧机组成，机前装有测速辊和飞剪，切除板面头部。精轧机的速度可以达到23m/s。热轧成品分为钢卷和锭式板两种，经过热轧后的钢轨厚度一般在几毫米，如果用户要求钢板更薄的话，还要经过冷轧。与热轧相比，冷轧厂的加工线比较分散，冷轧产品主要有普通冷轧板、涂镀层板(也就是镀锡板)、镀锌板和彩涂板。经过热轧厂送来的钢卷，要经过连续三次技术处理，先要用盐酸除去氧化膜，然后才能送到冷轧机组。在冷轧机上，开卷机将钢卷打开，然后将钢带引入五机架连轧机轧成薄带卷。从五机架上出来的还有不同规格的普通钢带卷，它是根据用户多种多样的要求加工的。轧钢生产的基

本工艺流程如图 3-11 所示。

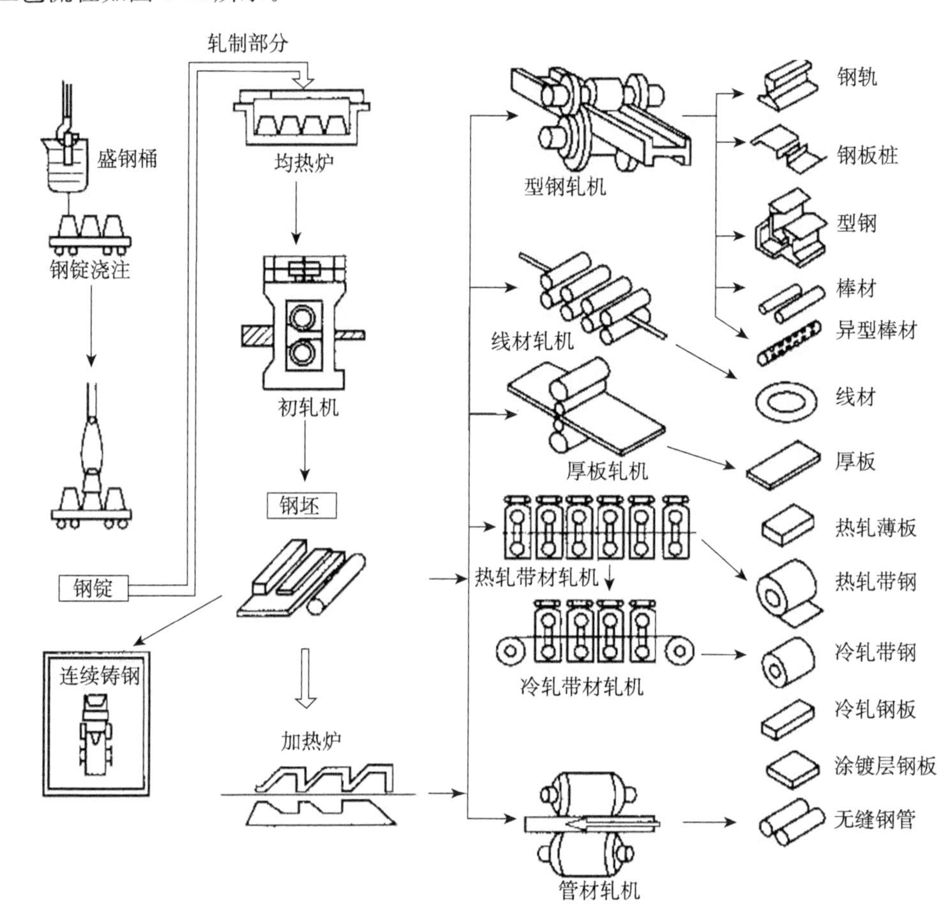

图 3-11　轧钢生产的基本工艺流程

3. 轧钢设备和主要参数

用于轧制钢材生产工艺全部所需的主要设备和辅助设备的成套机组包括轧制、运输、翻钢、冷却、剪切、矫直等设备，均称为轧钢机，如图 3-12 所示。轧钢机分为主要设备和辅助设备。其主要设备包括工作机座(机架、轴承、调整装置、导卫)、传动装置(齿轮、减速机、连轴节)和主电机。辅助设备是主机列之外的其他设备。车间的自动化程度越高，重量所占的比例越大(是主要设备重量的 3～4 倍)。

3.6.2　危险及有害因素分析

轧钢生产主要由加热、轧制和精整三个主要工序组成，生产过程中工艺、设备复杂，作业频繁，作业环境温度高，噪声和烟雾大[27]，主要危险源有：高温加热设备，高温物流，高速运转的机械设备，煤气氧气等易燃易爆和有毒有害气体，有毒有害化学制剂，电气和液压设施，能源、起重运输设备，以及作业、高温、噪声和烟雾影响等。根据冶金行业综合统计，轧钢生产过程中的安全事故在整个冶金行业中较为严重，高于

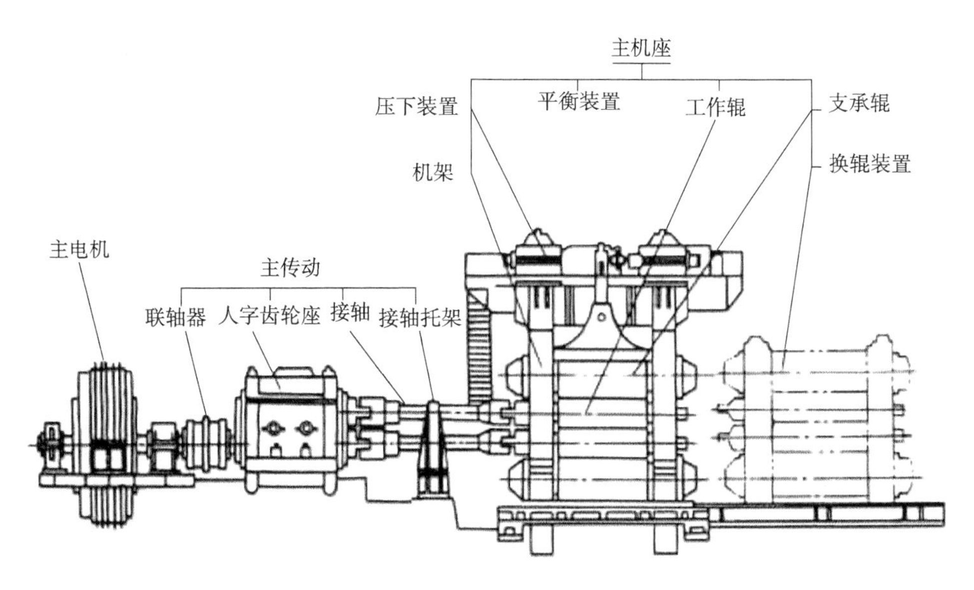

图3-12 轧机的组成

全行业的平均水平，事故的主要类别为机械伤害、物体打击、起重伤害、灼烫、高处坠落、触电和爆炸等。事故的主要原因依次为违章操作和误操作、技术设备缺陷和防护装置缺陷、安全技术和操作技术不熟悉、作业环境条件缺陷，以及安全规章制度执行不严格等。

1. 轧钢作业场所的职业病有害因素分析

职业危害因素是指影响人的健康、导致疾病或慢性损坏的因素，它强调在一定时间范围内的积累作用，从事故发生的本质讲，可归结为能量的意外释放或有害物质的泄漏、散发。

1)粉尘的来源及其危害

生产性粉尘轧钢企业生产过程中产生的粉尘主要为煤粉尘和氧化铁粉尘。轧钢生产中，钢坯在加热炉内加热过程中生成片状的一次氧化铁皮；在轧制过程中，轧件受冷却和变形热作用生成的氧化铁皮称为二次氧化铁皮，为粉末状，附着在红钢表面。轧制生成的二次氧化铁粉在轧钢过程中随着轧件振动，脱离轧件而逸出，成为轧线粉尘污染的主要来源。

如果作业场所中有大量粉尘，在此环境下的工作人员呼吸时会吸入大量粉尘，当达到一定数量时，会引起呼吸道疾病，肺组织发生纤维性病变，发生尘肺。

2)生产性毒物(一氧化碳、煤焦油等)

大多数煤气中毒发生在煤仓皮带走廊上煤过程中，煤仓检修、发生炉操作面上、发生炉炉底周围以及进入煤气管网、洗涤塔、电捕焦器等设施内检修作业中；还有一部分在加热炉煤气管网附近工作、炉体周围及炉底巡查时发生。作业场所中的煤气主要来自煤仓顶部的煤气泄漏，处理锁气器、空心柱手孔时的煤气泄漏，煤气管道、阀门，水封、排送机等密封不严等的泄漏。

3)高温辐射的来源及其危害

在煤气发生炉、加热炉加热和轧制过程中，往往需要作业人员在高温环境中进行紧张的高强度劳动，高温季节较容易发生中暑，大量出汗使盐分排出过多，会造成热痉挛。

作业人员长期处在高温环境下除了会引起职业中暑外，还将导致人体体温调节、水盐代谢、循环、泌尿、消化系统等生理功能的改变。其影响主要表现为体温调节功能失调、血压下降、水盐代谢紊乱、心肌损伤、肾脏功能下降。

4)噪声的来源及其危害

轧钢企业产生的噪声包括机械的撞击、摩擦、转动等运动而引起的机械噪声以及由于气体流动起伏运动或气动力引起的空气动力性噪声，主要噪声源有振动筛、通风机组、鼓风机、轧制、剪切、收集和包装等。

长时间接触噪声可引起头昏、头晕、头痛、耳鸣、注意力不集中等神经衰弱症状，脑电图异常(慢波增多)，心率加快，血压不稳(多数增高)。噪声对人体最为明显的影响是损害听觉器官，长时间在 90dB(A)以上噪声作用下，听觉器官的敏感性下降，进而听力减弱，严重者发生职业性耳聋。长时期在高强度噪声环境中作业会对人的听觉系统造成损伤，会引起头晕、恶心、听力衰退及神经衰弱等症状，甚至导致不可逆噪声性耳聋。噪声除了对人的心理和生理造成危害外，甚至会引发各种生产事故。

5)振动的来源及其危害

在生产过程中，由机械传动、撞击或车辆行驶等产生的振动称为生产性振动。由于传导方式的不同，振动通常又分为局部振动和全身振动。轧钢企业的主要振动设备为破碎机、振动筛、排送机、鼓风机、轧机、剪切机和收集等。

全身振动一般是大振幅、低频率的振动，主要作用于人体平衡的前庭器官，可使内脏位置移动，引起脸色苍白、眼球浮动、恶心、呕吐、头痛、头晕和全身衰弱等症状。

局部振动对血管紧张度有一定的影响。高频率、小振幅的振动，可引起血管收缩和血压升高，进而发生血管痉挛。低频率、大振幅的振动，可使血管扩张和血压下降。振幅大而又有冲击力的振动，常造成骨骼、关节的改变。长期接触强烈振动，可引起振动病，俗称“汽锤病”。

6)火灾爆炸危险

煤气、氧气、乙炔等易燃易爆气体、油类、化学制剂和酸碱以及大量电气设备、压力容器、液压传动设备和地下设施，都是重大火灾爆炸的危险源。

7)起重伤害

使用行车多，起吊、装卸和搬运作业频繁，容易发生事故。起重事故包括挤压、坠落、掉落、灼烫、物体打击、触电、碰撞、跌倒和断裂崩塌等。

8)机械伤害事故

在生产过程或设备检修过程中，操作人员接近机械运动部件的危险区域时，如设备的防护罩、防护屏挡板等设置不全，容易引起碰撞、绞碾等伤害。机械伤害主要发生在维护和检修作业中。

在事故原因中，缺乏有效联系是检修或抢修中最为突出的。因联系协调不力、安全确认未落实而造成的事故，占事故的 70%以上。

3.6.3　安全对策措施

1)预防职业病的安全对策措施

职业病防治措施必须符合《中华人民共和国职业病防治法》。职业病防治工作坚持预防为主、防治结合的方针，实行分类管理、综合治理。

(1)对司炉工、上煤工、轧钢工、精整工等接触职业危害因素人员每隔一至两年进行一次体检，体检结果记入“职工健康监护卡片”，身体健康状况不符合要求者，调离原岗位。

(2)建立、健全职业病防治责任制，加强对职业病防治的管理，提高职业病防治水平。设置或者指定职业卫生管理机构或者组织，配备专职或者兼职的职业卫生专业人员，制订职业病防治计划和实施方案，建立、健全职业卫生管理制度和操作规程；建立、健全职业卫生档案和健康监护档案，建立、健全工作场所职业病危害因素监测及评价制度；建立、健全职业病危害事故应急救援预案。

(3)在煤气发生炉炉面、煤仓顶部、排送机房、加热炉炉底等要害部位安装固定式一氧化碳检测报警仪器。

(4)在煤气发生炉炉面、煤仓顶部、排送机房加装防爆式轴流风机，加强通风换气，避免跑、冒、滴、漏。

(5)为上煤工配备防尘口罩，为精整工配备耳塞，并监督他们规范使用。

(6)对排送机、空气鼓风机进、出口安装消声器，从根本上消除噪声；对振动设备机体和基础之间加硬橡胶板减震。

(7)在燃气分厂设立燃气防护站，配备空气救护器材、高压氧舱；组织职工进行空气救护器材正确使用的培训，并定期进行应急救援预案演练。

(8)在高温季节为职工发放防暑降温物品，提供绿豆汤、淡盐水。

(9)在醒目位置设置职业危害公告栏，公布有关职业病防治的规章制度、操作规程、职业病危害事故应急救援措施和工作场所职业病危害因素检测结果。

(10)经常组织职工培训，提高职工预防职业病的意识。

2)防火防爆措施

对有火灾爆炸危险的场所进行划分，相应配置防火防爆设备设施，确定安全间距、安全通道。另外对电气设备、油库的防火防爆采取自动报警、自动控制、联锁装置、监控信号、消防设施、排风通风等。

3)安全装置及安全设施

安全装置及安全设施包括机械、电气设备安全装置、液压设备安全装置、动力系统及煤气系统安全装置、受压容器防护装置、起重机械安全防护装置和机械压力加工生产中的安全联锁装置(闭锁和联动)。

轧钢生产防止工艺设备发生故障或事故的安全技术和装置较多，大体上有隔离技术与装置、安全联锁装置、远距离控制操纵技术、安全报警装置、安全监视显示装置、紧急停止切断或制动装置和自动控制装置等。

3.6.4 安全管理

1. 轧钢工安全操作规程

(1)上岗前，防护用品穿戴齐全，护品穿戴及使用符合安全规定。

(2)清理设备(地面)卫生时，必须观察好工作环境并采取必要保护措施，擦拭转动部件卫生必须挂牌停车。

(3)点检运转设备时，必须选择安全位置，严禁进入设备运转区域。

(4)严禁单人进入地下(含收集槽)点检设备或清理卫生，避免伤害事故发生。

(5)非工作需要，严禁在钢卷运行区域行走，操作工有权对任何违规人员进行制止，因工作原因进入时，必须通知设备操作人员进行监护。

(6)工作期间，操作人员严禁擅离岗位，严禁进行任何非本岗位的人员操作。

(7)重新启车或操作设备时，各岗位操作工必须进行警示并安全确认，避免意外伤害。

(8)生产时必须关闭卷帘门和防护网，操作人员要站在安全区域；非工作需要，严禁在射线辐射区长时间停留。

(9)检查机组辊系时，必须停机挂牌；设备未停稳时，严禁用手触摸辊面或伸入辊系中间；检查带钢表面质量时必须停车，严禁接触运行中的带钢。

(10)人工协助穿带或处理断带时，必须使用辅助工具，严禁用手直接拖拉带钢。

(11)使用电动剪前必须进行绝缘检查，避免触电，作业时双手必须放在安全位置，避免意外伤害。

(12)检修或处理设备故障时，必须将安全销、安全垫块放置到位，处理机架内故障时，协助作业人员必须做好配合和联保，避免意外伤害。无调度指令，操作工严禁进行任何操作(设备或介质的启、停、运转)，开车前，必须进行警示和安全确认，得到调度指令后方可进行操作。

(13)天车吊运前，司索工必须对使用吊索具进行检查，严禁设备带病作业，指挥准确，哨音响亮，站位得当；重物起吊前必须对悬挂情况进行确认，落下前必须进行安全确认；使用支撑辊夹钳时，必须对夹钳状况及支撑辊悬挂情况进行确认。

(14)更换工作辊时，换辊车运行区域严禁站人，更换完支撑辊后，必须立即将盖板盖好；出现爆辊时，轧辊拖出后必须用棉毯或毡布进行覆盖，防止伤人。

(15)拆卸横切剪剪刃必须坚持“先下后上”，安装必须“先上后下”，测试剪刃间隙必须使用专门工具。

(16)检查产品质量或进入设备内部，必须将安全销插到位并确认，其他人员严禁进行任何操作。

(17)修卷时，作业人员必须进行安全确认并采取必要保护措施，合理使用各类工具，天车配合时，必须有专人指挥。

(18)开(关)各类管道阀门时，必须戴好防护手套，侧身、缓慢开(关)，严禁正对阀门。

(19)加热泵未启动时，严禁使用蒸气对乳化液进行加热。

(20)送蒸气前，必须先打开蒸气管路支管阀门，将冷凝水排空。

(21)清洗乳化液箱或各类封闭管道时，手持照明灯电压不得大于6V。

(22)清洗乳化液箱工作前，必须通知相关岗位，搅拌器、撇油器必须切断电源并挂好警示牌，作业人员严禁赤脚进入箱体内，作业时必须有人监护。

(23)上乳化液箱顶部工作时，要观察好作业环境，确认安全，避免碰伤、滑跌、淹溺等事故出现。

2. 安全生产管理制度

(1)员工进入生产现场时必须戴好安全帽，穿好劳动防护用品，女工必须将长发塞进帽内。

(2)新进厂员工和相关方必须接受安全教育，严禁未经培训的人员独立操作。新员工未掌握安全防护技能和操作技能之前，上岗时必须有师傅在场指导、监护。

(3)员工应熟悉工作区域内各种安全信号、标志，未经相关部门同意不得移动或挪作他用。

(4)员工应不断提高安全自我防范能力，自觉参加班组安全活动，开好班前、班后会，在明确生产任务的同时，应明确安全要求和主要危害因素。

(5)行人和车辆通过铁路道口时，禁止跨越栏杆。通过无人道口时，要“一停、二看、三通过”。禁止在铁路上逗留，禁止钻车底、扒车。

(6)员工上下楼梯时，应扶好扶手，禁止奔跑，注意防止脚底打滑导致跌伤、摔伤。

(7)禁止酒后上岗和班中饮酒，工作时应集中思想，禁止打闹、看小说、织毛衣。

(8)禁止在起重机吊物下及旋转半径内行走、逗留。禁止在易燃、易爆、有毒气体区域(煤气区域、油品堆放区)逗留、吸烟。

(9)使用火钩、火钳、撬棍等工具时应注意身后是否有人。禁止乱扔工具，以免砸伤他人。

(10)在煤气、氧气、乙炔气设备周围10m内禁止烟火，氧气与乙炔瓶之间距离应大于5m。

(11)抡大锤时禁止戴手套，锤头对面禁止站人，握矸者应戴手套站在侧面。操作旋转设备(不停机安装导卫、开动车床)时，禁止戴手套。

(12)保持下水道、电缆沟、阴井等坑洞的盖板完好，保持各种防护栏杆完好，禁止坐在栏杆或管道上休息。

(13)保持各种安全防护装置、防尘设施、防毒设施完好，不得随意拆除和移作他用，如因检修而拆除，检修后应及时恢复。

(14)应定期检查起重吊具、钩子、压力容器、安全装置等设备，保证其完好正常工作。

(15)开动各种设备、工具前，应仔细检查各种部件是否完好、周围是否有人，确认安全后方可开动使用。

(16)禁止在机械运行时加油、清扫、检修传动部位，禁止隔机传递工具、物品。

(17)保持电气设备和线路的绝缘良好，电气设备的金属外壳必须有可靠接地或接零措施。非专业人员，不准拆、装电气设备和线路。移动电气设备和工具时应切断电源，禁止带电移动。

(18)禁止用异物推、拉闸刀或带电吹刷灰尘，禁止身体直接接触带电设施。

(19)严格执行安全锁定程序。

(20)设备应做到“五有”，即轮有罩、轴有套、台有栏、坑有盖、电器有接地。现场应做到“四无”，即燃爆无隐患、构建无险情、无违章、无事故。

(21)特殊工种的员工，必须经培训、考试合格、发证后才能上岗，无证不得从事特殊工种作业。

(22)严格遵守劳动纪律，禁止脱岗、陪岗、串岗、睡岗及班中分班。

(23)严格遵守要害部位出入登记制度，非岗位人员不得随便进入。

(24)员工应熟悉灭火器材的分布位置，正确掌握使用方法。

(25)交班者应将本班行车运行情况和需检修项目告知接班者，并做好相关记录。

3. 安全检查制度

及时发现和消除生产过程中人的不安全行为和物的不安全状态，把可预测预防的事故隐患和苗头消灭在萌芽状态，以实现安全生产，特制定本制度。

(1)每周六由安全部门牵头，组织由车间主任，各车间安全员对起重(天车)钢丝绳、吊具及“十大”安全装置、生产现场卫生进行定期检查，发现隐患及时通报整改。

(2)对现场“五有”、“四无”、员工个人劳保用品穿戴及“三违”现象，做到班组岗前查、班中查，车间班班查、天天查，厂部经常查、普遍查、定期查和不定期查。

(3)对机械、电气、起重、机动车辆、锅炉、压力容器等设施的安全保护装置及附件的完好情况，进行定期或不定期的专业性检查(安全阀一年校验一次，压力表每半年校验一次)。

(4)根据一年中的季节性质，组织高温防暑季、防洪防汛雷雨季、防寒防冰冻季等季节性安全大检查。

(5)对班组安全活动记录和创建安全文明合格班组情况进行不定期的抽查。

(6)设备大检查时，其内容必须包括现场“五有”、“四无”和设备的各种安全装置情况检查。

(7)对查出的隐患，必须坚持“三定”“四不准”的原则，分轻、重、缓、急下发事故隐患整改通知书，限期整改，负责安排整改，整改实施单位必须百分之百地执行。

4. 安全教育培训制度

搞好安全教育，是提高员工在生产劳动过程中的安全意识和安全操作知识，消除人的不安全行为，增强员工自我防范技能，实现企业安全生产的重要途径。因此，为加强员工的安全教育，特制定本制度。

(1)新员工入厂(包括大、中专毕业生、转岗、调岗)和外单位调入本厂的员工上岗前，应在人力资源部的配合下，经公司级、分厂级、车间、班组四级安全教育和考试合格后，方可分配上岗。

(2)凡变换工种人员(如普工改技术工种、特殊工种及易燃易爆等要害岗位的员工或后勤岗位向往生产一线的员工)和病、事假、工伤等复工者，复岗前，同样应在劳资部门的配合下，经公司进行工种变换和复工安全教育、考试合格后，方可上岗操作。

(3)来厂参观、培训、学习人员应由有关部门协同公司予以安全教育后，方可进入生产区域或岗位参观、培训学习。

(4)电气、起重(天车)、锅炉、压力容器、焊接、爆破、机动车辆等特殊工种，必须进行专业性安全技术教育培训，考试合格，领取操作证后，方可独立操作。

(5)凡在本厂内进行劳务作业的人员，必须接受厂生产安全科安全组组织的安全教育，培训并考试合格后方可进入生产区域作业。

(6)结合本单位实际情况，以专栏、板报、会议及活动竞赛等多种方式，大力宣传党和国家的安全生产方针、政策、法规和本厂安全作业指导及有关的安全规章制度。

(7)每周一为班组安全活动日，活动记录应有时间、主持人、签到人、内容、单位领导的签阅意见。

5. 安全生产事故管理制度

为及时报告、统计、调查分析和处理伤亡事故，从中吸取教训，提出防范措施，防止类似重复事故的发生，特制定本制度。

(1)员工发生伤亡事故后，必须在半小时内由负伤者最先发现的人和单位，立即报告当班调度、调度接到报告后必须立即赶到现场救护同时将掌握的情况通知车间主任、厂部安全员、厂长，再由安全员按规定上报上级公司。

(2)事故发生后，必须在48h内由事故单位或安全员按照“四不放过”原则，组织召开事故分析会，找出原因、划分责任，提出处理意见及防范措施，写出伤亡事故报告书，厂生产安全科讨论审核上报分厂公司。

(3)未与本厂有关部门签订安全合同的任何临时工，在轧钢生产区域发生的人身伤害事故，本厂不负任何责任。

(4)若是隐瞒不报或故意延迟报告，其后果由相关的人员负责，造成严重后果或情节严重的给予严厉惩罚。

(5)企业所发生的工伤事故，必须严格遵循国务院发布的第75号令《企业职工伤亡事故报告和处理规定》，进行报告、统计、调查、分析和处理。

(6)车间、科室第一负责人必须对本单位的工伤报告负责。

(7)伤亡事故结案后，必须及时建立事故档案。

(8)安全生产事故调查处理制度。

(9)发生安全事故必须出示报告。对事故现场要抢救与保护。

(10)发生事故要有事故调查。

(11)发生事故要对其事故性质进行认定。

(12)对事故责任要进行分析。

(13)总结事故教训。

(14)制定整改措施。

(15)撰写事故调查报告书。

(16)事故的善后处理。

(17)事故调查要保持“四不放过”，实事求是、公平、公开的原则。事故发生后，应及时调查分析，查清事故原因，并提出防止同类事故发生的措施。

6. 安全生产责任制

1)安全科职责

(1)负责督促、检查、汇总安全生产情况，做好协调工作。对职责范围内因工作失误而导致的伤亡事故负责。

(2)负责贯彻执行国家有关安全生产的政策、法令、规程、标准和规章制度，并经常检查贯彻执行情况。

(3)负责组织制定、修改公司安全生产管理制度、规定和标准，经总经理批准后发布执行。

(4)负责组织各种安全生产检查，对检查出的事故隐患和尘毒危害问题，有权下达行政指令，限期整改，并督促实施，在生产中，遇有重大险情时，有权下令停止作业，并立即上报。

(5)负责组织安全生产的宣传教育工作。协同有关部门做好新工人安全教育工作。配合有关部门做好特种作业人员的安全技术教育、培训和发证工作。

(6)组织推广目标管理、安全系统工程、标准化作业等现代化管理方法和先进的职业安全、卫生技术和设施，不断改善劳动条件，预测、预防事故的发生。

(7)参加各种安全生产会议，提出职业安全、卫生方面的建议与要求。

(8)负责安全生产委员会(领导小组)的日常业务工作。

(9)参加新建、改建、扩建以及大、中、小修工程的初步设计和方案的审查及竣工验收。

(10)负责编制并组织中、长期安全生产规划、年度安全技术措施计划及年、季、月安全、职业卫生工作计划并监督实施。

(11)负责职业卫生工作归口管理，组织对尘、毒、高温、噪声及其他物理性危害作业岗位的检测，组织研究并督促检查防尘、防毒、防物理性危害技术措施的实施。

(12)参加重伤、死亡、重大险肇事故的现场勘察、调查、分析和处理工作。

(13)负责伤亡事故统计、分析、报告和建立伤亡事故档案工作。

(14)督促检查承包、联营、技术协作项目安全工作。

(15)督促检查个体防护用品的质量和发放使用情况，制定并监督执行劳动防护用品管理、发放标准。

(16)加强专业管理、基础管理，建立和完善安全管理台账。

2)车间、工段、班组专(兼)职安全员的职责

(1)在车间主任、工段长、班组长领导下，协助贯彻执行有关安全生产的政策、法规、规章制度、方法和标准。

(2)经常组织所属范围内的职工进行安全教育。负责组织新职工(含实习、代培、调整、参观人员等)进入车间和复工人员的安全教育和考试。做好每年的安全普测、考核、登记和上报工作。

(3)协助领导开展定期的安全、职业卫生自查和专业检查。对查出的问题登记、上报，并督促按期解决。

(4)负责组织车间内的安全例会和安全日活动，开展安全竞赛及总结推广先进经验等。

(5)协助领导修订车间安全管理细则、岗位安全操作规程、安全确认制和制定临时性危险作业的安全措施等。

(6)负责组织制定每个岗位工人的《三不伤害自我防护卡》，并监督实施。

(7)经常检查职工对安全生产规章的执行情况，制止违章作业和违章指挥，对于危及工人生命安全的重大隐患，有权停止生产，并立即报告领导。

(8)参加伤亡事故的调查、分析、处理，提出防范措施。负责伤亡事故和违规违制的统计上报。根据上级规定，督促检查个体防护用品、保健食品、清凉饮料的安全食用。

3)车间主任安全生产职责

(1)在组织管理本车间生产过程中，具体贯彻执行安全生产方针、政策、法令和本单位的规章制度，切实贯彻安全生产"五同时"。

(2)制定各工种安全操作规程，检查安全规章制度的执行情况，保证工艺文件、技术资料和工具等符合安全方面的要求。

(3)在进行生产、施工作业前，制定贯彻作业规程、操作规程的安全措施，并经常检查执行情况。组织制定临时任务和大、中、小修的安全措施，经主管部门审查后执行并负责现场指挥。

(4)经常检查车间内生产建筑物、设备、工具和安全设施，组织整理工作场所，及时排除隐患。发现危及人身安全的紧急情况，立即下令停止作业，撤出人员。

(5)经常向员工进行劳动纪律、规章制度和安全知识、操作技术教育。对特种作业人员要经考试合格，领取操作证后，方可独立操作。对新工作、调换工种人员在其上岗工作之前进行车间级和班组级安全教育。

(6)发生重伤、死亡事故，立即报告厂长，组织抢救，保护现场，参加事故调查；对轻伤事故，负责查清事故原因和制定改进措施。

(7)召开安全生产例会，对所提出的问题应及时解决或按规定权限向有关领导和部门提出报告。组织班组安全活动，支持车间安全员工作。严格履行职业健康安全管理体系，把此项工作纳入重要计划。

(8)教育员工正确使用个人劳动防护用品；根据本部门工作性质、特点，制订事故应急预案并定期演练。

4)工段长(班组长)安全生产职责

(1)带领全工段(班组)认真贯彻执行《安全生产法》和公司安全管理规章制度。

(2)对所辖区域内的安全生产工作负全面责任，对本工段(班组)所有设备性能及原理、指标控制、操作条件与作业环境做到了如指掌。

(3)监督检查本工段(班组)各种安全技术规程和安全管理制度执行情况，做好新工人入厂的教育工作，并做好记录。

(4)及时发现本工段(班组)不安全因素或易发生事故的隐患，采取果断措施，把事故消灭在萌芽状态，确保安全生产顺利进行。

(5)带领本工段(班组)员工，严格执行安全操作规程，对违反安全操作规程，蛮干的员工停止工作并报告厂领导。

(6)经常组织本工段(班组)员工学习生产技术，熟悉掌握安全生产技能，对突发事故能及时处理，定期组织班组安全活动和学习，并督促班组台账认真填写。

(7)监督检查本工段(班组)员工，合理使用劳保用品和防护用具，对危及企业生产和员工生命安全的隐患，提出合理化整改建议，确保企业财产和员工生命安全。

(8)严格履行职业健康安全管理体系，把此项工作纳入重要计划。

5)车间及班组安全员安全生产职责

(1)认真组织本组员工安全日活动，认真学习国家安全生产法律、法规，企业的安全生产规章制度，以及安全操作规程、工业卫生知识，交流经验，提高安全管理素质。协助车间、班组长组织开展员工安全培训教育，督促检查安全防护和劳保用品使用穿戴，检查安全操作规程和各项安全规章制度执行情况，负责本部门安全管理台账的记录和管理工作。

(2)定期检查各种生产设备安全装置和防尘防毒设施的状况，发现险情有权停止生产作业，并及时向班组长反映，督促解决，保证其经常处于良好运转状态。

(3)做好有毒、有害、易燃、易爆等危险品的运输、保管和使用检查，发现问题，督促解决，保证安全。

(4)发生工伤事故，应当立即报告，并积极参加抢救和保护事故现场工作，协助班组长认真按照“四不放过”原则，分析事故原因，采取有效措施，防止重复事故发生。

(5)协助班组长做好本班组女员工的特殊保护工作。严格履行职业健康安全管理体系，把此项工作纳入重要计划。有权制止违章指挥、违章作业，并将情况及时向领导和有关部门汇报。

(6)定期组织安全大检查，发现各类事故隐患，及时解决，遇重大险情时，有权停机、停产，并组织员工撤离危险场所，及时向调度和有关领导报告。

(7)对班组的危险源(点)要经常巡视，执行检查表制度，发现问题及时上报，并采取有效的安全措施。

(8)严格履行职业健康安全管理体系，把此项工作纳入重要计划。根据本部门工作性质、特点，制订事故应急预案并定期演练。

6)专职安全员安全生产职责

在安全部领导下，认真学习《安全生产法》法规、政策、公司的安全生产规章制度和安全技术、工业卫生知识，提高安全技术素质。

(1)协助主管厂长组织开展员工安全培训教育，督促检查安全装置和劳保用品使用穿戴，检查安全管理规章制度和各岗位安全操作规程执行情况，负责本厂安全管理检查台账的记录工作。

(2)严格履行职业健康安全管理体系，把此项工作纳入重要计划。经常检查厂内各种生产设备安全装置和防尘防毒设施的状况，确保处于良好状态正常运行。

(3)发生工伤事故立即逐级报告，并积极参加抢救和保护事故现场，严格按照“四不放过”的原则调查、分析事故原因，采取有效措施，防止重复事故发生。

(4)有权制止违章指挥、违章作业、违反劳动纪律，并将情况及时向有关领导报告。对改变工种人员应及时通知安全管理人员，必须执行“先教育，后上岗”的原则。

(5)定期组织安全大检查，发现各类事故隐患，及时解决，遇重大险情时，有权停机、停产，并组织员工撤离危险场所，及时向调度室和有关领导报告。

(6)对本厂的危险源(点)要做好组织检查，巡视工作，发现问题及时采取有效的安全措施，并做好安全管理台账工作，严格履行职业健康安全管理体系，把此项工作纳入重要计划。

(7)根据本部门生产性质、危险程度制订事故应急预案并定期演练。

7)生产调度员安全生产职责

(1)在计划、布置、总结、分析、评比生产情况的同时计划、布置、总结、分析、评比安全生产情况。

(2)执行文明生产、安全生产的有关规定，保持生产作业现场文明整洁，符合安全规定的要求。

(3)当生产与安全生产矛盾时，应让位于安全，不得违章指挥、冒险蛮干；对因工作失误造成的伤亡事故负主要责任。

(4)调度值班人员在接到工伤事故报告时，要积极采取有效措施，通知值班司机及时赶赴出事现场，进行抢救工作。负责对伤势人员伤情做好记录。在紧急情况时，及时通知公司有关领导和值班人员。

(5)严格履行职业健康安全管理体系，把此项工作纳入重要计划。

(6)负责公司煤气管道检修、抢修的停气、吹扫、置换、引气等组织指挥工作。

8)员工安全生产职责

(1)牢固树立“安全第一，预防为主”的方针，认真学习《安全生产法》，贯彻“谁主管，谁负责”的原则，做到安全责任明确。

(2)工作中严格执行岗位“三规一制”，增强法制观念，遵章守纪。做到不违章操作，不违章指挥，不冒险蛮干；做到“三不伤害”并随时制止他人违章作业。

(3)工作前，必须按照规定穿戴好劳动防护用品，按要求佩戴硬质安全帽，并检查本岗位安全设施、做到齐全、灵敏、可靠。严禁使用安全装置不全的设备。

(4)工作精神集中，坚守岗位，加强安全生产责任心，认真执行“安全生产检查表”，做到班中不违章、不睡岗、不打逗，不喝酒，不越岗操作。

(5)特殊工种工作人员必须持证操作，严禁无证人员从事特种作业。

(6)保持作业环境整洁，道路通畅，做到地面无油水，周围无杂物，确保安全生产，文明生产。

(7)爱护和正确使用机械设备、工具及劳动防护用品，加强安全检查，发现隐患及时上报、整改，确保安全装置齐全有效，做到个人无违章，岗位无隐患。

(8)坚持交接班制度，做到安全生产交接有检查、有记录；因违规违章而造成的事故，应当自觉接受有关部门给予的处罚。

(9)积极参加班组安全日活动，做到认真学习，坚持出勤，不断提高安全意识，丰富安全生产知识，增强自我保护能力。

3.6.5 应急救援预案

1. 触电伤害事故应急预案

1)目的

本程序规定了公司触电伤害事件发生时应急响应的途径，以保证当触电伤害事件发生，采取积极的措施保护伤员生命，减轻伤情，减少痛苦，最大限度地减轻所带来的伤害。触电伤害急救必须分秒必争，立即采取止血及其他救护措施，并尽可能使伤者保持清醒，同时及早地与当地医疗部门联系，争取医务人员迅速急时赶往发生地，接替救治工作，在医务人员未接替救治前，现场救治人员不应放弃现场抢救，更不能只根据没有呼吸或脉搏擅自判断伤员死亡，放弃抢救。

2)范围

本程序适用于本公司内的所有的高空坠落事故的应急准备和响应。

3)职责

(1)组织机构及职责。

第一，触电伤害事故应急处置领导小组。

组长：总经理

副组长：行政副总、厂长、电气主管、保卫部部长

组员：当班应急小组成员

第二，触电伤害事故应急处置领导小组负责对突发触电伤害事故的应急处理。

安全环保办公室负责公司的应急和响应的管理，组织编制触电伤害等紧急情况发生时的应急和响应方案，制订应急演练计划，并组织实施与评审，确保应急预案的有效性、符合性。

线材厂安全环保办公室负责应急措施预案所形成的文件的管理(包括文件的修改工作)与发放。

紧急情况发生时，行政办公室负责急救工作的指挥与调度，落实后勤工作，协助事故处理与调查。

(2)培训和演练。

第一，钢铁公司安全环保办公室、保卫科负责主持、组织全公司每年进行一次按触电伤害事故“应急响应”的要求进行模拟演练。各组员按其职责分工，协调配合完成演练。演练结束后由安全环保办公室、保卫科组织对“应急响应”的有效性进行评价，必要时对“应急响应”的要求进行调整或更新。演练、评价和更新的记录应予以保持。

第二，人力资源部负责组织相关人员每年进行一次培训，并保留培训记录，使相关人员清楚应急准备与响应要求方面的作用和职责。

第三，安环科负责在紧急情况发生时，按照预案规定的程序及时地做出响应，并在响应后组织评价响应的效果，提出修改意见。

4)工作程序

(1)急救中心的联络方式。

电话联络号码：120

联络原则：选择离事故发生地距离最近、医疗条件最好的医院救助。

(2)公司急救指挥管理部门——行政办公室(安全环保办公室辅助)。

负责人：行政副总

电话：厂长办公室为××；行政办公室为××

注：各部门负责人的手机号码公司印制通信号码表发放到各部门。

(3)应急物资的准备、维护、保养。

第一，应急物资的准备：简易担架、跌打损伤药品、包扎纱布、氧气袋。

第二，各种应急物资要配备齐全并加强日常管理。

(4)应急响应。

第一，脱离电源对症抢救。

当发生人身触电事故时，首先使触电者脱离电源，迅速急救，关键是“快”。

第二，对于低压触电事故，可采用下列方法使触电者脱离电源。

如果触电地点附近有电源开关或插销，可立即拉开电源开关或拔下电源插头，以切断电源。

可用有绝缘手柄的电工钳、干燥木柄的斧头、干燥木把的铁锹等切断电源线。也可采用干燥木板等绝缘物插入触电者身下，以隔离电源。

当电线搭在触电者身上或被压在身下时，也可用干燥的衣服、手套、绳索、木板、木棒等绝缘物为工具，拉开提高或挑开电线，使触电者脱离电源。切不可直接去拉触电者。

第三，对于高压触电事故，可采用下列方法使触电者脱离电源。其一，立即通知有关部门停电；其二，带上绝缘手套，穿上绝缘鞋，用相应电压等级的绝缘工具按顺序拉开开关；其三，用高压绝缘杆挑开触电者身上的电线。

第四，触电者如果在高空作业时触电，断开电源时，要防止触电者摔下来造成二次伤害。

如果触电者伤势不重，神志清醒，但有些心慌，四肢麻木，全身无力或者触电者曾一度昏迷，但已清醒过来，应使触电者安静休息，不要走动，并对其严密观察。

如果触电者伤势较重，已失去知觉，但心脏跳动和呼吸还存在，应将触电者抬至空气畅通处，解开衣服，让触电者平直仰卧，并用软衣服垫在身下，使其头部比肩稍低，以免妨碍呼吸，如天气寒冷要注意保温，并迅速送往医院。如果发现触电者呼吸困难，发生痉挛，应立即准备对心脏停止跳动或者呼吸停止的人员进行抢救。

如果触电者伤势较重，呼吸停止或心脏跳动停止或二者都已停止，应立即进行口对口人工呼吸法及胸外心脏挤压法进行抢救，并送往医院。在送往医院的途中，不应停止抢救，许多触电者就是在送往医院途中死亡的。

人触电后会出现神经麻痹、呼吸中断、心脏停止跳动、呈现昏迷不醒的状态，通常都是假死，万万不可当做“死人”草率从事。

对于触电者，特别高空坠落的触电者，要特别注意搬运问题，很多触电者，除电伤外还有摔伤，搬运不当，如折断的肋骨扎入心脏等，可造成死亡。

对于假死的触电者，要迅速持久地进行抢救，有不少触电者，是经过四个小时甚至更长时间的抢救而抢救过来的。有经过六个小时的口对口人工呼吸及胸外挤压法抢救而活过来的实例。只有经过医生诊断确定死亡，才能够决定停止抢救。

2. 高空坠落事故应急预案

1)目的

本程序规定了公司高空坠落事故发生时的应急响应途径，以保证当高空坠落事件发生时，采取积极的措施保护伤员生命，最大限度地减轻给当事人所带来的伤害。高空坠落急救应立即采取止血及其他救护措施，并尽可能使伤者保持清醒，同时及早地与当地医疗部门联系，争取医务人员迅速急时赶往发生地，接替救治工作，在医务人员未接替救治前，现场救治人员不应放弃现场抢救，更不能只根据没有呼吸或脉搏擅自判断伤员死亡，放弃抢救。

2)范围

本程序适用于公司内所有的高空坠落事故的应急准备和响应。

3)职责

(1)组织机构及职责。

第一，高处坠落事故应急处置领导小组。

组长：总经理

副组长：行政副总、高线厂厂长、保卫部部长、安环科科长

组员：见高线厂应急人员名单

第二，高处坠落事故应急处置领导小组负责对突发高处坠落事故的应急处理。

高线厂安环科负责公司的应急和响应的管理，组织编制高空坠落等紧急情况发生时的应急和响应方案，制订应急演练计划，并组织实施与评审，确保应急预案的有效性、符合性。

高线厂安环科负责应急措施预案所形成文件的管理(包括文件的修改工作)与发放。

当紧急情况发生时，高处坠落事故应急处置领导小组组长负责急救工作的指挥与调度、落实后勤工作、协助事故处理与调查。

(2)培训和演练。

第一，高线厂安环员负责主持、组织全公司每年进行一次按高处坠落事故“应急响应”的要求进行模拟演练。各组员按其职责分工，协调配合完成演练。演练结束后由组长组织对“应急响应”的有效性进行评价，必要时对“应急响应”的要求进行调整或更新。演练、评价和更新的记录应予以保持。

第二，人力资源部负责组织相关人员每年进行一次培训，并保留培训记录，使相关人员清楚应急准备与响应要求方面的作用和职责。

(3)应急物资的准备、维护、保养。

第一，应急物资的准备：简易担架、跌打损伤药品、包扎纱布。

第二，各种应急物资要配备齐全并加强日常管理。

4)工作程序

(1)急救中心的联络方式电话联络号码：120(联络原则：选择离事故发生地距离最近、医疗条件最好的医院救助)。

(2)公司急救指挥管理部门——行政办、安环科；负责人，行政副总；电话，安环科为××、行政办公室为××、厂长办公室为××。

注：各部门负责人的手机号码公司印制通信号码发放。

(3)现场急救、联络急救中心与报告的工作程序。

第一，步骤。立即停止工作，将伤员放置平坦的地方—救护员对伤者进行止血或其他救护措施，实施现场急救—现场负责人联系救护中心—向公司报告—保护事故现场—公司指挥部门安排后勤保障—开展事故调查与处理工作。

第二，急救方案。一旦发生高空坠落事故由安环员组织抢救伤员，现场最高负责人打电话“120”给急救中心，由班组长保护好现场防止事态扩大。其他小组人员协助安环员做好现场救护工作，水、电工协助送伤员及外部救护工作，如有轻伤或休克人员，由安环员组织临时抢救、包扎止血或做人工呼吸或胸外心脏挤压，尽最大努力抢救伤员，将伤亡事故控制在最小范围内，值勤门卫在大门口迎候救护车辆。如事故严重，应立即报告总公司保卫部，并请求启动公司级应急救援预案。

第三，应急指挥者、参与者的责任和义务。

在事故发生后，现场的最高负责人为现场的最高指挥人员，统一指挥与调度，最高指挥员应保持冷静的头脑，有序地指挥现场救护工作，确保伤员得到及时有效的救护，保护好事故现场，并在事故后报告事故经过。

现场参与救护工作的人员，应积极参与紧急救护工作，服从指挥人员的指挥与调度，有救护经验的人员要及时赶到事故现场，参加对伤员的救护，其他人员应保持现场的秩序，配合救护人员工作，并注意保护事故现场，事后配合调查组对事故进行调查。

5)相关文件及记录

相关文件及记录为《应急准备与响应控制程序》、《应急响应评审记录》(包括所用的文件更改记录)及《应急演练培训记录》。

3. 机械伤害事故应急预案

1)目的

本程序规定了公司机械伤害事件发生时应急响应的途径，以保证当机械伤害事件发生时，采取积极的措施保护伤员生命，减轻伤情，减少痛苦，最大限度地减轻所带来的伤害。机械伤害急救必须分秒必争，立即采取止血及其他救护措施，并尽可能使伤者保持清醒，同时及早地与当地医疗部门联系，争取医务人员迅速急时赶往发生地，接替救治工作，在医务人员未接替救治前，现场救治人员不应放弃现场抢救，更不能只根据没有呼吸或脉搏擅自判断伤员死亡，放弃抢救。

2)范围

本程序适用于本公司内所有的机械伤害事故的应急准备和响应。

3)职责

(1)组织机构及职责。

第一，机械伤害事故应急处置领导小组如下。

组长：总经理

副组长：行政副总、厂长、设备科长、保卫部部长、安环科科长

组员：值班长、各工段负责人、安环员、保卫部值班人员、当班应急小组成员

第二，机械伤害事故应急处置领导小组负责对突发机械伤害事故的应急处理。

安全环保办公室负责公司的应急和响应的管理，组织编制机械伤害等紧急情况发生时的应急和响应方案，制订应急演练计划，并组织实施与评审，确保应急预案的有效性、符合性。

高线厂安全环保办公室负责应急措施预案所形成的文件的管理(包括文件的修改工作)与发放。

紧急情况发生时，行政办公室负责急救工作的指挥与调度，落实后勤工作，协助事故处理与调查。

(2)培训和演练。

第一，高线车间安全环保办公室、保卫科负责主持、组织全公司每年进行一次按机械伤害事故“应急响应”的要求进行模拟演练。各组员按其职责分工，协调配合完成演练。演练结束后由组长组织对“应急响应”的有效性进行评价，必要时对“应急响应”的要求进行调整或更新。演练、评价和更新的记录应予以保持。

第二，人力资源部负责组织相关人员每年进行一次培训，并保留培训记录，使相关人员清楚应急准备与响应要求方面的作用和职责。

第三，安环科负责在紧急情况发生时，按照预案规定的程序及时地做出响应，并在响应后组织评价响应的效果，提出修改意见。

4)工作程序

(1)急救中心的联络方式如下。

电话联络号码：120。

联络原则：选择离事故发生地距离最近、医疗条件最好的医院救助。

(2)公司急救指挥管理部门——行政办公室(安全环保办公室辅助)。

行政办公室：××。

注：各部门负责人的手机号码公司印制通信号码表发放到各部门。

(3)应急物资的准备、维护、保养包括以下两点。

第一，应急物资的准备：简易担架、跌打损伤药品、包扎纱布、氧气袋。

第二，各种应急物资要配备齐全并加强日常管理。

(4)急救程序主要包括以下三点。

第一，步骤。立即停止工作，将伤员放置平坦的地方—救护员对伤者进行止血或其他救护措施，实施现场急救—现场负责人联系救护中心—向公司报告—保护事故现场—公司指挥部门安排后勤保障—开展事故调查与处理工作。

第二，急救方案：①机械伤害事故发生后，立即停止现场作业活动，将伤员放置在平坦的地方，组织现场有救护经验的人员立即对伤员实施紧急救护。②现场的最高负责人作为现场的救护指挥员，指挥现场救护工作，在现场的伤员得到急救的同时，立即使用手机或其他通信设施拨打“120”电话，与救护中心联系，要求紧急救护，若救护车不及时，应立即组织车辆把伤员送到急救中心。之后应打电话向公司安全环保办公室、行政办公室、总经理及其他负责人报告，保护事故现场。

行政办公室接到报告后，问清楚救护中心地点，与救护中心取得联系，落实后勤保障工作，确保伤员能立即得到救护，不因后勤不到位而影响急救，并向公司的总经理和上级主管部门报告。

第三，应急指挥者、参与者的责任和义务。

在事故发生后，现场的最高负责人为现场的最高指挥人员，统一指挥与调度，最高指挥员应保持头脑冷静，有序地指挥现场救护工作，确保伤员得到及时有效的救护，保护好事故现场，并在事故后报告事故经过。

现场参与救护工作的人员，应积极参与紧急救护工作，服从指挥人员的指挥与调度，有救护经验的人员要及时赶到事故现场，参加对伤员的救护，其他人员应保持现场的秩序，配合救护人员工作，并注意保护事故现场，事后配合调查组对事故进行调查。

5)相关/支持性文件

相关/支持性文件为《应急准备与响应控制程序》。

6)记录

记录通常包括《机械伤害急救应急预案培训记录》、《机械伤害急救应急预案演习记录》和《应急响应评审记录》(包括所引起的文件更改记录)。

【本章小结】

本章主要介绍了炼铁厂、炼钢厂和热轧板带钢厂的工艺流程和生产过程中的危险有害因素辨别与分析，并提出了相应的安全管理措施和应急预案，从而减少人员的伤亡和财产损失。

炼铁厂主要是对高炉炼铁的生产工艺和生产设备的介绍。高炉炼铁过程中的危险有害因素主要包括粉尘、噪声、一氧化碳中毒、机械伤害、起重伤害和煤气爆炸与铁水穿漏，辨识出这些有害因素之后提出了防治措施。同时炼铁厂还实行了安全生产责任制、制定了安全生产规章制度、加强了安全生产教育培训和安全检查。对查出的隐患进行了整改。炼铁厂的应急预案有十个方面，针对风机、水泵房、煤磨机着火、煤粉仓自燃等方面都制订了应急预案，以便在事故发生之时，及时准确地做出反应。炼钢厂的危险有害因素和炼铁厂大同小异，都包括粉尘、噪声、一氧化碳中毒、机械伤害、起重伤害、高温等。安全管理也是针对安全操作规程、安全生产责任制、安全生产教育和安全培训展开的。生产设备预案、蒸汽采暖设备的预案、氧气系统煤气系统预案、混铁炉事故预案、转炉倾倒事故预案等构成炼钢厂的应急预案，除此之外还有一些预案请读者自行阅读，并做出总结。轧钢生产主要由加热、轧制和精整三个主要工序组成，生产过程中工艺、设备复杂，作业频繁，作业环境温度高，噪声和烟雾大，主要危险源有高温加热设备，高温物流，高速运转的机械设备，煤气氧气等易燃易爆和有毒有害气体，有毒有害化学制剂，电气和液压设施，能源、起重运输设备，以及作业、高温、噪声和烟雾影响等。安全生产管理措施除了加强安全教育培训、安全生产责任制等还需对安全生产事故进行管理，制订了触电事故、高空坠落事故、机械伤害事故等的应急预案。

【思考题】

1. 高炉炼铁厂、炼钢厂、轧钢厂的危险有害因素有哪些?
2. 针对危险有害因素，各厂分别采取了哪些防护措施?
3. 高炉炼铁厂、炼钢厂、轧钢厂是如何加强安全管理的?
4. 高炉炼铁厂、炼钢厂、轧钢厂的应急预案主要包括哪些方面?

第4章

焦化厂

【本章要点】

焦化一般是指有机物质碳化变焦的过程，炼焦化学工业是煤炭化学工业的一个重要部分。中国是焦化产品生产、消费及出口大国，近年来焦化产业得到快速发展。本章主要介绍焦化厂的生产工艺流程和生产设备、危险有害因素分析、安全管理措施和事故应急预案。实习的企业为焦化厂。

4.1 工艺流程及主要设备

4.1.1 焦化厂生产主要工艺流程

焦化厂生产工艺流程如图4-1所示。

1. 备煤车间工艺流程

其工艺流程为原料煤→受煤坑→煤场→斗槽→配煤盘→粉碎机→煤塔。

2. 炼焦生产工艺流程

由备煤车间送来的配合煤装入煤塔，装煤车按作业计划从煤塔取煤，经计量后装入炭化室内[28]。煤料在炭化室内经过一个结焦周期的高温干馏制成焦炭并产生荒煤气。

炭化室内的焦炭成熟后，用推焦车推出，经拦焦车导入熄焦车内，并由电机车牵引熄焦车到熄焦塔内进行喷水熄焦。熄焦后的焦炭卸至凉焦台上，冷却一定时间后送往筛焦工段，经筛分按级别贮存待运。

煤在炭化室干馏过程中产生的荒煤气汇集到炭化室顶部空间，经过上升管、桥管进入集气管。荒煤气中的焦油等同时被冷凝下来。煤气和冷凝下来的焦油等同氨水一起经

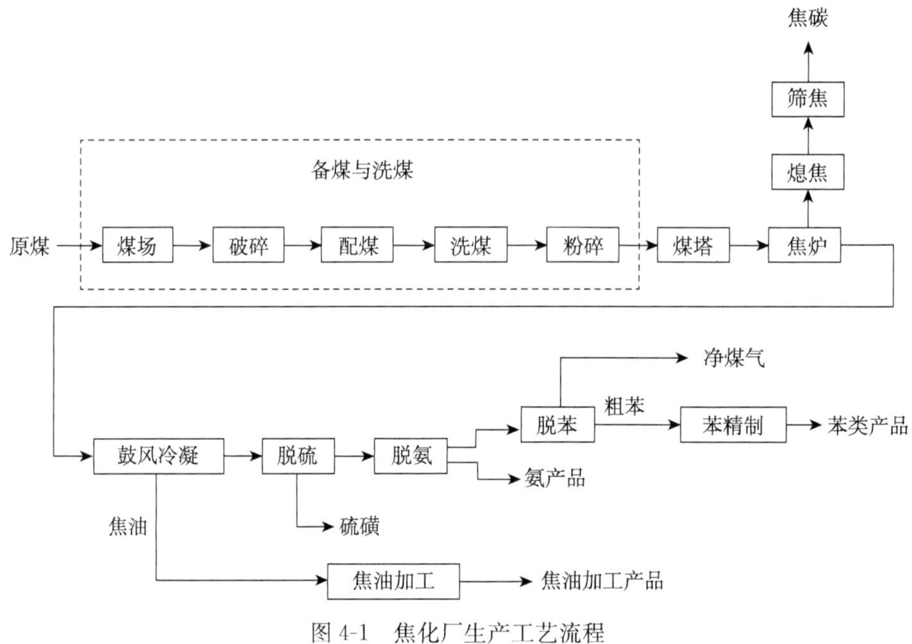

图 4-1 焦化厂生产工艺流程

过吸煤气管送入煤气净化车间。

焦炉加热用的焦炉煤气，由外部管道架空引入。焦炉煤气经预热后送到焦炉地下室，通过下喷管把煤气送入燃烧室立火道底部与由废气交换开闭器进入的空气汇合燃烧。燃烧后的废气经过立火道顶部跨越孔进入下降气流的立火道，再经蓄热室，由格子砖把废气的部分显热回收后，经过小烟道、废气交换开闭器、分烟道、总烟道、烟囱排入大气。

3. 炼焦化学产品的回收工艺流程

1)煤气的初冷和焦油的回收

其煤气流程如下：荒煤气→初冷器→电捕焦油器→鼓风机→预冷塔→脱硫塔→喷淋式饱和器→洗终冷塔→洗苯塔→净煤气。

2)脱硫工段(HPF 脱硫法)

煤气→预冷器→脱硫塔→液封槽→(脱硫液)反应槽→再生塔→泡沫塔→(清液)反应槽。

3)硫铵工段(喷淋式饱和器生产硫铵)

由脱硫及硫回收工段送来的煤气经预热器进入喷淋式硫铵饱和器上段的喷淋室，在此煤气与循环母液充分接触，使其中氨被母液吸收，然后经硫铵饱和器内的除酸器分离酸雾后送至洗脱苯工段。

4)终冷洗苯工段

自硫铵工段来的煤气，进入终冷塔分二段用循环冷却水与煤气逆向接触冷却煤气，将煤气冷到一定温度送至洗苯塔。同时，在终冷塔上段加入一定碱液，进一步脱除煤气中的硫化氢。

5)粗苯蒸馏工段

从终冷洗苯装置送来的富油进入富油槽，然后用富油泵依次送经油气换热器、贫富油换热器，再经管式炉加热后进入脱苯塔，在此用再生器来的直接蒸汽进行汽提和蒸馏。塔顶逸出的粗苯蒸气经油气换热器、粗苯冷凝冷却器后，进入油水分离器[28]。分出的粗苯进入粗苯回流槽，部分用粗苯回流泵送至塔顶作为回流液，其余进入粗苯中间槽，再用粗苯产品泵送至油库。

4.1.2 焦化厂主要生产设施

焦化厂的主要生产车间为备煤车间、炼焦车间、煤气净化车间及其公辅设施等，各车间的主要生产设施见表4-1。

表4-1 主要生产设施

序号	系统名称	主要生产设施
1	备煤车间	煤仓、配煤室、粉碎机室、皮带机运输系统、煤制样室
2	炼焦车间	煤塔、焦炉、装煤设施、推焦设施、拦焦设施、熄焦塔、筛运焦工段(包括焦台、筛焦楼)
3	煤气净化车间	冷鼓工段(包括风机房、初冷器、电捕焦油器等设施)；脱氨工段(包括洗氨塔、蒸氨塔、氨分解炉等设施)；粗苯工段(包括终冷器、洗苯塔、脱苯塔等设施)
4	公辅设施	废水处理站、供配电系统、给排水系统、综合水泵房、备煤除尘系统、筛运焦除尘系统、化验室等设施、制冷站等

4.2 危险及有害因素分析

4.2.1 生产工艺主要危险、有害因素分析

1. 火灾、爆炸

1)煤气生产过程

焦炉生产的最终产物为煤气、粗苯及煤焦油，通过物料的危险性分析可知，煤气、粗苯生产的火灾危险性属于甲类。焦化炉在生产中燃烧煤气，产生热量，使煤在焦化炉中高温干馏，生成煤气，煤气中的主要成分为氢气、甲烷、一氧化碳这三种物质，三种物质的爆炸极限分别为4%～74%、5.3%～14%、12.5%～74.5%，爆炸极限范围大，且爆炸下限低，遇热及明火即可引起火灾爆炸。

2)粗苯净化过程

焦化炉焦化除生产煤气外，还副产粗苯，粗苯为苯、甲苯、二甲苯等物质的混合物，其中苯闪点为－11℃，甲苯闪点为4℃，二甲苯闪点为25℃，其蒸气与空气可形成爆炸性混合物，遇明火、高热能引起燃烧爆炸。

3)备煤过程

破碎室、预粉碎室、配煤室、粉碎室和输煤廊内积存煤粉容易导致火灾甚至爆炸事

故，引起煤粉尘火灾爆炸有以下几个方面的原因：系统在运行时，在碎煤机、各输煤皮带上，由于破碎和落差的作用，使煤尘飞扬比较严重；粉碎系统的粉碎机有扬尘；存在煤粉沉积死角；作业现场有明火花、静电，特别是由电气设备或线路产生的过热及火花；粉碎机、输煤皮带停止运转后，没有进行吹扫及惰性化保护，引起积粉自燃，再运转时，引起火灾、爆炸；危险物品(如雷管等)进入粉碎机[29]。

4)焦炭引起火灾、爆炸

焦炭为丙类火灾危险品，粉尘具燃爆性，爆炸下限浓度为37～50g/m^3(粉尘平均粒径为4～5μm)，高温表面堆积粉尘(5mm厚)的引燃温度为430℃，云状粉尘的引燃温度>750℃，作业场所空气中焦粉尘浓度超标，并处在爆炸浓度极限范围内，此时如遇明火或火花，就会发生火灾爆炸事故。

2. 腐蚀危害

焦化厂生产过程中各种具有腐蚀性的介质，如硫化物、氨、一氧化碳、二氧化碳和氢等，直接与生产设备和管道接触，腐蚀破坏是酿成设备事故的重要原因之一。

4.2.2 主要设备的危险、有害因素分析

1. 压力容器

在煤气净化的过程中使用了油气分离等压力容器，压力容器的爆裂可引起火灾、爆炸。爆裂的类型包括工作压力下的爆裂、超压爆裂、化学反应爆炸、爆裂后的爆炸四种。爆裂危害形式为碎片的危害和冲击波的破坏作用。

2. 压力管道

压力管道是厂内外输送各种物料的纽带，管道事故的原因有设计原因、制造原因、安装原因、管理不善、管道腐蚀、安全附件有缺陷或不起作用、静电火花和明火、有毒有害介质的使用地点没用安装强制通风系统或失效、有毒有害介质的使用地点没用安装报警系统和检测系统或失效、违章作业等方面。

3. 泵、鼓风机设备危险有害、因素分析

泵类设备主要是实现液体输送，由于输送介质与环境的特殊性，当泵的端面密封、进出口阀门法兰垫片、压力表导管和放空排凝阀都容易发生泄漏，如果处理不当，泄漏的油气迅速扩散，遇明火发生火灾爆炸事故。

焦化厂鼓风机主要是对煤气进行加压，因煤气具有易燃易爆性，故鼓风机在工作时存在泄漏、火灾、爆炸、机械伤害等危险有害因素。

4. 反应器危险、有害因素分析

反应器、塔类设备在生产过程中使用的物料为易燃物料，且设备内的操作状态多在高温条件下生产，如果在生产作业过程中操作不当，或设备本体及附件损坏，使这些物料失控，若大量泄漏，会发生火灾、爆炸、中毒事故，对作业人员造成伤害，对机械设备、厂房建筑等造成损坏。

5. 燃气轮机发电机组

燃气轮机发电机组燃烧煤气产生动力，当发电机在发电时，如果煤气进气管或接头

处发生泄漏，煤气将进入空气，与空气形成爆炸性混合物，爆炸性混合物达到一定的浓度，遇明火，将引起燃烧爆炸。发电机满负荷运行时，定子电流和转子电流很大，因此定、转子绕组和绕组绝缘温度很高，在不正常时，易将绝缘点燃，引起发电机着火。

6. 气柜

1)水封漏气的危险性

气柜设进口和出口两个水封，起到与生产系统隔绝和隔绝火源的作用。但当气柜自动放空，水封缺水时，会导致大量漏气，遇火源造成火灾爆炸的严重后果。

造成气柜自动放空的因素有：水封槽漏水或缺水；水封钟罩漏；内压过大，冲破水封。

造成水封漏气的原因有：水封漏水或缺水；超过规定的储气容积高度；卡轮致使内压超过设计压力冲破水封；中节下部腐蚀。

2)气柜抽负压的危险性

气柜正常的工作压力应控制在400mm水柱，当出现进口小室水封封死，卡轨、钟罩下降或操作失误等情况时，气柜会被抽成负压，严重时由于操作不慎或自动限位器失灵等原因造成气柜抽瘪事故。

3)气柜倾斜的危险性

气柜整体倾斜后使气柜受力不均匀，造成燃料气泄漏的危害，致使气柜倾斜的因素有：在大风天气运行时，气柜高度超过允许高度；内外导轨调整不当、脱轨卡住或失灵；螺旋导轨因钟罩或中节变形而变形，或损坏；冬季运行中，由于自动的防空管放空带水造成钟罩上局部结冰，钟罩产生偏重；基础不均匀沉降，水槽倾斜，造成钟罩和中节升降失灵。

7. 罐区

粗苯储罐、焦油储罐，其中粗苯属于易燃易爆物质，焦油为可燃物质。罐体泄漏、冒罐泄漏、阀门泄漏、管道泄漏等除了会造成储存物质的缺损外，还可能因泄漏导致火灾爆炸事故的发生和蔓延，存在较大的危险危害性。可能引发事故的主要原因包括选材不当、阀门劣质和密封不良、施工安装质量问题及违章作业等方面。

4.3 安全对策措施

主要内容包括：焦化厂主要工艺流程中发生安全生产事故及职业危害的控制对策措施，以及焦化厂各工艺过程中废气产生量、烟气浓度、烟气捕集方式、主要净化设备参数等。

4.3.1 火灾安全对策措施

建议在焦化厂可采取以下防火防爆措施。

(1)在有燃爆性粉尘产生的粉碎机房、筛焦楼、转运站及推焦地面站等处设置有效的除尘装置，使燃爆性粉尘浓度远低于其爆炸下限，产生燃爆性气体的鼓风机室等厂房室内设置相应通排风，使燃爆性气体的浓度低于其爆炸下限。

(2)采用双电源供电，确保安全生产。

(3)焦炉煤气管道设有效的低压报警及自动切断煤气装置，防止煤气管道吸放空气而造成危险。

(4)煤气及苯类等设备与管道设置相应的防静电接地装置，应经常检查维护保证接触良好，防止静电火花而引起的火灾。

(5)管式炉煤气设有低压报警与安全联锁装置，并保证完好。

(6)煤气系统的设备及管道设置相应的蒸气吹扫及取样装置，防止煤气中含氧量超标燃爆而引起火灾。

(7)煤气设备从选材、施工、气密性试验及生产维护均有严格的技术要求。

(8)选择良好的设备阀门管件及密封材料，并加强维护，防止跑、冒、滴、漏发生。

(9)为防止雷电和静电事故，装置中应设保护，接地措施应可靠。

(10)应确保火灾、爆炸危险场所的电气设施符合防爆技术要求。

(11)化工区应使用铜质工具，进入化工区不准带火种，不穿带钉子的鞋。

(12)应增加警示标志的设置和紧急处理的显示牌。

4.3.2 焦炉机械伤害事故预防措施

1)四大车安全措施

(1)推焦车、拦焦车、装煤车、熄焦车开车前，必须发出声响信号，行车时严禁上、下车，除行走外，各单元宜按程序启动操作。

(2)推焦车、拦焦车、熄焦车应有通话、信号联系和联锁。

(3)推焦车、装煤车和熄焦车应设压缩空气压力超限时空压机自动停转的联锁，司机室内应设有风压表及风压极限声光信号。

(4)推焦车取门、拦焦车取门、捣固时以及装煤车落下套筒时，均应设有停车联锁。

(5)推焦车和拦焦车宜设机械化清扫炉门、炉框以及清理炉头尾焦的设备。

(6)应沿推焦车全长设能盖住与机侧操作台之间间隙的舌板，舌板和操作台之间不得有明显台阶。

(7)推焦杆应设行程极限信号，极限开关和尾端活牙或机械挡，带翘尾的推焦杆，其翘角杆大于90°且小于96°。

(8)平煤杆和推焦杆应设手动装置，且应有手动时自动断电的联锁。

(9)推焦中途因故障中断推焦时，熄焦车和拦焦车司机未经推焦组长许可，不得把车开离接焦位置。

(10)煤箱活动壁和前门未关好时，禁止捣固机进行捣固。

(11)拦焦车和焦炉焦侧炉柱上应分别设安全挡和导轨。

(12)熄焦车司机室应设有指示车门关严的信号装置。

(13)寒冷地区的熄焦车轨道应有防冰冻措施。

(14)装煤车与炉顶机焦两侧建筑物的距离不得少于800mm。

2)余煤提升机安全措施

(1)单斗余煤提升机应有上升极限位置报警信号、限位开关及切断电源的超限保护装置。

(2)单斗余煤提升机下部应设单斗悬吊装置，地坑的门开启时，提升机应自动断电。

(3)单斗余煤提升机的单斗停电时，应能自动锁住。

3)炉门修理站安全措施

(1)炉门修理站旋转架上部应有防止倒伏的锁紧装置或自动插销，下部应有防止自行旋转的插销。

(2)炉门修理站旋转架上的升降开关应与旋转架的位置联锁，并能点动控制，旋转架上升限位开关必须准确可靠。

4.3.3 焦炉坠落事故预防措施

1)装煤车坠落的防范措施

(1)在炉端台与炉体上磨电轨道设分断开关隔开，平时端台磨电道不送电，煤车行至端台，因无电源而自动停车，从而避免坠落事故，也便于煤车在炉端台停电检修，分断开关送电后，仍可返回炉顶。

(2)设置行程限位装置。

(3)煤车抢刹制动装置要保证有效好使，无抱刹装置的煤车要调节好专行电机的电磁抱闸，保证停电后及时撑车。

(4)安全挡一定要牢固可靠。

(5)提高煤车司机的素质，必须由经培训合格的司机驾驶，非司机严禁操作，严格执行操作规程，不准超速行驶，司机离开煤车必须切断电源。

2)防止人、物坠落伤害事故的措施

(1)焦炉炉顶表面平整，纵拉条不得突出表面。

(2)设置防护栏。单斗余煤提升机正面(面对单斗)的栏杆，不得低于1.8m，栅距不得大于0.2m；粉焦沉淀池周围应设防护栏杆，水沟应有盖板，敞开式的胶带通廊两侧，应设防止焦炭掉下的围挡。

(3)凡机焦两侧作业人员必须戴好安全帽，防止落物砸伤。

(4)禁止从炉顶、炉台往炉底扔东西，如有必要时炉底应设专人监护，在扔物范围内禁止任何人停留或通行。

(5)焦炉机、焦侧消烟梯子或平台小车(带栏杆)，应有安全钩。

(6)在机焦两侧进行扒焦、修炉等作业时，要采取适当安全措施，预防坠落，如焦炉机侧、焦侧操作平台不得有凹坑或凸台，在不妨碍车辆作业的条件下，机侧操作平台应设一定高度的挡脚板。

(7)由于焦炉平台，特别是焦侧平台，距熄焦塔和焦坑较近，特别在冬季熄焦、放焦时蒸汽弥漫影响视线，给操作和行走带来不便，易于引起坠落，应特别注意防范。

(8)为防止炉门坠落，要加强炉门、炉门框焦油石墨的清扫，使炉门横铁下落到位，上好炉门，拧紧横铁螺丝后，必须上好安全插销，以防横铁移位脱钩而引起坠落。

(9)上升管、桥管、集气管和吸气管上的清扫孔盖和活动盖板等均应用小链与其相邻构件固定。

(10)清扫上升管，桥管宜机械化、清扫集气管内焦油渣宜自动化。

4.3.4 焦炉烧、烫伤害事故预防措施

(1)不断改进防护用品款式质量，做到上班职工劳动防护用品必须穿戴齐全。

(2)推广高压氨水无烟装煤新工艺，为防止烧烫伤事故提供工艺技术保证。

(3)焦炉应采用水封式上升管盖，隔热炉盖等措施。

(4)清除装煤孔的石墨时，不得打开机焦两侧的炉门，防止装煤孔冒火引起烧烫伤害。

(5)清扫上升管石墨时，应将压缩空气吹入上升管内压火，防止清扫中被火烧伤。

(6)打开燃烧室测温孔盖时，应侧身、侧脸、防止打压喷火局部烧伤。

(7)所有此类操作都必须站在上风侧进行。

(8)禁止在距打开上升管盖的炭化室 5m 以内清扫集气管。

4.3.5 煤气事故预防措施

(1)焦炉机侧、焦侧操作平台应设灭火风管。

(2)集气管的放散管应高出走台 5m 以上，开闭应能在集气管走台进行。

(3)地下室、烟道走廊、交换机室、预热器室和室内煤气主管周围严紧吸烟。

(4)地下室应加强通风，其两端应有安全出口。

(5)地下室煤气分配管的净空高度不宜小于 1.8m。

(6)地下室煤气管道的冷凝液排放旋塞不得采用铜质的。

(7)地下室煤气管道末端设有自动放散装置，放散管的根部设清水孔。

(8)地下室煤气管道末端设防爆装置。

(9)烟道走廊和地下室，应设换向前 30s 和换向过程的音响报警装置。

(10)用一氧化碳含量高的煤气加热焦炉时，若需在地下室工作，应定期对煤气浓度进行监测。

(11)要定期组织煤气设备管道阀门的维修，消除设备缺陷，禁止在烟道走廊和地下室带煤气抽、堵盲板。

(12)交换机室或仪表室不应设在烟道上，用高炉或发生炉煤气加热焦炉、交换机应配备隔离式防毒面具。

(13)煤气调节蝶阀和烟道调节翻板，应设有防止其完全关死的装置。

(14)交换开闭器调节翻板应有安全孔，保证蓄热室封墙和交换开闭器内任何点的吸力均不低于 5Pa。

(15)高炉煤气因低压而停止使用后，在重新使用之前，必须把充压的焦炉煤气全部放散掉。

(16)出现下列情况之一，应停止焦炉加热：煤气主要压力低于 500Pa，烟道吸力下降，无法保证蓄热、交换开闭器等处吸力不小于 5Pa，换向设备发生故障或煤气管道损

坏，无法保证安全加热。

4.3.6 焦炉触电事故及其预防

(1)滑线高度不宜小于3.5m，低于3.5m的，其下部应设防护网，防护网应良好接地。

(2)烟道走廊外设电气滑线时，烟道走廊窗户应用铁丝网防护。

(3)车辆上电磁站的人行道净宽不得小于0.8m，裸露导体布置于人行道上部且离地面高度小于2.2m时，其下部应有隔板，隔板离地应不小于1.9m。

(4)推焦装煤车、拦焦车、熄焦车司机室内，应铺设绝缘板。

(5)电气设备特别是手持电动工具的外壳和电线的金属护管，应有接零线或接地保护及漏电保护器。

(6)电动车辆的轨道应重复接地，轨道接头应用跨条连接。

(7)抓好焦炉电气设备检修中的安全，不论检修或抢修都必须可靠地切断电源，并挂上“有人作业”“禁止合闸”的警示牌，要认真测电确认三相无电，并做临时短路接地后，方可开始作业，带电作业必须采取有效的安全保护措施，电气检修电工担任，禁止操作工司机处理电气事故，并应坚持使用绝缘防护用品和工具。

4.3.7 职业健康危害的预防措施

预防炼焦生产中职业危害的重点是解决炼炉逸散物对工人健康的危害，以及高温、辐射热、各种焦化产物的危害。解决这些问题的根本对策是进一步实现焦化生产的自动化，以减少操作者与有害因素的接触机会。同时也应采取一些保护性措施，如防暑降温、个人防护器、定期检查、皮肤防护剂等。

4.4 安全管理

4.4.1 安全生产通则

(1)“安全生产，人人有责”，所有职工必须增强法制观念，认真执行党和国家有关生产、劳动保护政策、法令法规，严格遵守我厂安全操作规程、岗位工艺技术规程、岗位操作规程。

(2)凡不符合安全生产要求，有严重危险的厂房、生产线和设备，职工有权向上级报告，遇有严重危及生命安全的情况，职工有权停止操作并及时报告领导处理。

(3)入厂新职工、实习人员、临时工及变换工种人员，未经三级安全教育或考试不合格者，不准参加生产或单独操作，特殊工种均应经专业培训和考试合格、凭证操作，外来参观人员接待部门应组织安全防范工作。

(4)工作前，必须按规定穿戴好劳保用品，女工把长发压入安全帽，旋转机床设备严禁戴手套操作擦洗，检查设备和工作场地、排除故障和隐患，保证安全防护、信号保险装置灵敏、可靠、保持设备润滑及通风良好，不准把小孩带入工作场地，不准穿拖鞋、赤脚、敞衣、戴头巾或围巾工作，班前班中不准饮酒。

(5)工作时精力集中，坚守岗位，不准把自己的工作擅自交给他人，不准打闹、睡觉和做与本工作无关的事、凡运转时设备不准跨越、传动物体和触动危险部位，调整检查设备要拆防护罩时，要先停电关车，不准无罩开车，各种机器不准超限使用，中途停电应关闭电源。

(6)搞好现场管理和文明生产，保持厂区、车间、库房通道等整齐清洁和畅通无阻，做到“环境整洁、生产均衡、物流有序、设备完好、纪律严明、信息灵敏”。

(7)严格执行交接班制度、接班者未接班，交班者不准走，长白班者必须切断电源、汽源、熄灭火种、清理场地。

(8)两人以上共同作业时，必须有主有从，统一指挥，在封闭厂房加班作业时，必须安排两人以上一起工作。

(9)厂区行人要走指定通道，注意各种警示、严禁走便道和跨越危险区，严禁在行驶的机动车辆中爬行、跳下、抛卸物品，车间内不准骑自行车、摩托车，厂区路面施工要设安全遮拦和标记，夜间设红标灯，凡动土要经过有关部门批准。

(10)严禁任何人攀登调运中的物件及在吊钩下通过和停留。

(11)操作工必须熟悉其设备性能、工艺要求和设备操作规程，设备应定人操作，动用本工种以外的设备时，必须经有关领导批准后方可操作。

(12)检查修理机械、电器设备时，必须挂停电警示牌，设专人监护，停电警示牌必须谁挂谁取，非工作人员严禁合闸，开关在合闸前应细心检查，确认无人检修时方可合闸。

(13)各种安全防护装置、照明、信号、检测仪表警戒标志、防雷装置等，不准随意拆除和非法占用。

(14)一切电器、机械设备的金属外壳和行车轨道必须有可靠的接地或重复接地等安全措施，非电器人员不准装修电器设备和线路，使用手持电动工具必须绝缘可靠，有良好的接地或接零措施，并应戴好绝缘手套操作，行灯和机床、钳台局部照明电压不得超过36V，容器内和危险潮湿地点不得超过12V。

(15)高空作业必须扎好安全带，戴好安全帽，不准穿硬底鞋，严禁投掷工具、材料等物料。

(16)对易燃、易爆、剧毒、放射和腐蚀危险品，必须分类妥善保管，并设专人严格管理，易燃、易爆危险场所，严禁吸烟和明火作业，不得在有毒、粉尘生产场所进餐、饮水。

(17)产生有害人体的气体、液体、尘埃、放射线、噪声的场所、生产线或设备，必须配置相应的废物处理装置或安全保护措施，并保持良好有效。

(18)变(配)电室、油库、氧气、乙炔、气房、危险品库等要害部门非岗位人员未经批准严禁入内。

(19)各种消防器材工具应按消防规范设置齐全，不准随便动用，安放地点周围不得堆放其他物品。

(20)发生重大事故或恶性未遂事故时，要及时抢救、保护现场，并及时报告领导和上级领导机关。

(21)自行车、摩托车要按指定地点存放，上下班要走安全通道，马路上行走要遵守交通规则，保证交通安全。

4.4.2 备煤车间通用安全操作规程

1)劳动保护用品穿戴标准

(1)上岗前应按要求穿好劳动保护用品，扣齐纽扣、扎好袖口，服装整齐、清洁，女工把长发戴在帽内。

(2)安全帽要戴端正，系好带。

(3)穿好防护鞋并系好带。

(4)带安全带时扣要系好。

(5)保护用品穿戴不齐全者，不得上岗，上岗前班长查、专职安全员查、互保对子相互查、班中各级领导巡回查。

2)生产岗位操作人员交接班制度

(1)接班者提前10min到指定地点参加危险预知安全课，听取班长介绍生产情况、设备状况、布置工作任务，讲明安全注意事项。

(2)接班人员提前5～10min到生产岗位进行对口询问上一班生产及设备运转状况，对口询问完毕后，查看上班生产台账和记录，而后由接班者陪同由前往后、自上而下的检查本岗位设备，安全防护装置、设施工具卫生及消防器材等情况。

(3)检查完毕后进行试车，发现问题交接班双方及检修工共同查找原因，提出解决措施，解决不了的应及时上报车间，交班者必须经接班者同意后方可离岗下班。

(4)接班完毕后，主动做好生产准备。

3)安全要点

(1)对新进人员必须进行三级安全教育、安全技术和操作培训，经考试合格后方可独立工作。

(2)设备上的安全防护装置、设施严禁私自拆除和损坏。

(3)在巡检皮带运转情况时，必须走人行道，维修工在点检设备或检修设备时必须走人行道。

(4)正常情况下，岗位设置的灭火器未经车间领导同意批准不准随意挪用，禁止用水冲洗或用湿布抹。

(5)各岗位人员上下梯子，必须手抓栏杆，防止滑倒摔伤，严禁奔跑和拥挤，遇下雪天气时，必须认真清扫台阶余雪。

(6)操作工、维修工检修设备、更换设施、设备时必须先切断电源，否则不准更换或检修。

(7)严禁酒后上岗，班中饮酒，违章操作，违章指挥。

(8)设备运转时，禁止做与本职工作无关的事情，严禁睡岗、脱岗、串岗。

(9)2m以上(含2m)高处作业必须系好安全带。

(10)严禁转车清理前后滚筒的余煤，禁止转车打扫卫生，清理、清扫时必须停机进行。

(11)生产岗位处理异常工作时，必须先进行危害辨识，预知预控，并制订可靠的安全方案后方可实施。

4.4.3 炼焦车间通用安全操作规程

1)操作工通用规程

(1)严格执行我厂《岗位操作规程》和《工艺技术规程》。

(2)在机、焦侧、炉顶工作时，要注意机车行驶，站位准确，严禁坐卧道轨。

(3)上下梯子要手扶栏杆，不得两级一跨，梯板上的冰雪、杂物及时打扫干净，以免滑倒摔伤，机车行驶时不许上下车。

(4)扳手、钳子等工具不能当手锤使用，打锤时不准戴手套。

(5)开风扇时先检查有无问题，严禁用手摸风扇叶片。

(6)推焦前禁止从推焦杆前通过。

(7)使用砂轮前，必须检查轮片是否完整，转动是否正常，禁止磨软金属、笨重不规则的金属件，使用前站在砂轮机一侧，禁止身体正对砂轮。

(8)焦侧通过导焦槽小门时须经司机批准，以免发生危险。

(9)熄焦车行走时，禁止在司机室外侧平台上停留。

(10)在进行临时工作时，要有专人负责安全监护。

(11)在炉顶行走及工作时；注意机车行走，禁止用脚蹬踏加煤口盖和看火孔盖。

(12)不准将工具放在栏杆或管道上，以免掉入伤人。

(13)严禁由高处往下扔工具、铁器、杂物以免掉下伤人，必要时下面要有专人监护。

(14)在炉顶焦侧道轨以西使用长工具操作，要注意除尘车和拦焦车的磨电道，必要时可与有关人员联系，停电后操作。

(15)上下有关工种之间操作要互相联系、互相确认，保证安全生产。

(16)各岗位司机操作时要集中精力，听从统一指挥，禁止干一切与工作无关的事情。

(17)班中一切工作听从班长的安排，兼岗时要执行该岗的操作规程，保证安全生产。

(18)班中吃饭必须在检修时间进行，并抓紧时间返回岗位，禁止在食堂闲谈和逗留，如没有检修时间，吃饭要轮换进行，岗位必须留人，单人岗位由工段长安排决不能空岗。

2)维修工通用规程

(1)工作前查各种工具是否灵敏、可靠，保证性能良好。

(2)巡检中必须做到以下几项[30]：①上下梯子要手扶栏杆，不得两级一跨，梯板上有冰雪时，及时打扫干净。②机车行驶过程中不准在任何部位上下车。③在炉顶及炉台行走及工作时，注意来往机车行驶，禁止用脚蹬踏火盖。④禁止坐在轨道上休息，禁止从高处往下扔任何东西。⑤不准将工具、物料放在栏杆和管道上。⑥推焦前禁止从推焦杆前通过。⑦进入地下室须带好一氧化碳报警器，禁止吸烟动火。⑧禁止倚靠炉上及其他岗位的栏杆。

(3)使用手持电动工具时，必须检查电源线和接地线有无损坏，电压与工具要求是否相同，接地是否良好，并有漏电保护装置，方可使用。

(4)检修设备时，必须停电挂牌，方可开始检修。

(5)设备运转时，严禁加油、清扫，不许靠近和跨越。

(6)在进行临时工作时，要指定专人负责安全。

4.4.4 化产车间通用安全操作规程

1)一般规程

(1)全体职工(包括各类学习、提前上岗和外来人员)都必须严格执行本厂《工艺技术规程》和《岗位操作规程》及厂车间的各项安全规定[31]。

(2)不断学习安全生产知识，提高安全生产本领。

(3)消防器材保持良好状态，严禁移作他用，并会使用各类消防器材。

(4)各级领导在计划、布置、检查、总结、评比生产工作的同时，必须同时计划、布置、检查、总结、评比安全生产工作。

(5)严格交接班制度，认真交接，在工作期间，认真巡检，发现问题及时汇报并做好处理。

(6)工作期间必须遵守劳动纪律，坚守岗位，不准在操作岗位打闹、睡觉、待客、脱串岗位，吃饭买饭要轮流，不能空岗去伙房。

(7)操作现场岗位所悬挂的安全警示牌标志，应保持清洁醒目，不得随意乱动。

(8)学规程练技术，能够处理本岗位易发生的多类事故，对突发事故及时报告，果断采取有效措施，控制事故扩大。

(9)人人都有协助相关岗位的救灾义务，发现问题及时报告，正常生产的情况下，不得动用其他岗位的设备、工具等器材，需要动用时必须经其同意。

(10)严格遵守我厂各项安全生产管理制度和国家的有关安全法律法规政策，遵守车间的各类安全规定。

2)防火防爆

(1)进入车间严禁烟火，不准携带火种。

(2)易燃的介质严禁跑、冒、滴、漏，一旦发生应及时正确处理和打扫干净。

(3)禁止在易燃设备、蒸汽、暖气设备上搁放易燃物品。

(4)化产车间所有人都要熟悉生产性质，岗位按需要规格配备充足的消防用品和器材。

(5)消防栓、消防车道、安全通道不准堆放杂物，保持畅通，色标明显。

(6)受压容器必须装有压力表、安全阀等安全装置，并灵活可靠，严禁超压操作。

(7)在有轻油、高温油气、升华萘、煤气放散等易燃易爆物质的岗位场所严禁铁器猛烈抨击和穿钉子鞋工作。

(8)使用后的破布、棉纱应存放指定地点，按规定处理。

(9)发生跑油时要迅速尽量回收，不能回收的用沙土或木屑处理，及时处理现场，禁止用水冲洗。

(10)所有防护用具，必须保持良好和完整，禁止任意动用。

(11)煤气点火时，必须严格遵守先点火后送煤气的点火程序。

(12)氧气瓶、乙炔瓶禁止放在吊装物下及动火点下方，高温体旁和阳光下暴晒，氧气瓶、乙炔瓶不能同车运输，使用时必须隔离3～5m。

(13)设备检修需要动火时，报有关部门批准后，做好防火防爆准备，设有专人看护方可动火。

(14)所有高大的塔、油槽、罐群的避雷装置及管道接地要处于良好的接地状态。

3)防止中毒和烧伤

(1)介质有毒(煤气、氨气、苯、硫酸、浓碱等)的设备，必须密闭良好，杜绝泄漏。泄漏发生时，立即处理好。

(2)在可能中毒的工作场所操作，必须经可靠的技术检测合格方可开始工作。

(3)进入有毒和通风不良的设备中工作，应按危险作业办理要求一人工作，一至二人监护。

(4)进入有毒的塔、釜、罐中检修时，清扫工作按有关规定进行。

(5)在有毒区工作尽量站在上风侧，必要时戴好防毒面具。

(6)禁止在煤气区域睡觉、逗留，煤气区域要有明显标志。

(7)接临时蒸汽和水管，必须捆扎牢固，开阀门要站在侧面慢开，不得站在正面猛开。

(8)禁止用苯、洗油等油类洗手，擦洗设备、放物。

(9)皮肤受伤，应及时包扎，以免毒物进入伤口，下班后应洗澡更衣，衣服油污及时清扫。

(10)开蒸汽阀门时应注意侧面开阀，以防蒸汽烫伤，若被蒸汽烫伤可涂凡士林。

4)电器安全操作规程

(1)化产回收车间电器线路、照明灯设备必须防火、防爆、耐腐蚀[32]。

(2)电器、煤气设备、粗苯等高大和易燃设备，必须安装接地线，定时检查确保接地电阻符合规定要求。

(3)电机或联动装置设备检修时，必须有电工在现场拉闸、拔保险，并挂上“有人检修，禁止启动”的警示牌子。

(4)车间生产岗位内不得使用裸体导线。

(5)禁止用湿布擦灯泡和电器设备。

(6)用手试电机温度、震动时，应用手指背或手背前部，不得用手掌和手心。

(7)除电工及指定人员外，禁止任何人操作、修理各种电器设备。

(8)电器操作应当严格遵守电工技术操作规程和安全操作规程。

(9)所需电气设备必须保持干燥和清洁。

(10)发生触电时，应立即切断电源或用绝缘工具，严禁用手拉触电者，触电者脱离电源后应立即进行抢救。

5)防止设备事故和机械伤害

(1)禁止机械设备带病运转，备用设备应保持良好状态，运转设备必须按该设备的润滑加油制度加油润滑。

(2)设备停产必须打开放散管，转动设备停产按时盘车，保持备用良好。

(3)设备保养和检修必须执行检电挂牌制度。

(4)易冻设备必须保温，冬季停用设备，必须将设备和管道内存液全部放空。

(5)设备管道使用完毕按规定清扫干净，管道保持畅通，堵冻发生时，应及时处理好。

(6)靠近运转设备时应扣紧袖口和裤筒及上衣下摆，安全帽佩戴牢靠。

(7)运转设备必须有人按时检查、调节，严禁超负荷运转。

(8)设备运转中发现异常声音和症状，应立即检查处理，严重时应果断停车及时汇报查明原因，清除故障。

(9)转动齿轮、皮带靠背轮等外部转动装置都应该有安全防护罩。

6)工作现场管理

(1)工作现场必须保持平整，清洁整齐，物资定置管理，人走场地清，秩序井然、文明生产。

(2)较大检修和施工，必须制订检修方案。

(3)水沟、池、井必须装有围栏或盖板。

(4)平台、走台楼梯必须按标准安装栏杆，工作平台栏杆不低于 1.2m，走台宽度不小于 800mm，梯子坡度不大于 75°。

(5)道路工作场所，照明设施规范，照明度好。

(6)设备色标、危险源标牌，安全色标明显、正确。

(7)设备检修规范化，临时用的工作架台、悬挂物用完后及时拆除。

(8)冬季下雪及时清扫，以防滑跌伤人。

(9)职工发现危害人身安全、设备生产安全的苗头，应立即提示注意，或通知有关人员处理。

(10)本车间各班人员要人人严守职责，做到厂区无隐患，班组无事故，个人无违章。

4.5　应急救援预案

本节列出焦化厂的典型应急救援预案以供参考。

1. 总则

1.1　编制目的

为了贯彻落实“安全第一、预防为主、综合治理”的方针，规范焦化厂突发事故的应急管理和应急响应程序，提高应对风险和防范事故的能力，保证员工生命安全和健康，最大限度地减少财产损失、环境损害和社会影响，特制订本预案。

1.2 编制依据

依据《安全生产法》、《中华人民共和国环境保护法》、《中华人民共和国危险化学品安全管理条例》、《国家安全生产事故灾难应急预案》、《生产安全事故报告和调查处理条例》、《中华人民共和国突发事件应对法》、《生产经营单位安全生产事故应急预案编制导则》(AQ/T 9002—2006)及《黑龙江省安全生产条例》等法律、法规及有关规定。

1.3 应急预案体系

焦化厂应急预案分为焦化厂综合应急预案、专项应急预案、现场处置方案，各单位及部门根据焦化厂的综合预案分别有本单位的专项预案和岗位预案。

焦化厂的专项预案主要有灭火和疏散应急预案、停电应急预案、危险品泄漏应急预案、人身伤害应急预案等。

1.4 应急工作原则

(1)坚持以人为本、安全第一的原则。把保障单位员工及周边群众的生命安全和身体健康，作为应急救援工作的首要任务，切实加强应急救援人员的安全防护，最大限度地预防和减少事故造成的人员伤亡、财产损失和公共危害。

(2)坚持依靠科学、依法规范的原则。遵循科学原理，体现科学民主决策。依靠科技进步，不断改进和完善应急救援的装备、设施和手段。依法规范应急救援工作，确保预案的科学性、权威性和操作性。

(3)坚持预防为主、常备不懈的原则。贯彻落实“安全第一、预防为主、综合治理”的方针，坚持事故灾难应急救援与平时预防相结合，着重做好常态下的安全隐患排查与整改、风险评估、物资储备、队伍建设、预案演习及事故灾难的预测、预警工作。

1.5 适用范围

本预案适用于焦化厂下属各分厂及部门的突发事故，焦化厂的事故类型分为一般级或更低级别类型。

根据事故性质的危害程度、涉及范围将事故划分为四级，即Ⅰ级(特别重大)、Ⅱ级(重大)、Ⅲ级(较大)和Ⅳ级(一般)。

1)Ⅰ级(特别重大)

(1)一次造成30人以上的死亡的事故。

(2)造成100人以上重伤(含急性工业中毒)的事故。

(3)造成1亿元以上直接经济损失的事故。

2)Ⅱ级(重大)

(1)一次造成10人以上30人以下的死亡事故。

(2)造成50人以上100人以下重伤(含急性工业中毒)的事故。

(3)造成5 000万元以上1亿元以下直接经济损失的事故。

3)Ⅲ级(较大)

(1)一次造成3人以上10人以下死亡的事故。

(2)造成10人以上50人以下重伤(含急性工业中毒)的事故。

(3)造成1 000万元以上5 000万元以下直接经济损失的事故。

4)Ⅳ级(一般)

(1)一次造成3人以下死亡的事故。

(2)造成3人以上10人以下重伤(含急性工业中毒)的事故。

(3)造成300万元以上1 000万元以下直接经济损失的事故。

以上规定中的“以上”含本数,“以下”不含本数。

2. 危险性分析

2.1 生产单位概况

某焦化厂是集原煤洗选、炼焦、产品发运、原料及产品的化验、分析及运输等产、供、销大小7个分厂和部门的综合性的大厂。焦化厂共有职工1 100多人,主要原材料为原煤,主要产品为冶金焦炭,产量为140万吨/年。此外还有副产品中煤、煤焦油、粗苯等。

焦化厂的生产单位是洗煤分厂和焦化分厂。附属单位有车队、站台货场、化验室。洗煤分厂有一、二两个分厂,采用混合入选、三产品无压重介质分选,直接浮选、全闭路煤泥水流程,洗煤一分厂在册员工150人,二分厂在册员工150人,洗煤分厂的产品为精煤、中煤、矸石和煤泥,洗煤两分厂年入洗原煤约360万吨。向焦化两分厂提供接近180万吨的洗精煤。

焦化一分厂采用双联下喷单热式2×42孔JN80-60型焦炉,焦化二分厂采用双联下喷单热式2×55孔捣固型焦炉。两焦化分厂年产煤焦油约7.4万吨;粗苯回收工段年产粗苯1.9万吨,每年可净化煤气5.1×104万立方米,焦化二分厂年产硫铵11 750吨。

××股份公司还拥有铁路自备专用线2600延米与国铁相通,厂区门前是××路,有市区的线车通过,交通十分便利。中煤、焦炭主要采用铁路专用线运输,硫铵采用汽车运输,煤焦油、粗苯采用汽车专用罐和铁路专用罐两种方式运输。产品主要销往东北三省等地。

焦化厂的重大危险源是两焦化分厂的粗苯罐,焦化一分厂的两个苯罐位于分厂的西北部,焦化二分厂的四个苯罐位于分厂的西北部,罐区四周道路通畅。

焦化厂北部是甲醇公司,甲醇公司有正规的消防水系统和泡沫消防系统,当焦化厂出现大的火灾事故时,甲醇公司的消防系统可以作为补充。

2.2 危险源辨识及风险分析

按照危险源编制有关规定,结合我焦化厂实际情况,确定以下危险源。

2.2.1 洗煤分厂

1)危险源:原煤准备车间上煤皮带系统的粉尘

风险分析:该系统生产过程中粉尘较大,尤其冬季较为严重,该系统中有很多电气设备,其中电动机为非防爆电机。可能有火花产生,当空气中有足够浓度的粉尘遇明火会产生燃烧或爆炸。另外,当粉尘堆积过多,遇到热源后还会自燃,引发火灾。

2)危险源:油库区

风险分析:洗煤分厂有浮选剂和起泡剂,是浮选生产药剂,浮选剂和起泡剂是可燃液体。遇明火有可能会燃烧或爆炸。威胁员工生命安全，损毁设备和附近的建筑物。

3)危险源：厂房内的管上密度计

风险分析：放射源的防护设施若失去保护作用，将会导致放射源泄漏。管上密度计的放射源为铯—137，放射源一旦泄漏将会对周围的员工造成电离辐射。

2.2.2 焦化分厂

1)危险源：煤焦油

风险分析：煤焦油是黑色粘稠液体，具有特殊臭味，有刺激性。相对密度为1.15～1.19g/mL，主要成分为芳香烃，闪点96～105℃，可燃，并有腐蚀性，对人体有害。

煤焦油主要分布在鼓冷工段，鼓冷工段是对煤气进行冷却处理，回收煤焦油。鼓冷工段有大量的煤气、焦油管道和阀门。焦化厂有4个立式400m^3的焦油脱水贮罐、两个500m^3的立式焦油脱水罐和两个立式1 000m^3的焦油储罐，煤气管道与焦油储罐相邻近。如出现焦油泄漏现象，一方面污染周围环境，另一方面焦油属可燃液体如遇火源可能产生着火或爆炸，影响到煤气，危害性较大。

2)危险源：焦炉煤气

风险分析：焦炉煤气是易燃易爆有毒气体，爆炸极限为5.5%～30%(体积比)，燃点为650℃，火灾危险等级为甲级，有焦炉煤气的设备或管道长时间腐蚀或在维修设备或管道时处理不当都有可能发生泄漏，如遇火源极易发生着火或爆炸。煤气中的一氧化碳是一种无色、无味的气体，密度为0.967g/L，燃烧时呈现浅蓝色火焰，主要来源于煤气系统的泄漏和燃料的不完全燃烧，侵入途径为吸入。人体吸入一氧化碳后，即与血红蛋白结合生成碳氧血红蛋白，阻碍血液输氧，造成人体缺氧中毒。空气中浓度达到1.2g/m^3(960ppm)时，短时间可致人死亡。

煤气分布于整个焦炉生产区域和化产回收区域。焦炉生产车间一旦突然停电，荒煤气外排，造成周围大气环境污染。

化产回收工段设有洗氨塔、终冷塔、洗苯塔、脱苯塔，分别吸收煤气中的萘、氨、粗苯等成分以达到净化煤气的目的。在这些高大的塔器内有煤气，在塔出故障需要检修时，必须将塔内的煤气置换干净。

3)危险源：粗苯、焦油洗油

风险分析：粗苯是多种碳氢化合物组成的复杂混合物，外观呈淡黄色的透明液体，不溶于水，密度为0.871～0.890g/mL，沸点为80.1℃，燃点为430℃，闪点为12℃，粗苯蒸气与空气混合能形成爆炸性气体，按体积计算，爆炸极限为1.4%～7.5%，易挥发，易燃，在管道流动时极易产生静电，火灾危险等级为甲级，侵入途径为吸入、食入、经皮肤吸收。长期接触高浓度苯对造血系统有损害，可引起慢性中毒，对皮肤、黏膜有刺激作用，可引起白血病，并具有致癌性。当苯浓度高时使人立即失去知觉并在几分钟内死亡。

焦油洗油为可燃液体，闪点为100℃，沸点为218℃，燃点为526℃，火灾危险等级为丙级，有害程度为中度。侵入途经为吸入、食入、经皮吸收。健康危害是对皮肤有腐蚀性。

粗苯主要分布在脱苯塔、成品槽、成品泵房内；焦油洗油主要分布在储槽、洗脱苯塔、贫富油泵房等场所。

粗苯工段的使用、输送和处理危险物质的各种设施包括储槽、设备和管道都是易燃易爆场所。正常生产过程中，危险物质均密闭使用、输送和处理，不具备发生火灾爆炸的条件。但在异常情况下由于设备或管道的阀门、法兰、连接处破裂或泄漏，造成易燃气体液体的释放、聚积。一旦遇有火源，随时有可能引起着火或爆炸事故；此外，若防爆场所电器设备、线路、照明不符合防爆要求，也有可能产生电气火花而引起火灾或爆炸，具有较大的威胁性。一处出现事故易造成整个粗苯生产区域的连锁反应，将会造成人员伤亡、设备毁坏，甚至会摧毁周围附近的建筑物，将会危害厂区附近员工的身体健康，还将会严重污染周围的大气环境。

4)危险源：浓硫酸和强碱

风险分析：浓硫酸是无色油状腐蚀性液体，有强烈的吸湿性，密度为1.8g/mL，凝固点为－37℃，熔点为10.4℃，沸点为280℃，是一种高沸点难挥发的强酸，易溶于水，能以任意比与水混溶，遇水大量放热，可发生沸溅。严禁“水入酸”。眼睛溅入硫酸后引起结膜炎及水肿，角膜浑浊以至穿孔。皮肤接触硫酸会使局部刺痛，皮肤由潮红转为暗褐色。误服硫酸后，口腔、咽部、胸部和腹部立即有剧烈的灼热痛和灼伤以致形成溃疡，胃肠道穿孔。口服浓硫酸致死量约为5mL。对环境有危害，对水体和土壤可造成污染。正常生产中浓硫酸是在密闭管道、设备和储槽中，不会对人产生危害，但是浓硫酸若质量不高，纯度不够，会对设备造成腐蚀而发生泄漏，对人与环境有很大的危害。

强碱(30%)是无色无味的透明液体，密度为1.33g/mL，沸点为115℃，与酸发生中和反应并放热。强碱不会燃烧，但具有强腐蚀性、强刺激性，可致人体灼伤。氢氧化钠溶液溅到皮肤上，会腐蚀表皮，造成烧伤。它对蛋白质有溶解作用，有强烈刺激性和腐蚀性，皮肤和眼睛直接接触可引起灼伤；误服可造成消化道灼伤，黏膜糜烂、出血和休克。生产中强碱氢氧化钠长时间也会对设备造成腐蚀而出现泄漏，从而对人员造成危害。

2.2.3　机械伤害、触电事故

焦化厂的动设备较多，车队的特种设备有铲车、翻斗、叉车、吊车等运输车辆，焦化分厂的专用设备，如焦炉的四(五)大车，焦化厂的通用设备，如输送皮带机、刮板输送机、各类泵等，各种电机带动的运转设备都可能产生对周围人员的机械伤害，而焦化厂的设备绝大部分是电力带动的，生产中设备若发生漏电或导线破损漏电及人员的不正确操作等都可能会发生人员的触电事故。

3. 组织机构与职责

3.1　应急组织体系

焦化厂为应对突发事故，成立应急事故组，分别是指挥组、救援组、通信组、救护组、疏散组等。

指挥组职责：指挥组成员应熟悉焦化厂各单位及部门的基本情况，包括危险因素、工作环境及人员和物资储备情况等，指挥组成员应具备基本的应急常识和对事故的判断能力，在出现突发事故的情况下，对事故的发展做出正确判断，并按照先自救后外援的原则指挥员工进行抢险自救。

救援组职责：救援组成员基本是本岗位的员工，平常应对本岗位或本班段的基本情况做到心中有数，包括本岗位的危险因素及应急处理措施等，在出现突发事故时，会对事故做出正确的处理。

通信组职责：通信组成员为协调生产的调度人员或由指挥人员临时指派，应掌握本单位重要岗位和重要领导(指挥人员)的电话，在出现突发事故时，在指挥人员的指挥下，向其他岗位人员及其他领导做出报告。

救护组职责：救护组成员多为本岗位员工或相邻岗位的员工，本岗位员工平时除了解本岗位的常识外，还需对相邻岗位的相关知识进行了解，另外还需对人身伤害的常见急救技术进行学习掌握，在出现突发事故时，能做出及时正确的救护。

疏散组职责：疏散组成员一般由现场指挥指派，应熟练掌握本岗位或本单位的设备和周边环境情况，一旦发生事故能迅速有效地疏导人员撤离。

3.2 指挥机构及职责

焦化厂的应急指挥体系中的指挥组由焦化厂厂长、副厂长、调度长、安全室主任及各单位的领导、部门领导和基层的班段、班组长构成。

总指挥：焦化厂厂长

副总指挥：焦化厂副厂长、焦化厂调度长

技术指挥：焦化厂安全室主任

成员：焦化一分厂厂长、焦化二分厂厂长、洗煤一分厂厂长、洗煤二分厂厂长、车队队长、化验室主任、站台货场主任

各单位都分别成立了自己单位的应急事故救援小组，分厂厂长、副厂长、主任分别担任总指挥、副总指挥、基层的班长(段长)、组长等骨干担任现场指挥的职务，一旦发生事故，按照预案计划积极处理。

总指挥职责：负责安排应急救援预案的制订、检查、督促落实；负责应急组织机构的建立，并明确各部门和人员的职责；落实应急救援所需资金，发布应急救援命令，上报安全事故情况。

副总指挥职责：在总指挥的领导下，负责组织应急救援预案的落实情况；协助总指挥协调指挥应急救援工作。

技术指挥：负责应急救援预案相关技术方案的制订，检查、督促技术方案的落实，协助总指挥决策应急救援过程中的重大安全技术问题。

现场指挥：在总指挥、副总指挥的领导下，负责事故现场应急救援的具体指挥工作，及时向总指挥汇报现场救援进展情况和需要解决的问题，在总指挥、副总指挥不在现场的情况下，临时决策突发事故中的应急问题。

4. 预防与预警

4.1 危险源管理

1)洗煤分厂原煤系统粉尘

(1)日常考核粉尘堆积情况，做到班班清理，重点加强冬季粉尘管理，在靠近热源的地方，避免粉尘堆积，防止发生粉尘自燃。

(2)加强防爆电器设备管理，电器设备落实到人，做到常巡视、常检查，重点是防爆灯、防爆按钮、防爆电铃，检查接线是否合格，密封是否完好，避免出现电火花而引起粉尘爆炸。

2)生产厂房的油库区

(1)加强员工在油罐区动火作业时的管理，严格执行动火作业票制度，介质管道上的管上密度计。

(2)密度计放射源设有铅罐屏蔽，固定在介质管道上，周围设有防护栏，防护栏上设有“当心电离辐射”警示牌。

3)焦化分厂

(1)焦化分厂的危险源监控通过煤气或苯等固定式可燃气体泄漏自动报警装置的方式识别危险源，焦化分厂的焦炉地下室和鼓冷工段的岗位员工佩戴便携式检测仪。

(2)安全室建立焦化分厂危险化学品基本情况、化学品理化特性、危险源、事故隐患现场处置方案与措施。

(3)严格执行重点区域的动火作业管理制度及外来人员的管理制度。

4)其他危险源的管理

焦化厂已建立了各级人员的安全生产责任制，员工有责任发现岗位上的隐患并及时报告，各级安全管理人员定期和不定期进行机械、电气及岗位环境等方面检查，将查出的隐患和员工报告上来的隐患落实到维修班组，限期进行整改治理，对于员工的违章和违规的行为，各级安全管理人员采取经济处罚和批评教育两种方式。

4.2　预警行动

安全室定期分析、研究可能导致安全生产事故的信息，利用召开风险评价分析会议的形式来研究确定应对方案，确定方案后及时落实有关部门、单位采取相应行动，预防事故发生。发生事故后，依据事故的级别，及时启动事故应急预案，组织实施救援。

4.3　信息报告与处置

(1)焦化厂实行24h值守制度，随时接收处理事故报告信息。应急值守电话：厂内调度室程控电话××或××。

(2)事故发生后，事故现场员工可利用手机立即报告给本单位基层班组(段)负责人，同时用内部程控电话向厂调度室报告，最后向本单位负责人即总指挥报告。报警时尽量保持冷静，说话清楚并且容易理解，位置和紧急情况的性质尽可能描述清楚，直到接电话的人记录好信息才可挂电话。

(3)焦化厂厂内发生的所有紧急事故有两条信息上报途径，第一，所有的紧急事故必须向厂调度室报告；第二，除生产事故停电外的其他事故必须向安全管理人员及部门同时报告。上报时间不能超过15min。

(4)事故报告的主要内容：事故发生的时间、地点、事件性质、导致事故的初步原因、事态发展趋势和已经采取的措施等。在应急处置过程中，要及时续报救援工作的进展情况。

5. 应急响应

5.1 响应分级

焦化厂的紧急事故应急响应按事故严重程度进行分级，具体的事故严重程度分级规定包括如下几种情况。

一级紧急情况：必须利用所有有关部门及一切资源的紧急情况，或者需要各个部门同外部机构联合处理的紧急情况，通常要宣布进入紧急状态。在该级别中，做出主要决定的职责通常是紧急事务管理部门。

二级紧急情况：需要两个或更多个部门响应的紧急情况，该事故的救援需要有关部门的协作，并且提供人员、设备或其他资源。该级响应需要成立现场指挥部来统一指挥现场的应急救援行动。

三级紧急情况：能被一个部门正常可利用的资源处理的紧急情况(具体是指生产班组、段内部可以处理的紧急情况)。正常可利用的资源是指在该部门的权利范围内通常可以利用的应急资源，包括人力和物力等，必要时可建立一个现场指挥部，所需的后勤支持、人员或其他资源增援由本部门负责解决。

发生紧急事故的基层班组(段)的负责人对突发事故应沉着冷静，尽量准确地判断事故的级别，根据事故级别做出正确的反映。在能够班组(段)内部自救的原则下应立足自救，避免造成恐慌，在无力自救的情况下，如出现二级或一级紧急情况应果断地向上级部门争取援助。

5.2 响应程序

事故应急救援系统的应急响应程序过程可分为接警、响应级别确定、应急启动、救援行动、应急恢复和应急结束等几个过程。

5.2.1 接警与响应级别确定

接到事故报警后，按照工作程序，对警情做出判断，初步确定相应的响应级别。如果事故不足以启动应急救援体系的最低响应级别，响应关闭。

5.2.2 应急启动

应急响应级别确定后，按所确定的响应级别启动应急程序，如通知有关人员到位、开通信息(或通信网络)，通知调配救援所需的应急资源(包括应急队伍和物资、装备等)成立现场指挥部等。

5.2.3 救援行动

有关应急队伍进入事故现场后，迅速开展事故侦测、警戒、疏散、人员救助、工程抢险等有关应急救援工作，当事态超出响应级别无法得到有效控制时，向应急中心请求实施更高级别的应急响应。

5.3 应急恢复和结束

救援行动结束后，事故得到控制，人员得到救治，执行应急关闭程序，由事故总指挥宣布应急结束，进入应急恢复期，事故发生单位准备恢复生产，以保证生产的连续性。

6. 后期处置

6.1 善后处置

(1)善后处置工作由焦化厂调度室及安全室负责，救援工作临时征用的房屋、运输工具、通信设备等物资，应当及时返还，造成损坏或无法返还的，按照有关规定给予补偿或做出其他处理。

(2)相关部门和事故发生单位要妥善处理事故伤亡人员及其家属的安置、救济、补偿和保险理赔。

(3)参加救援的部门、单位应认真核对参加应急救援的人数，清点救援装备、器材，核算救援发生的费用，整理保存救援记录、图纸等资料，各自写出救援报告，报上一级管理部门。

(4)做好污染物的收集、清理与处理等工作。

(5)尽快恢复生产、生活正常秩序，清除事故后果和影响，安抚受灾和受影响人员，确保稳定。

6.2 总结与评估

现场应急救援指挥部负责收集、整理应急救援工作的记录、方案、文件等资料，对应急救援预案的启动、决策、指挥和后勤保障等全程进行评估、分析，总结应急救援经验教训，提出改进的意见和建议。

7. 保障措施

7.1 通信与信息保障

(1)充分利用有线、无线电话或对讲机(互联网)等手段，保障救援有关单位与人员的通信畅通。

(2)实行24h值守制度，随时接收处理事故报告信息。

7.2 应急支援与保障

7.2.1 救援装备保障

各车间、单位根据需要配备必要的应急救援装备，兼职应急救援队伍也按规定配备。

1)消防应急器材与设施

洗煤一分厂在原煤、精煤皮带及主厂房的各岗位点都设了灭火器，共计43台；在原煤和主厂房分别安设了固定消防箱，共计12个。

洗煤二分厂在原煤岗位及主厂房各岗位点都设了灭火器，共计48台，在原煤、中煤、精煤皮带及厂房等分别安设了固定式消防箱，共计32个。

焦化一分厂在焦炉地下室、四大车、煤焦线机头、机尾、鼓冷、粗苯及配电室等各处都配备了灭火器133台和灭火车4台。在焦炉焦侧端台、鼓冷凉水架、粗苯院外分别安设了消防箱和地下消防栓4个，在粗苯罐、焦油罐围堰附近安设了泡沫消防栓计5个。

焦化二分厂在焦炉地下室、五大车、煤焦两线的机头、机尾、鼓冷、粗苯、硫铵及变电所、配电室等各处都配备了灭火器176台，灭火车11台。在煤线皮带廊内安设了22个消防箱，在焦线皮带廊内安设了28个消防箱，粗苯工段院内安设了3个消防箱，鼓冷1个消防箱，在焦炉机侧安设了6个地下消防栓，鼓冷工段有3个地下消防栓。

化验室在化验楼三层中分别配置了灭火器，共8台，一楼半安设了从甲醇公司引来的消防栓1个。

车队在每台车上及各个库内分别配置了灭火器，共72台，库内也安设了消防栓箱，共17个。

2)报警系统

焦化一分厂设有可燃气体报警系统，分别在焦炉地下室、鼓冷风机室、粗苯罐及洗油和苯泵房内共安设19个探头；焦化二分厂在焦炉地下室、鼓冷风机室内、室外、粗苯罐内、洗油和苯房内、硫铵饱和器、泵间内分别安设了52个探头。硫铵工段在酸碱泵房内安设了硫酸泄漏报警探头两个，报警控制器在硫铵中控室。焦化二分厂还在煤线、焦线、鼓冷、粗苯、硫铵、变电所等安设了感烟的消防手动报警及在变电所安设了感温的模块，火灾报警控制器设在鼓冷中控室。手报和模块共计146个。

3)应急照明

焦化厂在重要部位安设了应急照明灯，其中焦化一分厂地下室安设4个，鼓冷安设两个，焦化二分厂地下室安设10个，鼓冷安设23个，粗苯安设4个。

4)防护用具

焦化厂在有毒有害场所放置了各类防毒面具，焦化一分厂分别在焦炉地下室、鼓冷、粗苯放置了防一氧化碳、氨、苯的滤毒罐共计10个，面具长管4根。焦化二分厂分别在焦炉地下室、鼓冷、粗苯、硫铵放置了防一氧化碳、苯的滤毒罐共计13个，面具长管两根。

7.2.2 岗前培训

在日常安全培训和新员工岗前培训中讲解消防知识，灭火器的使用方法，并进行火灾扑救的灭火器实际操作演练，提高全体员工的防火意识和灭火技能。灭火器有效性的检查已作为员工的一项安全职责，发现有过期失效的灭火器及时进行更换。

7.2.3 医疗卫生保障

组建医疗卫生应急救护队伍，发生事故时应及时赶赴现场开展医疗救治、疾病预防和控制等工作。

当事故造成人员受伤时，经临时处理后立即送往指定医院或其他医院(矿总医院和人民医院)进行医院救治。有较多重伤员时，请求医院救护和医护人员到现场进行抢救和运送伤员。

8. 宣传、培训与演习

8.1 宣传

各车间、部门要加大安全生产监管和应急救援工作的宣传、教育和培训力度，不断提高企业员工的素质，落实各级人员的安全生产责任及安全生产规章制度，最大限度地减少伤亡事故。宣传事故应急预案、应急救援常识，增强员工的应急救援意识，提高预防、避险、避灾、自救、互救的能力。

8.2 培训

焦化厂已建立员工安全培训制度，每季度组织基层管理人员安全学习，包括救援与自救、互救知识。采用观看录像、讲课和考试的方式。

8.3　演习

根据自身特点，定期组织本单位的应急救援演习，每半年演习不得少于一次。演习结束后，应及时进行总结评估，报上级主管部门。

9. 附则

9.1　应急预案备案

本预案报公司安全生产监察部，由监察部报上一级安全生产监督管理部门。

9.2　制订与修订

本预案由焦化厂安全室负责制订与解释。随着生产及单位人员机构的发展变化，安全室将每年修订一次预案。

【本章小结】

焦化厂的工艺流程主要包括备煤车间、炼焦车间、炼焦化学产品的回收工艺流程。不同生产车间的生产设备各不相同。生产过程中的危险有害因素主要是生产工艺和生产设备两个方面。

生产工艺的危险有害因素有火灾爆炸的危险、腐蚀的危险。压力容器、压力管道泵鼓风机、反应器、气柜生产设备均可能带来一些危险，从而造成一定的伤害。焦化厂的安全对策主要是工艺流程中发生安全生产事故及职业危害的控制对策措施。安全管理首先介绍了安全生产的通则，其次介绍了备煤车间、炼焦车间和炼焦化学产品车间(化产车间)的安全操作规程。制订的应急救援预案适用于焦化厂下属各分厂及部门的突发事故，焦化厂的事故类型为一般级或更低级别类型。

【思考题】

1. 焦化厂的主要生产工艺流程和生产设备有哪些?
2. 焦化厂的主要危险危害因素是什么? 制定了哪些安全对策措施?
3. 焦化厂的安全管理是怎样进行的?
4. 焦化厂制订了哪些应急预案? 还缺少什么预案?

第5章

煤矿安全

【本章要点】

煤炭是古代植物埋藏在地下经历复杂的生物化学和物理化学变化逐渐形成的固体可燃性矿物。开采煤炭过程中面临众多危险，本章主要介绍煤矿中一通三防、矿山救护和井下紧急避险的相关内容。实习的企业为井工煤矿。

5.1 矿井通风系统

矿井通风系统是矿井通风方式、通风方法和通风网络的总称。矿井通风系统的基本任务如下。

(1)供给井下足够的新鲜空气，满足人员对氧气的需要。

(2)冲淡井下有毒有害气体和粉尘，保证安全生产。

(3)调节井下气候，创造良好的工作环境。

1)矿井通风系统的组成

矿井通风系统由通风机和通风网络两部分组成。风流由入风井口进入矿井后，经过井下各用风场所，然后进入回风井，由回风井排出矿井，风流所经过的整个路线称为矿井通风系统。

矿井通风方法以风流获得的动力来源不同，可分为自然通风和机械通风两种。

(1)自然通风。利用自然气压产生的通风动力，致使空气在井下巷道流动的通风方法叫做自然通风。自然风压一般都比较小，且不稳定，所以《煤矿安全规程》规定：每一矿井都必须采用机械通风。

(2)机械通风。利用扇风机运转产生的通风动力，致使空气在井下巷道流动的通风方法叫做机械通风。采用机械通风的矿井，自然风压也是始终存在的，并在各个时期内影响着矿井的通风工作，在通风管理工作中应给予充分重视，特别是高沼气矿井尤其应该注意。

2)矿井通风系统的类型

矿井通风系统由影响矿井安全生产的主要因素决定。根据相关因素把矿井通风系统划分为不同类型。根据瓦斯、煤层自燃和高温等影响矿井生产安全的主要因素对矿井通风系统的要求，为了便于管理、设计和检查，把矿井通风系统分为一般型、降温型、防火型、排放瓦斯型、防火及降温型、排放瓦斯及降温型、排放瓦斯及防火型、排放瓦斯与防火及降温型几种，依次为 1～8 八个等级。运输巷的通风系统如图 5-1 所示。

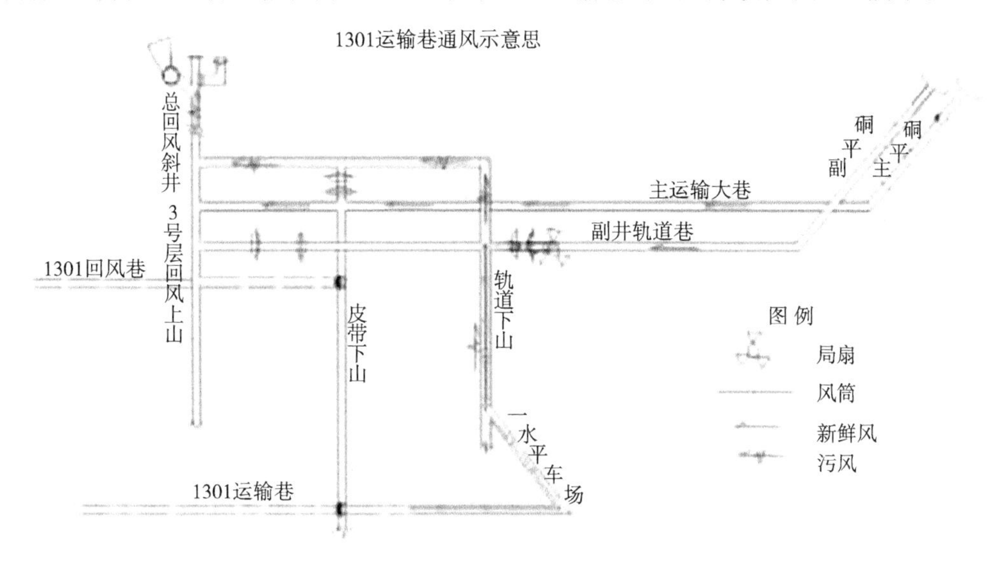

图 5-1　运输巷的通风系统

5.2　瓦斯防治情况

5.2.1　瓦斯来源分析

矿井瓦斯主要有四个来源：①从采落下来的煤炭中放出瓦斯；②从采掘工作面煤壁内放出瓦斯；③从煤巷两帮及顶底板放出瓦斯；④从采空区及围岩煤壁中放出瓦斯。

5.2.2　瓦斯异常涌出的分析

(1)工作面为综采放顶煤开采，一次采全高，产量高，开采强度大，造成煤体瓦斯发放量大[33]。如果辅助风道与采空区沟通不好，串风量不足，造成工作面切顶线以上采空区瓦斯不能很好地进行泄放而形成瓦斯云，随着移架和放煤而进入工作面。

(2)周期来压影响。当工作面周期来压时，顶板大面积垮落，岩层瓦斯大量释放，造成瓦斯大量涌出。

(3)受相邻采空区影响。

(4)大气压力突变影响。采空区内的通风压力与工作面巷道内的通风压力需保持相对平衡状态。当地面大气压力突然下降时，井下工作面巷道的通风静压也相应降低，造成采空区内的瓦斯压力高于工作面巷道的通风压力，使采空区内的瓦斯大量涌出。相反，当大气压力突然升高时，巷道内的通风压力高于采空区内的瓦斯压力，巷道内的气体充实采空区，采空区内的瓦斯几乎没有涌出。当大气压力变化平缓时，巷道内的通风压力与采空区内的气体压力相对平衡，瓦斯均匀涌出。

(5)辅助风巷通风断面影响。辅助风道局部受矿压影响断面较小，造成回风道向垛眼流向辅助风道的风量较小，被迫在回风道多处设置风闸，相对降低了辅助风道迎头处的通风负压，辅助风道内不能有足够的风量稀释采空区涌出的瓦斯，造成辅助风道风流瓦斯超限。

5.2.3 瓦斯抽放泵站

瓦斯抽放是煤矿矿井中瓦斯涌出量很大，靠通风难以稀释排除时，可用抽放的方法，排除瓦斯，减少通风负担。在地面建立瓦斯泵站，经井下抽放瓦斯管道系统与抽放钻孔连接，泵运转时造成负压，将瓦斯抽出，送入瓦斯罐，或直接供给用户。如抽出瓦斯数量较小，或很不稳定，可直接排放到大气中。按瓦斯来源不同，可分三类[34]：①抽放开采煤层本身的瓦斯。开采高沼气厚煤层时，瓦斯主要来自开采层本身。抚顺煤矿在煤巷掘进前，从底板岩石巷道打钻穿透煤层，钻孔中插入钢管并将孔口周围密封，瓦斯从插管中抽出。因抽放超前于掘进、回采，使采掘工作减少了瓦斯威胁，此法又称“钻孔预抽瓦斯”。②抽放邻近煤层中的瓦斯。在多煤层矿井，用长壁工作面回采时，顶底板岩层和煤层(包括可采层与不可采层)卸压，瓦斯流动性增加，大量涌入工作面，危害生产。通常在回采前打钻孔到顶板或底板的邻近煤层，回采后瓦斯大量流入钻孔，通过孔口插管，将瓦斯抽出。③抽放采空区的瓦斯。有的矿井采空区大量涌出瓦斯，可在采空区周围密闭墙上插入钢管；也可以从巷道向采空区打钻孔，抽放瓦斯。在条件适宜时还可从地面钻孔抽放瓦斯。优点是不受井下采煤工作的限制和干扰，钻孔抽放工作可超前于采掘工作，抽放时间较充裕。缺点是钻孔较深，需排除孔内积水。

目前中国瓦斯抽放量只占抽放瓦斯矿井全部涌出量的20%，正在研究瓦斯流动规律，加大煤层的透气性和改进抽放工艺，进一步提高瓦斯抽放量。

1)瓦斯抽放泵司机岗位责任制

(1)瓦斯抽放泵司机必须经过培训，经考试合格后，持证上岗。

(2)瓦斯抽放泵站司机必须熟悉、掌握抽放设计要求及抽放设备、管路情况。

(3)严格执行瓦斯抽放泵站操作规程上岗操作及各项规章制度。

(4)认真做好巡回检查，每小时记录一次抽放浓度、抽放负压、孔板压差等参数，确保数据准确可靠。

(5)认真做好运转设备的循环检查工作，及时排放放水器内的积水，保证管路畅通，发现问题及时汇报处理。

(6)瓦斯泵启动前，必须认真检查电动机与泵体之间的对轮是否有阻力现象，确定泵体内无阻力时，方可做起动准备。

(7)瓦斯泵运转时，不得用手、脚触摸泵体旋转部位，或坐、靠在旋转部位。

(8)停泵时，必须先停泵，后停水，再关闭进出气端的闸阀。

(9)长期停泵时，必须将泵体内的积水放尽。

(10)负责对检修后的设备及检修部位运行的监视工作，重点监视其温度、声音、振动、气味、各仪表指示等的变化情况，监视时间不少于8h，发现异常立即汇报矿调度室、区队值班室。

(11)规范填写各种记录报表，字体工整，填写及时，表达清楚。

(12)对设备的运转状态、故障现象及经过负有详细记录汇报的责任。

(13)负责对机房内设备、物品及环境卫生班班清扫，无油迹污垢，并对机房内的设施、工具、材料等的存放负有保管责任。

2)抽采泵站设备维修保养制度

(1)在进行机电设备维修时应按操作规程进行，不得违章作业。

(2)易损坏零配件在维修过程中应轻拿轻放，严禁撞击。

(3)在维修过程中，应按照图纸和有关技术参数进行。

(4)所有机电设备都应定期进行保养，对正在运转的机电设备应每天检查一次，一周保养一次，及时更换轴承润滑油，轴承温度不高于周围温度的15℃。

(5)第周对所有抽放设备及机具进行一次巡视，如发现问题应立即报告抽放施工队领导及矿调度室，然后进行处理。

(6)机电设备的外壳必须保持清洁、完好。

(7)对防爆电器设备的防爆性能要随时检查，发现失爆现象必须立即处理。

(8)随时检查标准紧固件是否松动，如有松动，应立即紧固。

3)瓦斯抽放泵站交接班制度

(1)接班人员必须提前到达现场，进行现场交接班。

(2)交班人员必须在交班前做好一切准备工作，如记录本填写、材料、工具整理、工作场所卫生等。

(3)交班人员要把本班生产情况，设备运行情况、安全情况事故隐患等向接班人员交代清楚，并详细地记入交接班记录，填写字迹要公正，填写内容要全面准确，接班人员未到，交班人员严禁离开现场。

(4)交接双方共同巡回检查一次，对设备运行情况、材料工具、防火设施、工作场所卫生等交接清楚。

(5)接班人员应做到“三不接”，即部件损坏和丢失说不清不接，发生事故说不清情况不接，设备、工具损坏或丢失找不到责任人不接。

(6)对交接班时查出的问题要及时处理，不能处理的要立即汇报领导和有关部门，并做好详细记录。

(7)交接班后，如因交接不明发生事故，必须根据事故原因追究责任人责任。

(8)双方交接完毕后，认真填写好交接班记录后方可离开。

4)干部上岗检查制度

(1)矿领导每月组织三次检查，机电科每月组织负责人员进行三次检查。

(2)机电干部定期或不定期对本岗位上岗检查，机电矿长每月上岗不少于一次；机电科长每月上岗不少于一次，分管副科长每月上岗不少于两次，机电队长上岗次数不得少于三次。

(3)在检查中发现问题一律填写好记录，并填写检查单位及姓名。

(4)对检查出的问题要及时安排处理，并及时回报。

(5)严格制度，不徇私情，更不得违章指挥。

(6)检查设备卫生及室内卫生是否干净整洁，卫生用具是否整齐。

(7)检查消防器材及绝缘用具是否齐全完好。

(8)如实填写干部上岗记录，发现问题及时通知处理。

5)设备包机制度

(1)瓦斯抽放泵站所有设备有专人维护和保养，责任落实到个人。

(2)维修人员职责：负责设备的故障排除及大的维修保养工作，值班人员负责设备日常维护及保养清洁工作。

(3)值班人员要对所管理的设备进行不定时巡检，发现问题及时汇报、处理。

(4)值班人员当班期间，出现设备故障不能排除时，要及时通知维修人员。

(5)由于检查不周而造成重大设备事故时，要追究设备责任人相关责任。

(6)对电控设备的日常维护、保养及检修要有专门的技术人员负责，电控室的卫生由值班人员负责。

(7)包机人要对设备定期巡检，检查出的问题能现场处理必须现场处理；现场处理不了的做好记录限期按标准整改。

6)瓦斯抽放泵站巡回检查制度

(1)为加强对设备的监视，及时了解和掌握设备运行情况，发现和消除事故隐患，保证设备正常运行，运行各岗位值班人员应严格执行本制度。

(2)值班人员应按规定的检查路线和检查项目进行认真检查。

(3)巡回检查工作由岗位值班人员负责进行，在巡回检查中不应从事与检查无关的事情。

(4)岗位值班人员在巡回检查时思想要集中，应根据检查标准和设备实际情况进行认真分析，确保巡回检查质量。

(5)当遇有雷、雨、大风、高温、严寒等恶劣天气，除进行正常巡回检查外，应加强重点检查。

(6)遇有运行方式变更、设备运行异常、设备过负荷或带病运行、备用设备故障或正在检修、新设备试运行等，应有目的地增加巡回检查次数，做到心中有数。

(7)巡回检查过程中发现的异常情况，应根据设备异常类别及时处理，如本班不能消除，应汇报队长，并尽可能采取措施防止缺陷扩大；对于危及人身及设备安全的紧急情况来不及汇报时，应先处理后汇报。

(8)对于无故不进行巡回检查、玩忽职守，造成事态扩大者，队部将给予值班人严历考核。

7)要害场所管理制度

(1)瓦斯抽放泵站门口要悬挂“要害场所，闲人免进”标牌。

(2)外单位参观人员及上级领导检查工作时，必须有机电系统领导陪同，否则不准入内。

(3)检查和参观人员，要认真填写登记簿，并填上带领人的姓名及出入时间。

(4)机房内不准有明火，手机打火机电子表类要存放在门口手机存放箱内后才能进入泵房。

(5)机房内要保持清洁卫生，光线要充足，使用的备件、材料、工具要存放整齐，禁止机房内放其他物品。

(6)机房内要配备防火用具、灭火器、砂箱，且水源要充足。

(7)值班司机要严守岗位，不得脱岗。

8)瓦斯泵操作规程

(1)抽放瓦斯泵司机必须经过技术培训，并掌握瓦斯泵的结构、性能，会进行一般的维护保养及故障处理，应由考试合格、持证者担任。

(2)抽放瓦斯泵司机负责泵的停、开和日常维护管理及运行参数的调整、记录工作，并定时向本单位调度汇报。

(3)检查泵站进出风气门、循环气门、配风气门、放空气门和利用气门，保证其处于正常工作状态。

(4)检查抽放泵地脚螺丝，各部连接螺丝及防护罩，要求不得松动。

(5)检查并保持油路、水路处于良好工作状态。

(6)各部位温度计应齐全。

(7)泵房中的测压、测瓦斯浓度装置均应正常工作。

(8)检查泵站进、出气侧的安全装置，要求保证完好；采用水封式防爆器的，要保证水位达到规定要求。

(9)用手转动泵轮 1～2 周，要求泵内应无障碍物，配电设备应完好。

(10)启动带有供水系统的抽放泵时，应先启动供水系统，并开、关有关阀门。

(11)真空泵的启动顺序如下：①关闭进气阀门，打开出气阀门、放空门和循环门；②操作电气系统，使抽放泵投入运行；③缓缓开启进气阀门；④调节各阀门，使抽放泵正负压达到合理要求，向泵体、气水分离器等供给适量的水。

(12)抽放泵启动后，应及时观测抽放正、负压及流量、瓦斯浓度、轴承温度、电气参数等，并监听抽放泵的运转声。

(13)抽放泵的停机操作顺序如下：①开启放空门、循环门，关闭总供气门和井下总进气门，同时开启配风门，使抽放泵运转 3～5min，将泵体内和井下总进气门间的管路内的瓦斯排出；②操作电气系统，停止抽放泵运转；③停止供水、供油。

(14)抽放泵停止运转后，要按规定将管路和设备中的水放完。

(15)抽放瓦斯的矿井，在抽放未准备好前，不得将井下总气门打开，以免管路内的瓦斯出现倒流。

(16)如遇停电或其他紧急情况需停机时，必须首先迅速将总供气阀门关闭，然后将所有的放空门和配风门打开，并关闭井下总气门。

(17)抽放泵每次有计划的停机，必须提前通知用户或其主管单位；紧急情况下，停机后应及时通知用户或其主管部门。

9)瓦斯泵操作工岗位责任制

(1)司机必须经过安全技术培训，考核合格后，持证上岗，严禁无证操作。

(2)严守工作岗位，遵守劳动纪律，精心操作，班中不做与工作无关的事。

(3)经常保持机械设备清洁卫生，做到无杂物、无油垢、无积水、无灰尘，机房内严禁存放与本机房无关的设备、工具等。

(4)经常检查各种保护系统是否灵敏可靠，各运转部位温度、水位等是否正常。

(5)发现异常现象或可能出现故障时，及时停机处理，立即报告机电科、调度室等部门及有关领导。

(6)认真填写各种记录，严守机密，认真执行入室登记，非岗位人员未经有关领导批准不准入内。

10)瓦斯抽放泵试运行方案

(1)瓦斯抽放泵站应设在回风井工业广场内，泵站距井口和主要建筑物及居住区应不小于 5m。

(2)泵站周围 20m 范围内禁止有明火。

(3)泵站必须用不燃性材料建造，周围用围墙或栅栏保护。

(4)瓦斯抽放泵及其附属设备，一套运行一套备用。

(5)泵站应设有专用的供电和通信线路。

(6)管线安装应平直，转弯时角度不应小于 90°，管径要统一，变径时需设过渡节；管路要设调节阀门、放水器。

(7)司机岗前必须经过专门培训，培训考试合格后方能持证上岗。

(8)瓦斯泵运转前司机应详细检查与试验抽放管路是否漏气；螺丝有无松动，润滑部位油量、油质情况；水池、水量及水质是否符合要求[35]；检查循环及防火装置是否正常；机座是否完好，并调节填料松紧程度；排放管道中积水；关闭不运转泵的进、排气管阀门。

(9)瓦斯泵在运转时，如危及到设备或人身安全应立即停泵；如突然停电，应先拉开电源开关，然后按停车操作顺序进行停车。

(10)抽放瓦斯吸气侧管路系统中，必须有防回火、防回气和防爆的安全装置，并定期检查，保持性能良好。

(11)泵房内和泵房周围 20m 范围内禁止有明火，泵房内不准堆积杂物及易燃易爆物品，并备有足够的灭火器材，对抽放机械及电气设备经常维护保养，擦拭干净，进排气管闸不漏气，操作灵活，防回火装置完好。

(12)每班都要检查排气管路的闸阀是否漏气，防止瓦斯溢入泵房内，天窗通气保持良好，每 4h 检查一次泵房内有无瓦斯，泵房内应配置瓦斯报警仪，其浓度不得超过 0.4%。

(13)如遇瓦斯泵和电机任何部分温度超过规定；瓦斯泵在极限工作时；泵内发生爆裂声伴随着功率消耗增加而出现异常时；抽放瓦斯浓度低于规程规定时；各种仪表不正常时；供水中断或大量减少时都应立即停止运转，进行处理，并向有关部门汇报情况。

(14)抽放地点、抽放管路铺设的巷道放水人员要及时放出放水器内的存水。抽放地点和管路铺设路段每班派维修人员瓦斯管路，瓦斯管路有漏气现象要及时处理。

5.2.4　瓦斯抽放泵站的紧急预案

矿井通风是矿井安全生产的重中之重，我矿属高瓦斯矿井，为有效治理瓦斯，打造本质安全型矿井，为了保证瓦斯抽放系统正常运行，防止抽放泵停止运行时，造成工作面瓦斯超限，同时也为保证停泵后井上、下人员能够按照操作程序规范操作，特制订以下瓦斯抽放泵停运应急预案与管理规定。

一、成立瓦斯抽放泵停运应急领导组

为保证瓦斯抽放泵停运后的各项安全工作，能够形成一个统一指挥、相互协调、忙而不乱、按部就班的工作体系特成立专门的应急预案领导小组，对这一项工作负责，办公室设在矿调度室(办公室主任由生产总监兼任)。

组长：生产总监(负责瓦斯抽放泵停运井上、下全面指挥)

副组长：安全总监(负责瓦斯抽放泵停运后井上、下的安全监督与管理)

技术总监(负责瓦斯抽放泵停运后技术指导)

成员：生产副总监(负责配合生产总监、安全总监、技术总监统一协调指挥，并负责通知相关人员在指定时间到达指挥办公室)

通风科科长(负责瓦斯抽放泵停运后相关业务指导和恢复抽放泵运转时的现场技术指导工作)

值班调度(负责统一协调指挥下达命令，负责瓦斯抽放泵停运后通知井下断电及井口抽放泵及其附近的安全管理工作)

安全副总监(负责瓦斯抽放泵停运后监督井上、下各环节的操作程序和制度执行情况)

技术副总监(负责瓦斯抽放泵停运后协调配合调度室搞好各生产队组的工作安排)

机电科科长(负责瓦斯抽放泵停止、启动时的安全业务指导及井上、下送电程序)

企管科科长(负责监督检查现场人员的制度纪律执行情况)

办公室主任(负责搞好地面后勤保障工作)

通风技术员(负责瓦斯抽放泵停运前后各种数据资料的测定、整理)

瓦检队队长(负责瓦斯抽放泵停运后井下受影响区域的瓦斯检查工作和恢复瓦斯抽放泵运转时的瓦斯检查工作)

机电二队队长(负责瓦斯抽放泵停运后抽放泵的检修工作)

每次矿井出现瓦斯抽放泵停运后，如在正常工作时间内领导组成员必须赶赴调度室，如在非正常工作时间内小组成员必须在接到调度室主任通知 20min 内赶赴调度室并履行签名制，要各负其责。

二、瓦斯抽放泵有计划停运管理规定

出现下列情况瓦斯抽放泵需停泵时，停泵单位负责人必须提前 4h 办理有关停运审批手续。

(1)当上级电力部门、公司内部、线路检修或出现故障需要停运时。

(2)矿内部线路出现故障因检修需停运时。

(3)瓦斯抽放泵因故障或因定期切换需停运时。

(4)瓦斯抽放泵循环水池更换水源。

(5)瓦斯抽放泵房附近抽放管路的焊接及其他附属装置的更换安装。

(6)因其他特殊原因需停运时。

出现上述情况需停瓦斯抽放泵的操作程序如下。

(1)矿值班调度接到经批准的停运申请后，要及时将预计停运时间、停运范围、停运原因，通知郭罗峪、北沟瓦斯抽放泵值班人员及领导组成员。

(2)有计划停运时，值班调度要及时电话通知井下瓦斯抽放泵停运区采煤工作面瓦斯员、跟班队长、班组长预计停运时间，并安排瓦斯员加强所辖区域内各地点(工作面、老空边角、上隅角、回风流、钻场内)瓦斯检查。

(3)瓦斯抽放泵停运时，值班人员必须按下列操作程序进行作业：①关闭户外进气管路上的户外进气阀；②打开户外的配空阀；③关闭水环真空泵进水管上的进水阀；④停相应的电动机；⑤关闭水环真空泵上的进气阀、排气阀、气水分离器上的排气阀；⑥真空泵停止运转20s后，关闭进水泵，打开泵体上的放水阀，以防结冻，关闭填料密封冷却水回水阀，排水阀；⑦关闭户外进气管路的户外配空阀。

(4)瓦斯抽放泵停运后，采煤工作面上隅角附近禁止人员生产作业，待抽放泵正常运转后，方可作业。

(5)当班瓦检员检查工作面上隅角及工作面回风瓦斯浓度达到0.8%时，立即汇报值班调度。

(6)值班调度接到瓦检员汇报后，及时通知井下采煤工作面跟班队长、组长停止割煤、放炮作业，当班安全员负责监督，跟班瓦检员加强瓦斯检查。

(7)当采煤工作面上隅角或回风流中瓦斯浓度达到1.0%时，当班瓦检员立即通知跟班队长将工作面人员清点后，撤至进风巷中待命，并在回风顺槽距上隅角20m及工作面切眼口处设置警戒，禁止人员进入。

三、瓦斯抽放泵无计划停运应急管理规定

出现下列紧急情况瓦斯抽放泵需进行无计划停运时，汇报调度室后，可先停运然后补办相关停运手续[36]。

(1)井下或地面瓦斯抽放主管路漏气严重时。

(2)瓦斯抽放泵传动装置脱落时、防爆面吹爆时。

(3)瓦斯抽放泵电机声音异常时。

(4)瓦斯抽放泵轴承温度过高时。

(5)瓦斯抽放泵附近瓦斯浓度较高时。

(6)其他情况需紧急停瓦斯抽放泵时。

当出现上述情况导致抽放泵无计划停运时，井上、下相关人员应按以下应急预案执行。

(1)地面瓦斯抽放泵值班人员应立即关闭井下进气侧控制抽放阀门，关闭供水阀门，判断抽放泵停运原因，然后汇报调度室。

(2)出现无计划停运时，值班调度要立即通知井下受停泵影响采煤工作面的瓦检员加强所辖区域内各地点(工作面、老空边角、上隅角、回风流、钻场内)瓦斯检查。

(3)当受影响的采煤工作面上隅角或回风流中瓦斯浓度达到0.8%时，立即停止割煤、放炮作业，当上述任一地点瓦斯浓度达到1.0%时，立即切断采煤工作面及其回风顺槽内一切非本质安全型电气设备电源，并汇报值班调度员，将工作面人员撤到进风顺槽内。

(4)采煤工作面钻场内瓦斯浓度达到0.8%时，必须使用风幛引导风流处理钻场内瓦斯，防止瓦斯积聚。

(5)值班调度在查明停泵原因后，要立即汇报并请示矿领导组人员，以便做统一安排。

(6)瓦斯抽放泵停运后，由值班调度负责派专人将抽放泵房内照明及其他电气设备电源全部人工断开，并临时安排专人检查瓦斯。

四、瓦斯抽放泵恢复运转的操作要求

(1)瓦斯抽放泵恢复正常运转前，抽放泵值班人员必须立即汇报值班调度，等待指示，严禁擅自启动。

(2)调度在下达恢复瓦斯抽放泵运转命令前应确认做到以下几点：①安排值班人员检查并确认瓦斯抽放泵无故障、供电线路及开关完好符合启动要求；②安排值班人员检查并确认瓦斯抽放泵房瓦斯浓度不超0.5%。

(3)启动瓦斯抽放泵工作必须由瓦斯抽放泵房值班人员严格按照下列操作程序进行，执行“一人操作，一人监护”制度，防止出现误操作现象，瓦斯抽放泵值班人员要认真填写《瓦斯抽放泵停运记录表》：①关闭进气管路上的主阀门；②全打开户外配空阀；③开启水泵，向抽放泵供水，要通过安装在供液管路上的压力表确认供液是否畅通；④手动盘车，确认无卡阻现象；⑤启动电动机(从水泵带轮端看泵为顺时针方向旋转即为正转)；⑥打开水泵进水管路上的进水阀，逐渐增加供水量，观察压力表运行情况；⑦空载运转正常后，逐渐打开进气管路上的主阀门，直至全部打开进气管路上的主阀门；⑧打开水环泵进水管路上的填料密封冷却水回水阀，调节至滴状即可；⑨关闭户外配空阀(或适当调整配空阀的开启程度，保证泵体无异常为止)；⑩观察抽采正、负压及流量、瓦斯浓度、电气参数等，并监听抽放泵的运转声。

五、其他规定

(1)无论瓦斯抽放泵有无计划停运后，备用瓦斯抽放泵必须在10min内启动，特殊情况除外，如工作面回采完毕、拆卸瓦斯抽放管路等。

(2)工作面钻场交替时需断开或拆除瓦斯抽放管路时，操作人员必须遵守下列规定：①操作人员必须携带便携式瓦检仪，瓦检队派专职瓦检员检查瓦斯，只有瓦斯浓度小于1.0%时，方可进行作业；②操作人员必须使用专用工具，如铜扳手、铜撬棍等；③操作人员先将工作面瓦斯抽放管路最末端的控制阀门逐渐打开，使抽放管内高浓度瓦斯逐渐抽空，操作人员打开阀门后，汇报值班调度，值班调度接到汇报后通知地面瓦斯抽放泵站值班人员测定主管上的瓦斯浓度，当瓦斯浓度为0时，汇报值班调度，值班调度方可通知井下操作人员可以进行拆除瓦斯抽放管路工作。

(3)瓦斯抽放泵停运期间，各部门负责人必须高度重视。

(4)本制度列入相关单位负责人月度“日常职责履行”中进行考核，未执行一次扣20分，能够严格执行加10分。具体由企管科负责设计考核表，安全科协助考核。

(5)本制度由通风科负责解释，矿各单位严格执行，矿企管科、安全科负责监督执行。

(6)本制度从发文之日起执行。

5.2.5 综合防治措施

突出矿井在编制年度、季度、月度生产建设计划时，必须编制防治突出措施计划。开采突出煤层时，必须采取突出危险性预测、防治突出措施、防治突出措施的效果检验、安全防护措施等综合防治突出的措施[37]，即“四位一体”防突措施。

(1)突出危险性预测，预测的目的是确定突出危险区域和地点，以便使防治突出措施执行有的放矢。

(2)防治突出措施，它是防止突出事故的第一道防线，主要有区域性防治突出措施和局部防治突出措施两类。

(3)防止突出措施的效果检验。检验预测指标是否降低到突出危险值以下，以保证其防治突出效果。

(4)安全防护措施是防止发生突出事故的第二道防线。安全防护措施的目的是突出预测失误或防治突出措施失效发生突出时避免人身伤亡事故。

防治煤与瓦斯突出可分为区域性防治突出措施和局部防治突出措施。

1. 区域性防治突出措施

1)选择保护层的原则

(1)选择无突出危险的煤层作为保护层。

(2)矿井中所有煤层都有突出危险时应选择突出危险程度较小的煤层作为保护层。

(3)根据保护与被保护层在煤层群里的位置关系，将保护层分为上、下两种。

2)开采保护层防治突出措施的作用

先开采保护层的采动影响，使相邻的突出煤层(被保护层)的应力状态、瓦斯动力参数和煤物理力学性质都发生变化，保护层开采后在突出煤层的对应区域(保护区)内煤体发生膨胀变形，地应力和瓦斯压力降低煤层透气性系数增大，煤层瓦斯排出煤的强度加大。说明由于保护层的开采，不仅减少了危险层的突出能源，同时也增强了煤层的抵抗能力，而且还降低了突出煤层工作面前方的应力梯度和瓦斯压力梯度，厚煤层就不再发生突出。

3)保护层作用的有效范围

急倾斜煤层最大有效垂直距离/m，上保护层＜60m，下保护层＜80m。缓倾斜煤层最大有效垂直距离/m，上保护层＜50m，下保护层＜100m。

4)开采保护层需要注意以下问题

(1)矿井在开采第一个采区的保护层时必须同时进行有关保护层效果及范围的实际考察，即考察被保护层的煤体变形和移动规律，测量岩石移动影响范围的最大下沉角，对于保护层厚度小于或等于0.5m时，或上保护层与突出煤层间距大于80m时，通过多年的实践经验此方法是防治突出的最佳措施。

(2)开采保护层时应同时抽放保护层的瓦斯。

2. 局部防治突出措施

局部防突措施的方法有：打排放卸压钻孔、扩大钻孔卸压排放瓦斯。局部防突措施的作用在于工作面前方范围小、煤体丧失突出危险性，仅适用于预测有突出危险的采掘工作面。主要巷道应布置在岩层或非突出煤层中，应尽量减少突出煤层的掘进工作量。应尽量减少石门揭穿突出煤层的次数，揭穿突出煤层地点应避开地质构造带。如果条件许可，应尽量将石门布置在被保护区或先掘出揭煤地点的煤层巷道，然后再与石门贯通。石门与突出煤层中已掘巷道贯通时，被贯通巷道应超过石门贯通位置5m以上，保持正常通风。石门揭穿突出煤层前必须遵守下列规定。

(1)在工作面距煤层法线10m(地质构造复杂、岩层破碎的区域20m)之外至少打两个前探钻孔，掌握煤层赋存条件、地质构造、瓦斯情况等。

(2)在工作面距煤层法线5m之外，至少打两个穿透煤层全厚或见煤深度不少于10m的钻孔，测定煤层瓦斯压力时，钻孔应布置在岩层比较完整的地方。对近距离煤层群，间距小于5m或层间岩石破碎时，可测定煤层群的综合瓦斯压力。

5.3 火灾防治情况

矿井火灾是直接威胁矿井安全生产的主要灾害之一。我国煤矿自燃发火非常严重，有56%的煤矿存在自燃发火问题，而统配和重点煤矿中具有自燃发火危险的矿井约占47%，矿井自燃发火又占总发火次数的94%，其中采空区自燃则占内因火灾的60%。1984年以前的32年，我国煤矿矿井共发火10 296次，1985～1990年百万吨发火率为0.76次。我国在20世纪80年代仅统配煤矿就发生10多起重大胶带输送机火灾，造成200多人死亡和上亿元的经济损失。进入90年代后，矿井生产逐步向高产高效集约化发展，其火灾发生的严重性和危害性也随之升级。1990年小恒山矿因胶带火灾死亡80人，伤23人，直接经济损失567万元。1995年12月，大屯煤电公司姚桥矿－400m水平东翼胶带输送机大巷发生特大胶带输送机火灾事故，烧毁胶带8 500m，造成27人死亡，事故波及－400m大巷及三个采区，并引燃煤仓及巷道顶部煤体多处，直接经济损失达到130余万元。在矿井救灾过程中，因密闭不及时、密闭范围过大、控制火势时间较长和快速密闭无法实现延时自动密闭，引起二次事故发生的事例也不胜枚举。造成这些事故及损失的主要原因是我国煤矿整体防灭火技术水平和装备能力与生产发展不相适应。为了加强煤矿防灭火安全技术，我国从50年代起就在煤矿推广了黄泥灌浆防火技术，60～70年代又研究出了阻化剂防火、均压通风、高倍数泡沫灭火等技术，80～90

年代则研究了矿井自燃发火预测系统、惰气防灭火、快速高效堵漏风、带式输送机火灾防治等技术，并逐步形成适应普通采煤法和高产高效采煤法的综合防灭火技术。由于我国火灾基础理论研究起步晚，防灭火关键设备和技术有待完善和配套，有一批亟待解决的技术问题。因此，矿井火灾防治工作仍然是矿井安全生产所面临的一项艰巨任务。

5.3.1 惰化防灭火技术

惰化技术主要是指将惰性气体送入拟处理区，抑制煤自燃的技术。该技术主要用在当发生外因火灾或因自燃火灾而导致的封闭区。我国从20世纪80年代起，开展了氮气惰化防灭火技术的研究与试验。近年来，在我国煤矿防灭火工程中使用的氮装备有深冷空分制氮装置、变压吸附制氮装置和膜分离制氮装置三种。根据安装与运移方式不同，后两种又设计成井上固定、井上移动和井下移动三种。在扑灭巷道火灾中，建临时密闭后，向封闭区注氮气，使火区气体氧浓度降至10%以下可灭明火，降到1%～2%可快速灭火；燃烧深度大的火源，注氮量要达到火区体积的2～3倍。我国煤矿采空区防火时的注氮量为200～400m^3/h；封闭火区灭火时注氮量为600～800m^3/h；开放火区灭火的氮气需求量更大。就目前来看，氮气防灭火系统的配套仍落后于综采、综放开采技术的发展，特别是注浆等防灭火方法很难适应综放工作面采空区三维空间大和漏风大的特点，致使我国煤矿每年有多起因火灾而封闭工作面的事故发生。为此，应进一步提高制氮装备的稳定性和可靠性，研制采空区氮气浓度自动监控与制氮装置联动系统，并完成信号自动分析与传输，优化注氮工艺，使氮气防灭火系统更加完善。

5.3.2 阻燃物质防灭火技术

该技术是指将一些阻燃物质送入拟处理区，以达到防灭火目的。使用的阻燃物质主要有黄泥浆、粉煤灰浆、页岩泥浆、选煤厂尾矿浆、阻化剂和阻化泥浆。阻化剂主要有无机盐吸水液、氢氧化钙阻化液、硅凝胶、表面活性剂、高聚物乳液粉末状防热剂。

5.3.3 堵漏风防火技术

采场工作面推过后，及时封闭和采空区相连通的巷道，进行无煤柱工作面顺槽巷旁充填隔离带，以及隔离煤柱裂隙注浆堵漏风等，均属于堵漏风防灭火技术。我国近年来研究了双料型高水速凝充填料和液压快速注浆设备。例如，重庆煤科分院最新研制成功的“GKM-1型耐高温快速密闭”采用聚酰亚胺双面复合玻纤织布作面料，组合“撑伞”或组合“折叠”式支架结构，定时器定时及自动关闭技术，具有安全性好、耐高温(250℃)、架设快捷(5min)、漏风率小(<10%)、移动运输方便等优点。

5.3.4 综合防灭火技术

目前，国内煤矿矿井常用的防火灭火技术在防治煤层自然发火火灾中有着十分重要的作用，但是并不是每种防火灭火技术都能够适应每一次的自然发火火灾，每一种防火灭火技术都存在一定程度的不足与欠缺。

针对我国山西、河北等地的煤矿，结合当地的气候地理条件，我们认为应当采取综合性防火灭火路线，综合采用集注阻化剂泥浆、胶体、注氮和均压的防火灭火方法，有效解决自然发火。

对于矿井防灭火出现的复杂性，采取单一方法通常不能取得理想的防灭效果。而采取综合防灭火措施，即将几种防灭技术有机结合，可达到最佳的防灭火效果。

5.4 粉尘防治情况

在煤矿生产各作业环节中，都会产生大量的煤尘和岩尘，统称为粉尘，如炮式采掘、机械采掘、综合采掘、打眼放炮、锚喷、装运、选煤等工序，均可产生大量的粉尘，工人长期在高煤尘质量浓度的环境中作业，吸入呼吸性煤尘可引起尘肺，严重危害着煤矿工人的身体健康；如果矿井煤尘具有可燃爆炸危险，当井巷沉积大量的煤尘时，达到一定条件可能引起煤尘爆炸，给矿井安全生产带来很大威胁；特别是随着煤矿机械化程度不断提高，将会产生大量的煤尘或岩尘，因此，必须采取有效的综合降尘和防尘措施加以控制。

5.4.1 采煤工作面的粉尘治理

采煤工作面是煤矿产尘量最大的作业场所，为了搞好采煤工作面粉尘的防治，有效降低其粉尘浓度，必须针对采煤工作面的不同尘源采取相应的防治措施，以达到对粉尘治理的目的。

(1)采煤机径向雾屏降尘。在采煤机摇臂上靠近滚筒部分，加一个直的和弧形的金属管连接器，在其上焊3～9个喷座并安装喷嘴。每个喷嘴的流量为5L/min，向喷嘴供应10MPa以上的压力水，这样在滚筒靠人行道侧形成一道径向雾屏，对控制和降低滚筒产生的粉尘有较好的效果。

(2)采煤机高压外喷雾降尘。其主要原理是利用高压减小雾粒的浓度，提高雾粒密度、飞行速度、引射风量、涡流强度及带电量，增加了雾粒与尘粒的碰撞概率、能量及附着力，从而提高了水雾粒对尘粒的俘获率。高压外喷雾可使总粉尘降尘率达到90%以上。

(3)破碎机转载点粉尘的处理。破碎机防尘有两种措施，即封闭破碎机、避免粉尘外扬(出口用软胶带)；在密闭的基础上安装小除尘器，进行抽尘净化。转载点一般采用喷雾降尘的方法，可采用触控液压控制器实现与设备同步的自动喷雾降尘，也可应用与破碎机相同的声波雾化和荷电喷雾降尘。

(4)溜煤眼粉尘的治理。溜煤眼矿尘的控制，关键在于溜煤眼的设计，一般应将溜煤眼布置在回风侧。如因条件限制需设在进风巷道附近时，也应将溜煤眼布置在主要进风巷道的绕道中。溜煤眼口距绕道口的距离应大于冲击风流最大距离(6～100m)。此外，还要采取溜煤眼口密闭、喷雾洒水和通风排尘等综合防尘措施。

5.4.2 掘进工作面粉尘的治理

(1)凿岩时粉尘的治理。机械凿岩是矿山井下生产过程中的主要产尘源之一，机械凿岩时所产生的矿尘浓度除和矿岩的物理化学性质有关外，主要取决于生产强度等。除矿山井下普遍使用的湿式凿岩降尘及干式孔口捕尘和孔底捕尘外还要泡沫除尘。泡沫除尘技术是一种高效、简便、经济、易操作的新技术。其原理如下：在水中加入一定比例的泡沫除尘剂，通过一套机械装置，得到使水的表面张力小于 $3.5\times10^{-5}N/cm^2$ 的泡沫溶液。由于将水发泡，不仅节省了大量用水，而且造成了多界面润湿条件，使矿尘增湿并成泥浆，提高了对呼吸性粉尘的捕获率，使其达到90%以上。

(2)爆破作业时粉尘的治理。爆破作业是产尘最集中的生产工序，且其产生的浮游矿尘粒比干式凿岩时还要细微。因此矿尘的自然沉降速度慢，不利于缩短作业循环时间，其污染影响范围可达几十米甚至上百米。爆破作业的产尘量主要与炸药数量、爆破方法和矿尘物理性质及润湿程度有关。

矿山井下广泛采用水封爆破降尘，水封爆破的降尘率可达60%，且对除去呼吸性粉尘有较好的效果。另外，水封爆破还有降低炮烟(约70%)、减少有毒有害气体(37%～46%)、降温(0.5～1℃)等作用。此外，还有喷雾降尘、水幕降尘等措施。

(3)装岩时粉尘的治理。除常用的喷雾洒水降尘外还有以下两种措施：①运输机水电连锁降尘，在运输系统所有装载点、转载点，可根据矿尘大小安设定点喷雾装置，进行经常或不定时喷雾洒水。当运输距离较长时，最好采用水电联锁装置，即输送机启动运转时，控制喷雾阀门的电磁阀自动打开，实现喷雾洒水。②矿车运输自动洒水降尘。采用喷雾洒水的办法浇洒矿车，考虑到矿车运输不连续的特点，矿山多采用机械传动自动控制方式，实现矿车通过时喷雾器工作，矿车通过后喷雾停止。

(4)收尘措施。控制机械工作面含尘气流向巷道外扩散是一种利用气流的附壁效应，将原压入式风筒供给机掘工作面的轴向风流改变为沿巷道壁运动的旋转风流，并使风流不断向机械工作面推进。在掘进机司机工作区域的前方建立起阻挡粉尘向外扩散的空气屏障，封锁住掘进机工作时产生的粉尘；除尘器将工作面的含尘风流吸入吸尘罩，由除尘器净化，从而提高机掘工作面的吸尘效率。

5.4.3 综合的防尘措施

1. 煤层注水防尘

煤层注水作用原理是通过钻孔将压力水和水溶液注入煤体，增加水分，以改变煤的物理力学性质，可减少煤尘的产生，湿润煤体的原生煤尘，使其有效地包裹煤体的每个细小部分，当煤体在开采破碎时避免细粒煤尘的飞扬。根据煤层的可注性，选择合理的煤层注水孔布置方式、参数、注水压力、注水工艺、注水装备，是保证煤层注水效果抑制粉尘飞扬的有效途径。煤体注水是综采放顶煤工作面综合防尘的主要措施之一，对于降低工作面粉尘浓度、改善工人作业环境、实现工作面高产高效具有重要作用。其主要方式有工作面上、下顺槽倾斜长孔注水、煤壁短孔注水等。根据多年来的注水实践，工作面煤壁短孔注水效果较好，但是受采煤工序、煤壁条件、周期来压和劳动组织的影响因素较大，难以组织操作，不便于普及应用；而长孔注水便于施工管理，是煤矿广泛应用的主要方法，但实践证明，对于综放工作面采用传统的长孔注水，效果不理想，有必要进行研究改进。

2. 喷雾降尘

喷雾洒水是借助喷雾装置使水成雾状喷出对粉尘捕获下沉或利用水流喷洒煤堆、岩堆湿润沉积在表面的粉尘，使之不易飞扬，因此提高喷雾质量是提高综合防尘效果的关键。掘进机采用高压喷雾降尘技术，高压喷雾系统具有高效降尘、操作维护简单、系统性能稳定可靠、耗水量低(仅为一般喷雾的 1/3)的特点。系统由自控水箱、过滤器、高压泵(机载)、高压管路、高压引射喷雾降尘装置及控制部分组成。其主要技术指标如下：喷雾压力 8～20MPa，喷雾流量 30～120L/min，总粉尘降尘效率≥75%，呼吸性粉尘降尘效率≥65%。净化水幕：用一个高效专用高压喷嘴产生的雾能封闭断面积达 $8m^2$ 的巷道长 3m 以上，断面积 $8m^2$ 以上的巷道可采用 8 个喷嘴组成一道净化水幕实现全封闭，主要技术指标如下：耗水量＜25L/min，降尘效率≥95%，雾粒直径≤100μm。在距工作面 20m 处，安装 1 组净化水幕，每组水幕包括两道净化水幕，两个净化水幕由 1 个声控型电磁阀控制，洒水延时 600～1 200s。割煤时，水幕自动打开，进行洒水降尘，粉尘经过第一道组合水幕后，绝大部分的煤尘得到有效控制。同样的方法，在除尘风机出风口外 2～3m 处和距回风口 30m 处，安设 1 组同样的组合风流净化水幕。经过这两组水幕后，90%以上的煤尘得到捕获。

3. 利用除尘器除尘

喷雾降尘对飘尘捕获不尽理想，采用捕尘效率高的除尘风机对含尘空气抽尘净化就显得很必要。经考察分析并确定了综掘工作面采用长压短抽的局部通风方式除尘器除尘系统，合理选用与掘进机配套。采用抽出式单机斜流式风机，并与脱水装置设计为一体，具有高负压、高安全性、高效除尘、脱水及调节风量的特点。其主要技术指标如下：处理风量 $180\sim250m^3/min$，除尘系统阻力 900～1 450Pa，总除尘效率≥99%，呼吸性粉尘除尘效率≥90%；除尘器脱水效率≥95%，耗水量＜20L/min；工作噪声≤85dB。

1)除尘器的结构特征与工作原理

除尘器主要由过滤除尘段、配套风机、旋流脱水段三部分组成。除尘器配套风机采用铜质叶片，避免产生机械摩擦火花；采用电动机内置结构，使电动机置于新鲜风流中，保证电动机的安全运行。含尘气流在配套风机的引导下进入除尘器，首先在过滤除尘段的水雾作用下，使其中的粉尘颗粒湿润，在经过过滤网时较大颗粒的粉尘被阻挡，湿润的含尘气流接着进入旋流脱水段，在高速旋转离心力作用下使粉尘和空气分离，粉尘与水所形成的泥浆流入污水箱排出，净化后的干净空气排至巷道中。

2)除尘器安装

除尘器可以安装在掘进机上，也可以安装在转载机的后方，或者采用单轨吊吊挂在巷道的顶部。除尘器吸尘口通过负压风筒接至距工作面迎头 2～3m 范围内。除尘器前后所接吸尘罩和风筒的总长度不得超过 30m，并保证运行过程中风筒断面积≥$0.19m^2$，将进气口(或吸尘罩)固定在掘进机摇臂上，随摇臂移动。除尘器安装后其倾角不得超过 8°，且须固定牢靠，与压入式供风系统形成长压短抽通风除尘系统。为了提高除尘器的收尘效率和除尘效率，压入式供风系统中风筒的末端须加入控尘装置。除尘器固定好之后，按要求接通水源、电源，供水管路应设置水质过滤器，供水压力应在0.3MPa以上。

5.5 矿山救护

在矿山建设和生产过程中，由于自然条件复杂、作业环境较差，加之人们对矿山灾害客观规律的认识还不够全面、深入，有时麻痹大意和违章作业、违章指挥，这就造成发生某些灾害的可能。为了迅速有效地处理矿井突发事故，保护职工生命安全，减少国家资源和财产损失，必须根据《煤矿安全规程》《煤矿救护规程》的要求，做好救护工作。同时，还要教育职工，在发生事故时如何积极进行自救和互救。

5.5.1 矿山救护队

1)矿山救护队的组成

矿山救护队是一支处理矿井火、瓦斯、煤尘、水和顶板等灾害的军事化专业队伍，是煤矿安全生产的最后一道安全防线，肩负着保护矿工生命和国家财产安全的重任，在抢险救灾、预防安全检查中发挥着保驾护航的重要作用。为煤炭工业持续、稳定、健康发展做出了积极的贡献，被誉为“煤矿安全保护神”。

为适应我国煤矿救护队的特点需要，根据我国煤矿救护队的特点和煤炭行业的管理职能，《煤矿救护规程》规定，矿山救护大队应由不少于三个中队组成，是矿区的救护指挥中心和演习训练培训中心，是完备的联合作战单位。

矿山救护大队负责所在区域内矿井重大灾变事故的抢险救灾和应急救援工作，对救护中队实行领导，并对区域内其他矿山救护队、辅助矿山救护队进行业务指导。

矿山救护大队设大队长一名，副大队长两名，总工程师一名，副总工程师一名，工程技术人员数人。矿山救护大队应设相应的管理办事机构(如战训科、装备科、后勤科等)并配备必要的管理人员和医务人员。

矿山救护中队距服务矿井行车时间一般不超过30min。

矿山救护中队是独立作战的基层单位，由不少于三个救护小队组成，救护中队每天应有不少于两个小队值班、待机。

矿山救护中队设中队长一名，副中队长两名，工程技术人员两人。救护中队配备的矿山救护小队是执行作战任务的最小战斗集体，由不少于九人组成。救护小队设正、副小队长各一人，以及必要的管理人员和汽车司机、机电维修、氧气充填等人员。

2)矿山救护队的任务

矿山救护队必须认真执行党的安全生产方针，坚持“加强战备，严格训练，主动预防，积极抢救”的原则，时刻保持高度警惕，要做到“招之即来，来之能战，战之能胜”。

矿山救护队的任务如下。

(1)抢救井下遇险遇难人员。

(2)处理井下火、瓦斯、煤尘、水和顶板等灾害事故。

(3)参加危及井下人员安全的地面灭火工作。

(4)参加排放瓦斯、震动性放炮、启封火区、反风演习、预检熟巷和其他需要佩戴氧气呼吸器的安全技术工作。

(5)参与审查矿井灾害预防和处理计划，协助矿井搞好安全和消除事故隐患。

(6)负责辅助救护队的培训和业务指导工作。

(7)协助矿井搞好职工救护知识的教育。

5.5.2 矿山救护装备

1)矿山救护个人防护仪器

目前救护队所使用的个人防护仪器——氧气呼吸器大致有三种形式，即第一种形式为新中国成立初期至今一致延续使用的AHG-4型、AHG-3型、AHG-2型氧气呼吸器；第二种形式为20世纪80年代末开始推广使用的AHY-6型氧气呼吸器，至今使用比较普及；第三种形式为正在推广使用的正压式氧气呼吸器(图5-2)。它们主要是矿山救护队在井下有毒有害气体环境中从事救护工作时佩戴的个人防护仪器设备，使之保护救护人员呼吸器官免受有毒有害气体的伤害。一般防护时间为4h，其工作原理是呼吸器佩用者从肺部呼出的气体经过口具或面罩进入呼吸器循环系统，由于吸气阀和呼气阀的作用，使呼出气体沿呼气软管、呼气单项阀进入清净罐，呼出气体中的二氧化碳与清净罐中的吸收剂氢氧化钙进行反应而被有效减少；净化后的富氧再生气体流入呼吸袋备用。佩用者吸气时，呼吸袋里的富氧气体流进降温器，被吸收部分热量，其温度降低并因此脱去部分水汽，然后穿过吸气单项阀而进入吸气软管，与此同时，来自供养调节器的定量供氧以一定的流量经输氧管进入降温器与再生富氧器混合，沿吸气管和口具进入佩用者的呼吸器管，完成整个呼吸循环。

图5-2 氧气呼吸器

2)矿山救护小队技术装备

救护小队除个人防护仪器外还要求配备以下小队装备，即自动苏生气、呼吸器校验仪、瓦斯鉴定器、一氧化碳鉴定器、氧气鉴定器、温度计、灾区电话、引路线、担架、保温毯、矿工斧、备用氧气瓶、刀锯、起钉器、小锹小镐、帆布水桶、风障、瓦工工具、电工工具、急救箱、备件袋等。

3)矿山救护中队技术装备

中队要配备以下技术装备，即矿山救护车、指挥车、电台、灾区电话、程控电话、引路线、高倍数泡沫灭火机、干粉灭火器、风表、液压起重器、液压剪刀、防爆工具、氧气充填泵、寻人仪、快速接管器、体育训练器材、工业冰箱等。

4)矿山救护大队技术装备

矿山救护大队在中队原有的基础上要配备气体化验车、装备车、惰气灭火装置、石膏喷注机、高扬程灭火泵、便携式爆炸三角形测定仪、钻机、演习巷道设施与系统、计算机、传真机、复印机、摄像机、录像机等。

5.5.3 矿山救护常识

1)有害气体的中毒和察看

井下有害气体按其对人体的危害作用可分为刺激性气体[如二氧化硫和氮氧化物(一氧化氮、二氧化氮)]和窒息性气体(如甲烷、二氧化碳、氮气为单纯性窒息气体；一氧化碳、硫化氢等为化学性窒息气体)，对人体的中毒作用分述如下。

刺激性气体：对人体的眼和呼吸道黏膜有刺激作用，常以局部损害为主，仅在刺激作用过强时，引起全身反应，即有害气体浓度过高时，可引起喉痉挛、水肿、支气管炎，甚至肺炎、肺水肿。

窒息性气体：单纯性的窒息气体本身无毒，但由于它们的过量存在，会使空气中的氧浓度相对降低，吸入肺内氧分压降低，因而造成机体缺氧。化学性窒息气体如一氧化碳等，其主要危害是对血液或组织产生特殊化学作用，使氧的运送和组织利用氧的功能发生障碍，引起人体组织“内窒息”。

一氧化碳及其他有害气体中毒机理和临床表现如下。

一氧化碳：性极毒，因为人体内红细胞所含血色素(Hb)对它的亲和比氧与Hb的亲和力大300倍，而且一氧化碳血红蛋白(HbCO)的解离速度却比氧合血红蛋白(HbO_2)要慢3 600倍。因此，使人体内组织受到双重的缺氧作用，从而引起缺氧血症，临床主要表现在中枢神经、心血管及血液系统三个方面。

经常在一氧化碳超过最高允许浓度的生产环境中劳动，虽然短时间不会发生急性中毒，但会产生慢性影响，如会引起头痛头昏、失眠、记忆力减退、注意力不集中、乏力，甚至出现肌震颤、步态不稳等症状；同时，也可以出现心肌损害及冠状动脉供血不足的心电图改变。

2)中毒急救

无论是一氧化碳中毒还是其他有害气体中毒，都应按下列急救要点进行处理。

(1)立即将中毒者从灾区运送到新鲜风流中或地面。

(2)迅速将中毒者口、鼻内的粘液、血块、泥土、碎煤等除去，并将上衣、腰带解开，胶鞋脱掉。

(3)用棉被或毯子将中毒者身体覆盖保暖，有条件时，可在中毒者身旁放置热水袋。

(4)为促使人体内毒物的排除，要及时输氧或进行人工呼吸。一氧化碳和硫化氢中毒时，在纯氧中加入5%的二氧化碳，以刺激呼吸中枢，增强肺部的呼吸能力，使毒物尽快排除体外。如受二氧化硫和二氧化氮中毒时，进行人工呼吸要特别注意，尽量避免对伤员肺部刺激，要注意是否有肺水肿的症状。

(5)人体局部因受二氧化硫、硫化氢、二氧化氮有害气体刺激，如眼睛，可用1%的硼酸水或弱明矾溶液冲洗或用奶水点眼；喉痛者可用苏打液或硼酸水及盐水漱口。

(6)中毒严重者，应立即请医生进一步检查处理。

3)窒息的急救

井下各种有害气体中毒，严重者都有窒息的可能。此外，生产性外伤也常能引起窒息，如冒顶挤压伤，若有煤岩尘屑堵住了伤员的上呼吸道或是压迫气管；严重颅脑外伤，在昏迷情况下，由于舌根后坠；高位截瘫，致呼吸肌麻痹等，都可引起窒息。窒息一旦发生，伤员生命处于危急状态。因此，必须争分夺秒地进行全力抢救。

抢救方法包括以下四点。

(1)中毒性窒息，必须迅速将伤员运送到空气新鲜的地方，给予氧气吸入，必要时做口对口的人工呼吸。

(2)外伤性窒息，应迅速清除口、鼻腔的煤岩尘屑及血块、痰、呕吐物等。

(3)对昏迷的伤员，一定要取俯卧位，使口中的分泌物流出，防止舌后坠，同时，把舌拉出口外，必要时进行气管切开。

(4)如果伤员出现脉搏微弱、血压下降等循环衰竭症状时，可注射强心、升压药物，如皮下注射25%的苯甲酸钠咖啡因2mL，经过抢救待病情平稳后，迅速送往医院救治。

4)机械性外伤的急救

机械性外伤是指在生产劳动中，由于外界致伤因素，作用于人体造成的人体组织或器官的破坏，并发生局部和全身性的一种外伤。

煤矿工伤，这一类很多。例如，各种机器设备、材料和工具等造成的人体组织或器官的破坏，并发生局部和全身反应的一种外伤。煤矿工伤，这一类很多。例如，各种机器设备、材料和工具造成的机械损伤，加工碎屑引起的眼外伤及井下事故(爆破、冒顶、瓦斯煤尘爆炸等)引起的各种外伤等。

井下冒顶事故常使遇难矿工造成挤压伤。一般人体被重力挤压达一小时以上时，伤员的肢体可能造成局部出血和肿胀，甚至休克、急性肾衰竭等所谓挤压综合征。这类伤员的肢体或躯干受重物挤压后，有的全身情况还好，神志也清楚，常不被救护者重视，因而没有进行及时的抢救而造成死亡事故。所以必须认真对待，切不可疏忽大意。

此外，由于矿井瓦斯煤尘等发生爆炸产生的气浪冲击和老塘穿水冲击或其他原因引起的激烈震荡所造成的震荡伤(或冲击伤)。伤员身体表面无伤口，但体内有广泛的损伤，脑及胸腹腔内脏器官可能出血或破裂。有时还会引起眼外伤、耳朵鼓膜皮裂和脑震荡。伤员颜面苍白，血压低，出现休克，不及时抢救，可在短时间内死亡。

其他如运输皮带绞扎，以及由于高速利器(电器、刀具等)的强力作用，使肢体(指)完全或大部离断，发生这类事故后，伤员除受伤组织严重破坏和出血外，常因剧痛和大出血而发生休克。

对于常见机械性外伤的急救措施，首先要使伤员呼吸道通畅，止住大出血和防止休克；其次处理骨折；最后处理一般伤口，并组织转送医院处理。

(1)冒顶挤压伤的处理及急救措施：①当伤员脱离险区，局部受压解除后，如发现肢体有骨折者，应用夹板固定，避免不必要的肢体活动，以免组织分解出的物质吸收入血或增加体液的散失；另外受挤压的肢体不允许按摩、热敷或上止血带，以免加重伤情。②呼吸困难或已停止呼吸者，如胸部、背后有损伤，只宜进行口对口人工呼吸法，人工呼吸前，应清理口、鼻腔中的污物。③有大量出血者，应立即止血。④伤员若长时间处于饥饿状态，救出后若感口渴但不恶心时，可以喝水，水中加入适量的糖和盐(有咸、甜味即可)，必要时可由静脉点滴葡萄糖溶液或葡萄糖生理盐水，严格控制药量，以防止肺水肿发生。⑤转运时，必须有医务人员护送，以便对随时发生的各种危险情况给予及时抢救。

5)溺水时采取的措施

溺水时，水大量地灌入伤员肺内，可造成呼吸困难而窒息死亡。所以遇有溺水伤员时，应迅速采取下列急救措施。

(1)转送。把溺水者从水中救出以后，要立刻送到比较温暖和空气流通的地方松开腰带，脱掉湿衣服，盖上干衣服，不使伤员受凉。

(2)检查。以最快的速度检查溺水者的口、鼻，如果有泥沙和污物堵塞，应迅速清除擦洗干净以保持呼吸道通畅。

(3)控水。使溺水者俯卧位，用枕头、衣服等垫在他肚子下面；或将左腿跪下，把溺水者的腹部放在救护者的右侧大腿上，使其头朝下，并压其背部，借此体位使其体内的水分由气管、口腔流出。

(4)人工呼吸。上述方法效果不理想时，应立即做俯卧压背式人工呼吸和口对口吹气；条件许可时，可进行气管内插管，给予氧气吸入。

6)烧伤急救

矿工的烧伤，多因瓦斯燃烧、爆炸或煤尘爆炸产生的火焰，以及矿井外因火灾等造成。烧伤现场急救措施主要包括以下以下几点。

(1)采取各种有效措施灭火，使伤员尽快脱离热源，尽量缩短烧伤时间。对失去知觉的重伤员要特别注意尽快脱离灾区。

(2)检查全身状况有无合并损伤，不能只顾烧伤而忽略其他合并损伤。例如，对爆炸冲击烧伤的伤员，应注意有无颅脑损伤和呼吸道烧伤；对化学烧伤，更不能忽略全身中毒的解救。

(3)要注意防休克、防窒息、防疮面污染。烧伤的伤员因疼痛和恐惧常发生休克，若发生急性喉头梗阻、窒息时，要采取针扎或切开气管以保证通气；在现场检查和搬运伤员，一定要注意保护创面(创伤表面)，防止污染。为了减少创面的损伤，伤员的衣服可以不脱而用剪工去除。

(4)用较干净的衣服把伤员包起来，防止再次污染。在现场，除化学烧伤可用大量的流动清水持续冲洗外，对创面一般不做处理，尽量不弄破水泡，保护表皮。

(5)迅速离开现场，把重伤者送往医院。动作要轻，行进要平稳，随时观察伤情，对呼吸、心跳不好甚至停跳的危重伤员，应就地紧急抢救，待好转后再送往医院。

5.6 井下避险系统——避难硐室

5.6.1 避难硐室的组成系统

硐室分为过渡室和生存室两个部分。最外面的门为防护密闭门，与C30强度钢筋混凝土浇筑的防爆墙形成一体，墙体周边掏槽为0.8m，能承受0.3MPa以上的冲击力以及2.2MPa的水压，可抵御高温烟气，隔绝有毒有害气体。内门为密闭门。两道门之间为过渡室，密闭门里面是生存室。在过渡室内有气幕装置和喷淋装置，目的是防止人体带入有毒有害气体到生存室内。两道门上均设有观察窗。

为了保证在矿井发生灾害事故时，为无法及时撤离的遇险人员提供生命保障的密闭空间，硐室内设置12个功能系统，即风淋系统、供氧系统、制冷系统、净化系统、压风系统、除湿系统、通信系统、监测监控系统、供水施救系统、人员定位系统、动力照明系统和辅助系统。

1)风淋系统

该系统分为气幕和喷淋两个部分。其中，气幕系统有以下三个特点。

一是气流均匀密布，形成全覆盖的冲洗气流，强度大、效果好。

二是矿井压风与自备压缩空气联动供气。

三是该系统与防护密闭门形成"闭锁自控"，门开即冲洗，有效及时地防止了避险人员进入硐室时有毒有害气体的侵入。

喷淋系统首先与矿井压风相连。在矿井压风系统被损坏的情况下，需要手动转换到自备压缩空气瓶为喷淋系统供气。

2)供氧系统

硐室设计了二级供氧方式，保证硐室内部的氧气需求。

一级是井下压风供氧，供风量不低于0.5L/min·人。

二级是自备供氧，按照供氧量不低于0.5L/min·人的要求，进行供氧。

3)制冷系统

采取制冷措施，确保硐室温度控制在35℃以内。

4)净化系统

该系统设计两种净化措施，组合使用：一是采用C、T、A三级空气过滤净化器，可使净化后的压缩空气达到医疗用气水平(含尘量≤0.01μm，含油量≤0.01ppm)。

二是采用"中煤斯塔特"专用洗涤器，通过专用气动装置形成气流，空气通过洗涤器上方的专用芯筒，吸附二氧化碳和一氧化碳等有害气体。

5)压风系统

硐室通过埋深600mm的压风管路与矿井压风自救系统连接，经压风控制柜对矿井压缩空气减压、消噪、过滤、净化和控制，再经布置在硐室生存室内的若干个出气点上的新型变径喷头，使风流在硐室内均匀分布，并通过泄压阀形成硐室内气流。

同时，矿井压风接到过渡室的气幕装置和喷淋装置上，由矿井压风向气幕和喷头供气，实现过渡室内有害气体的去除。例如，矿井压风系统被破坏，可自动切换到自备高压空气系统中。

6)除湿系统

采用新型材料的"除湿帘"，能吸收空气中的水分子，实现硐室内湿度不大于85%。该除湿帘规格为1 000mm×150mm×20mm。平时卷起放在柜子里，使用时直接悬挂在柜子外侧或墙上，操作简单，吸湿力强，具有锁水功能，无渗漏滴水。

7)通信系统

避难硐室室内接入矿上的通信系统。

8)监测监控系统

采用目前矿上使用的监测监控系统。

9)供水施救系统

硐室通过埋深600mm的供水管路与矿井供水系统连接，为遇险人员提供可以直接引用的深井水，形成供水施救系统，并可为紧急情况下输送液态营养物质创造条件。在矿井供水系统被损坏的情况下，可使用自备饮用水，自备饮用水按照每人每天1.8L的量供配备，是国家规定的1.2倍。

10)人员定位系统

采用矿上人员定位系统接入避难硐室室内。

11)动力照明系统

除进入遇险人员自身携带的矿灯用于照明。

12)辅助系统

目前按额定避险人数的1.2倍，配备高能量食物和饮用水。同时，配备隔绝式、45min有效防护时间的自救器、医疗急救设备、工具包、灭火器、机械打包式马桶、储物柜、座椅等辅助设施。

5.6.2 临时避难硐室建设要求

1)设计要求

临时避难硐室应布置在稳定的岩(煤)层中，避开地质构造带、高温带、应力异常区，确保服务期间受采动影响小。前后20m范围内巷道应采用不燃性材料支护，顶板完整、支护完好，符合安全出口的要求。布置在煤层中时应有控制瓦斯涌入和防止瓦斯集聚、煤层自燃等措施。

临时避难硐室应由过渡室和生存室等构成，采用向外开启的两道隔离门结构。过渡室净面积应不小于2.0m^2，内设压缩空气幕和压气喷淋装置，第一道隔离门上设观察窗，靠近底板附近设单向排水管和单向排气管。生存室净高应不低于1.8m，长度、宽度根据设计的额定避险人数以及内配装备情况确定。每人应有不小于0.6m^{2}的使用面积，设计的额定避险人数应不少于10人，不宜多于50人。靠近底板附近设置不少于两趟的单向排水管和单向排气管。隔离门应不低于井下密闭门的标准，密封可靠，开闭灵活，防水抗压达1～2MPa，隔离门上应设置观察窗。隔离门墙周边掏槽，或见硬顶、硬帮，墙体用强度不低于C25的混凝土浇筑，并与岩(煤)体接实，保证足够的气密性。

利用可移动式救生舱的过渡舱作为过渡室时，过渡舱外侧门框宽度应不小于300mm，安装时在门框上整体灌注混凝土墙体。硐室四周掏槽深度、墙体强度及密封性能要求不低于隔离门安装要求。

临时避难硐室应采用锚网、锚喷、砌碹等方式支护，支护材料应阻燃，顶板宜采用半圆拱形，室内顶板和墙壁颜色为浅色，以减轻受困人员的心理压力，硐室地面应高于巷道底板不小于0.2m。

临时避难硐室应接入矿井压风、供水、监测监控、人员定位、通信和供电系统。接入的矿井压风管路，应设减压、消音、过滤装置和带有阀门控制的呼吸嘴，压风出口压力在 0.1～0.3MPa，连续噪声不大于 70dB，过滤装置具备油水分离功能。接入的矿井供水管路，应有接口和供水阀。接入的安全监测监控系统应能对硐室内的氧气、甲烷、二氧化碳、一氧化碳、温度等进行实时监测。硐室入、出口处应设人员定位基站，实时监测人员进出紧急避险设施情况。硐室内应设置直通矿调度室的固定电话。在井下通往避难硐室的入口处应有“避难硐室”的反光显示标志，标志应符合 AQ 1017-2005 标准要求。

临时避难硐室应配备独立的内外环境参数检测或监测仪器，实现突发紧急情况下人员避险时对硐室内的氧气、甲烷、二氧化碳、一氧化碳、温度和湿度及硐室外的氧气、甲烷、二氧化碳、一氧化碳检测或监测，并有自动报警提醒功能。

避难硐室内应有简明、易懂的使用和操作步骤说明，以指导遇险人员正确使用避难设施，安全避险。临时避难硐室应按设计的额定避险人数配备供氧和有害气体去除设施、食品和饮用水以及自救器、急救箱、照明、工具箱、灭火器、人体排泄物收集处理装置等辅助设施，备用系数不小于 10%。

自备氧供气系统供氧量不低于 $0.3m^3/min$・人；采用高压气瓶供气系统时应有减压措施。有害气体去除设施处理二氧化碳的能力应不低于每人 0.5L/min，处理的能力应能保证 20min 内将一氧化碳浓度由 0.04%降到 0.002 4%。配备的食品不少于2 000 kJ/人・天，饮用水不少于 0.5L/人・天。配备的自救器应为隔离式，连续使用时间不低于 45min，配备数量不低于额定人数的 1.2 倍。

硐室建设应有设计和作业规程。临时避难硐室建设完成后，应进行各种功能测试和联合试运行，并按要求组织验收，满足规定要求后方可投入使用。

2)管理与维护

避难硐室应专门设计并编制施工措施，报矿井总工程师审批后施工；竣工后由安全副矿长组织通风、安全及生产部门相关人员进行验收，合格后才能投入使用。

矿井建立避难硐室管理制度，设专人管理，每周检查一次。按相关规定对其配套设施、设备进行维护、保养或调校，发现问题及时处理，确保设施完好可靠。

避难硐室配备的食品和急救药品，过期或失效的必须及时更换。

避难硐室保持常开状态，确保灾变时人员可以及时进入。

矿井应对入井人员进行避难硐室使用的培训，每年组织一次避难硐室使用演练，确保每位入井员工都能正确使用避难硐室及其配套设施。

3)培训与应急演练

煤矿企业应将正确使用紧急避险设施作为入井人员安全培训的重要内容，确保所有入井人员熟悉井下紧急避险系统，掌握紧急避险设施的使用方法，具备安全避险基本知识。

煤矿企业对紧急避险系统进行调整后，应及时对入井人员进行再培训，确保所有入井人员准确掌握紧急避险系统的实际状况。

煤矿企业应每年开展一次紧急避险应急演练，建立应急演练档案，并将应急演练情况书面报告县级以上煤矿安全监管部门。

4)其他要求

其他要求参阅扩展阅读救生舱、防透水型固定式避难所和安全避险六大系统。

5.6.3 永久避难硐室建设要求

紧急避险设施的建设应综合考虑所服务区域的特征和巷道布置、可能发生的灾害类型及特点、人员分布等因素，以满足突发紧急情况下所服务区域人员紧急避险需要为原则。优先采用避难硐室，也可采用避难硐室与可移动式救生舱有机结合的方式。

避难所应具备安全防护、氧气供给保障、空气净化与温湿度调节、环境监测、通信、照明、动力供应、人员生存保障等基本功能，额定防护时间不低于 96h。

在整个额定防护时间内，紧急避险设施内部环境参数符合表 5-1 规定，保证紧急避险设施内始终处于不低于 100Pa 的正压状态。

表 5-1 紧急避险设施内部环境

项目	氧气	一氧化碳	二氧化碳	甲烷	温度	湿度
指标	18.5%～23.0%	$\leqslant 24\times10^{-6}$	≤1.0%	≤1.0%	≤35℃	≤85%

设施容量应满足突发紧急情况下所服务区域人员紧急避险的需要，包括生产人员、管理人员、检查监察人员及可能出现的其他临时人员。

1)基本要求

煤与瓦斯突出矿井应建设采区避难硐室。突出煤层的掘进巷道长度及采煤工作面走向长度超过 500m 时，应在距离工作面 500m 范围内建设临时避难硐室或设置可移动救生舱。高瓦斯和低瓦斯矿井应在距离采掘工作面 1 000m 范围内建设避难硐室或设置可移动式救生舱。

永久避难硐室应布置在稳定的岩层中，避开地质构造带、高温带、应力异常区及透水威胁区，确保在服务期间不受采动影响。前后 20m 范围内巷道应采用不燃性材料支护，且顶板完整、支护完好，符合安全出口的要求。特殊情况下布置在煤层中时应有控制瓦斯涌出和防止瓦斯集聚、煤层自燃的措施。

永久避难硐室应由过渡室和生存室等构成，采用向外开启的两道隔离门结构。两道隔离门之间为过渡室，第二道隔离门以内为生存室。过渡室净面积应不小于 $3.0m^2$，内设压缩空气幕和压气喷淋装置。第一道隔离门上设观察窗，靠近底板附近设单向排水管和单向排气管。生存室净高不低于 2.0m，长度、宽度根据设计的额定避险人数以及内配装备情况确定。每人应有不低于 $0.75m^2$ 的使用面积，设计额定避险人数不少于 50 人，不宜多于 100 人。靠近底板附近设置不少于两趟的单向排水管和单向排气管。

隔离门、墙应按不低于井下水泵房密闭门的标准建造，密封可靠，开闭灵活，防水抗压达 1～2MPa，隔离门上应设置观察窗。隔离门墙周边掏槽，深度不小于 0.2m，或见硬顶、硬帮，墙体用强度不低于 C25 的混凝土浇筑，并与岩体接实，保证足够的气密性。

采用锚喷、砌碹等方式支护，支护材料应阻燃、抗静电、耐高温、耐腐蚀，顶板宜采用半圆拱形，室内和墙壁颜色为浅色，以减轻受困人员的心理压力。硐室地面高于巷道底板不小于0.2m。

有条件的矿井宜布置直达地表的大直径钻孔，钻孔直径不小于150mm；通过钻孔设置水管和电缆时，水管应有减压装置；钻孔地表出口应有必要的保护装置并储备自带动力压风机，数量不少于两台。

永久避难硐室接入矿井压风、供水、监测监控、人员定位、通信和供电系统。压风、供水、监测监控、人员定位、通信、供电等管线在接入硐室前应采取保护措施。接入的矿井压风管路，应设减压、消音、过滤装置和带有阀门控制的呼吸嘴，压风出口压力在0.1～0.3MPa，连续噪声不大于70dB，过滤装置具备油水分离功能。

接入的矿井供水管路，应有专用接口和供水阀，水量和水压满足额定避险人员避险时的需要。

硐室内部和外部应分别设置安全监测监控系统传感器，对硐室内外的氧气、甲烷、二氧化碳、一氧化碳、温度等进行实时监测，并有自动报警提示功能。

硐室入、出口处应设人员定位基站，实时监测人员进出紧急避险设施情况。

硐室入口处和内部应分别安设直通矿调度室的固定电话，硐室内宜加配无线电话或应急通信设施。

在井下通往避难硐室的入口处应有“避难硐室”的反光显示标志，标志应符合AQ 1017-2005标准要求。

永久避难硐室应配备独立的内外环境参数检测或监测仪器，实现突发紧急情况下人员避险时对硐室内的氧气、甲烷、二氧化碳、一氧化碳、温度、湿度和硐室外的氧气、甲烷、二氧化碳、一氧化碳的检测或监测，并有自动报警提醒功能。

避难硐室内应有简明、易懂的使用和操作步骤说明，以指导遇险人员正确使用避难设施，安全避险。

永久避难硐室应按设计的额定避险人数配备供氧和有害气体去除设施、食品和饮用水，以及自救器、急救箱、照明、工具箱、灭火器、人体排泄物收集处理装置等辅助设施，备用系数不低于20%。自备氧供气系统供氧量不低于0.3m^3/min·人。布置有直达地表大直径钻孔的永久避难硐室应保证24h连续供氧；其他永久避难硐室应保证额定防护时间内的供氧量。采用高压气瓶供气系统时应有减压措施，以保证安全使用。

有害气体去除设施处理二氧化碳的能力应不低于每人0.5L/min，处理一氧化碳的能力应能保证20min内将一氧化碳浓度由0.04%降到0.002 4%。配备的食品不少于2 000kJ/人·天，饮用水不少于0.5L/人·天。配备的自救器应为隔离式，连续使用时间不低于45min，配备数量不低于额定人数的1.2倍。

永久避难硐室施工时，应有专门的施工设计，报企业技术负责人批准后方可实施。施工中应加强工程管理和过程控制，确保施工质量。施工完成后应组织工程验收。

永久避难硐室施工、安装完成后，应进行各种功能测试和联合试运行，并严格按设计要求组织验收，满足规定要求后方可投入使用。

2)管理与维护

避难硐室应专门设计并编制施工措施，报矿井总工程师审批后施工；竣工后由安全副矿长组织通风、安全及生产部门相关人员进行验收，合格后才能投入使用。

矿井建立避难硐室管理制度，设专人管理，每周检查一次。按相关规定对其配套设施、设备进行维护、保养或调校，发现问题及时处理，确保设施完好可靠。避难硐室配备的食品和急救药品，过期或失效的必须及时更换。避难硐室保持常开状态，确保灾变时人员可以及时进入。矿井应对入井人员进行避难硐室使用的培训，每年组织一次避难硐室使用演练，确保每位入井员工都能正确使用避难硐室及其配套设施。

3)培训与应急演练

煤矿企业应将正确使用紧急避险设施作为入井人员安全培训的重要内容，确保所有入井人员熟悉井下紧急避险系统，掌握紧急避险设施的使用方法，具备安全避险基本知识。

煤矿企业对紧急避险系统进行调整后，应及时对入井人员进行再培训，确保所有入井人员准确掌握紧急避险系统的实际状况。

煤矿企业应每年开展一次紧急避险应急演练，建立应急演练档案，并将应急演练情况书面报告县级以上煤矿安全监管部门。

5.6.4 永久避难硐室应急预案

在此列出典型永久避险硐室的应急预案以供参考。

一、永久避难硐室应急预案

为实现防突演练活动统一指挥、分级分责、快速响应，突出矿井必须成立防突演练领导小组，领导小组下设技术组、医疗救护专业组、后勤保障专业组、评估组等专业机构。各矿可根据本矿具体情况在设置上述专业小组的基础上增设其他专业机构。

(一)应急预案领导小组

应急预案领导小组组长由矿长(总经理)担任；副组长由总工程师、安全副矿长(副总经理)担任；成员有防突通风副总、安全副总、各生产科室科长、调度值班人员及其他相关人员。

应急预案领导小组负责应急预案活动全过程的组织领导；负责审批决定演练的重大事项；负责监督、检查、指导演练方案的制订和落实；生产调度员负责做好电话汇报记录，必要时启动录音电话对汇报内容录音；等等。

(二)技术专业组

技术专业组组长由总工程师担任；成员由防突通风副总、安全副总、防突科科长、通风科科长、地质测量科科长、机电科科长构成。

技术专业组负责分析矿井各采区技术资料，确定假想突出地点和突出强度；制订、会审、完善演练方案；指导执行单位制定、完善、培训演练安全技术措施；演练结束后负责组织编写演练总结报告，填写演练评审表；等等。

(三)医疗救护专业组

救护专业组组长由救护队队长担任；成员由救护队队员、矿医务室医务员等组成。

救护专业组负责了解掌握假想事故区域通风系统、巷道布置、供电线路等情况；演练2～3项抢险救护课目；写出抢险救护总结报告；等等。

(四)后勤保障专业组

后勤保障专业组组长由供应科科长担任；成员由机电科、通信信息科、矿保卫科等组成。

供应部门负责保障演练所需物资供应；机电部门负责维护通往演练区域运人运料设备运行，负责演练区域停送电措施执行；通信职能部门负责维护通信设备，保障通信广播系统运行正常；矿保卫部门负责维护工业广场内秩序正常，维护调度室安全。

二、应急预案的具体实施

1. 详细使用流程

1)首次使用该系统(第一批人员进入避险系统)

(1)第一批进入避难硐室的人，打开舱门，会有气幕在门的四周形成。进入过渡舱后，立即按下位于喷淋旁边控制阀，会有空气喷淋在头部上方喷出，用于清洗进入硐室内人员身上的灰尘及有毒气体。

(2)打开所有高压氧气瓶阀门，该阀门位于气瓶的顶端；按方向旋转减压器的阀柄(位于气瓶嘴处)，同时观察低压表压力(位于减压器上，远离气瓶嘴的那个)，调节压力控制在0.3MPa以下。

(3)打开生存室门，进入生存室，关闭生存室门，旋开供氧系统控制阀，然后根据供氧系统控制阀侧面的说明以及当时的人数调节供氧流量，流量调节阀位于流量计的下方。

(4)从座位底下取出二氧化碳吸附剂(粉红色)，取出一氧化碳吸附剂(灰色)，撕开封口，将二氧化碳吸附剂(粉红色)和一氧化碳吸附剂(灰色)分别倒入空气净化器内的抽屉内，并铺平。抽屉位于空气净化器内，且有标志。

(5)操作完毕，在座椅上休息。

2)再次使用该系统(是指后面的人使用)

(1)进入过渡室，关闭过渡室门，立即按下位于喷淋旁边的控制阀。

(2)打开生存室门，进入生存室，关闭生存室门，然后根据供氧系统控制模块侧面的说明以及当时的人数重新调节供氧流量，流量调节阀位于流量计的下方。

(3)操作完毕，在座椅上休息。

3)降温除湿系统操作

(1)完成上述前两步后，室内应安排值班人员，通过舱内测试仪表，监测生存室内的大气环境。

(2)当发现生存室内的温度、湿度、二氧化碳浓度和一氧化碳浓度超过设定值时，启动空调及空气净化系统使其工作。

(3)开启直流风机控制按钮。

(4)值班人员根据室内的温度，控制调速按钮的开启、关闭及旋转，保证室内的温度不超过35℃及各项参数规定的要求。

(5)当值班人员观察到二氧化碳吸附(原粉红色)变为粉白色，也就是说二氧化碳吸附剂颗粒大部分变为白色时，或者二氧化碳测试仪检测到主舱二氧化碳浓度到9 000

ppm时，将抽屉中的二氧化碳吸附倒出至二氧化碳吸附剂垃圾箱内，更换新的二氧化碳吸附剂，二氧化碳吸附(粉红色)在座位底下。

(6)当使用进行到后期，风机不转动时，且降温除湿系统降温效果明显下降，可旋转调速电机控制按钮。

4)压力保证

避险人员进入避难硐室后，应随时观察压力传感器，确保避难硐室内维持正压+(100～500)Pa。当压差小于100Pa时，应启动压风系统或补气系统，压差达到200Pa或小于500Pa时停止；当压差大于500Pa时，应启动手动泄压阀泄压，低于500Pa时关闭手动泄压阀。

注意：避难硐室内部所有系统是为避难硐室提供生命保障支持的仪器设备，为室内的避难人员生存提供必需的环境生存条件，在无专业人员指导的情况下请勿擅自更改或移动。

避难硐室使用流程如图5-3所示。

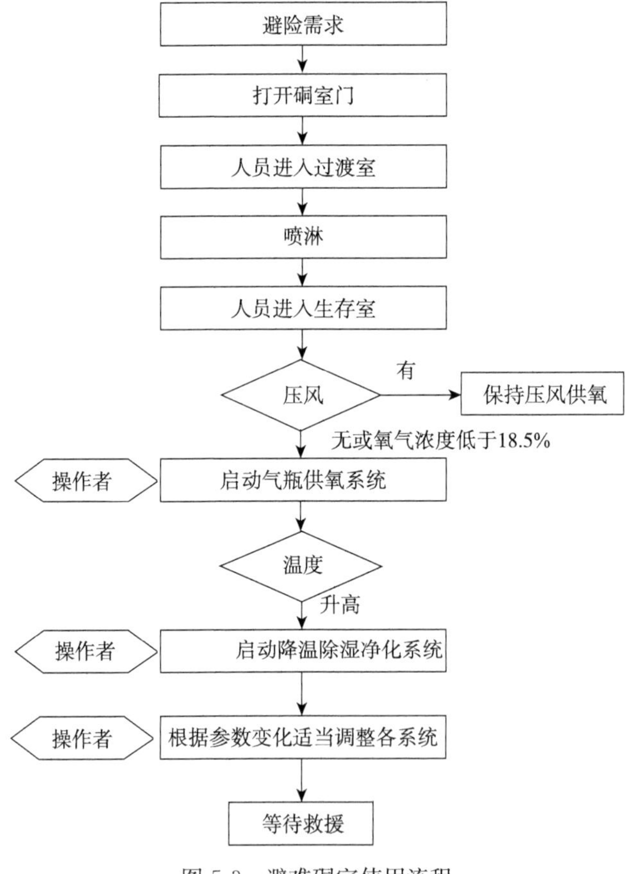

图5-3 避难硐室使用流程

2. 详细的操作流程

避险人员应由进风侧硐室入口进入，回风侧出口门仅作为备用应急出口使用。进入硐室的第一批避难人员在开启相应进入方向各系统后，必须进入避难硐室另一侧打开另一边的相应系统。

警示：当生存硐室内氧气、一氧化碳和二氧化碳的浓度达到人呼吸要求(氧气浓度为 18.5%～22%，一氧化碳浓度小于 24ppm，二氧化碳浓度小于 1%)的安全浓度后，方可取下佩戴的自救器。

(一)硐室外

(1)在发生煤矿灾难无法升井脱险时，避难人员根据矿井避灾路线图提示进入避难硐室暂时脱离灾害威胁(图 5-4)。

图 5-4　避难硐室提示路线

(2)硐室外单向排气阀，请查看是否堵塞(图 5-5)。

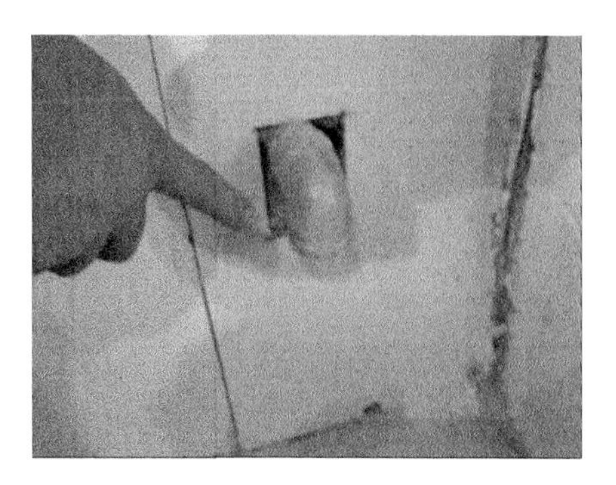

图 5-5　检查单向排气阀

(二)进入硐室

(1)通过防爆密闭门上的观察窗口(图 5-6)查看过渡室是否有其他人在进行喷淋冲

洗。如果有人正在操作，请等待操作结束进入主硐室门后，硐室外的人方可打开过渡硐室门进入。

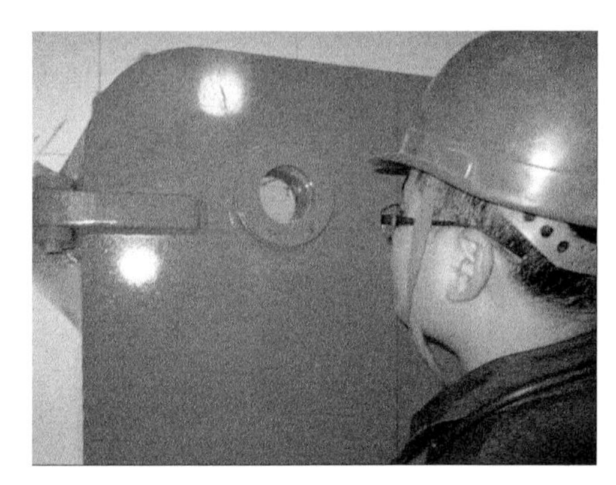

图 5-6 防爆门上的观察口

(2)确认过渡硐室无人后，旋转门把手(顺时针为打开，逆时针为关闭，图 5-7)打开过渡硐室门进入过渡硐室。防爆密闭门打开的同时，如果压风管道没被破坏，风幕系统自动打开。

图 5-7 门把手

(3)当一组人员进入后立即从里面把过渡硐室门关闭(图 5-8)。

(4)关闭防护门后开启喷淋阀门(图 5-9)。

(三)压缩空气幕及喷淋(无压风情况下)

(1)当人员打开硐室门后，如果压风管道没有气(气幕不喷气)首先打开所有空气瓶阀门(要把阀门打开到位，图 5-10)。

(2)检查压力表(图 5-11)是否为正压状态，如为正压时减压器已经预设气压至 0.8MPa，请勿改动！如果压力低于 0.8MPa，调整减压器使低压表数值到 0.8MPa。调节二次减压阀到 0.6MPa 左右，打开喷淋控制球阀，空气由喷淋向外喷出进行清洗，过程为 20～60s(每次过渡硐室洗气人数不得超过 12 人)。

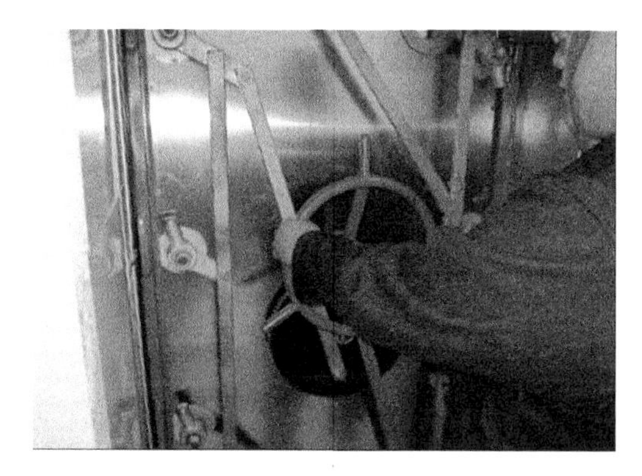

图 5-8 过渡硐室门

图 5-9 喷淋阀门

图 5-10 空气瓶

(四)进入生存室

(1)当一组人员喷淋结束后，开启生存室的密闭门(图 5-12)。

图 5-11　压力表

图 5-12　密闭门

(2)密闭门开启后过渡室人员快速进入生存室，并关闭生存室密闭门。

(五)压风供氧

(1)在压风管路完好的情况时首先采用压风供氧，开启压风出口三滤装置后的阀门，听到消音器发出声音确认有风送出表示此时压风供氧开启(硐室内一共两个压风供氧出口均需开启)。

(2)检查压力表(图 5-13)是否为正压状态，如为正压时减压器及流量均已设置好，请勿改动！设置参数为：压力输出 0.2～0.3MPa，流量为 $8m^3/min$。

(3)压风“三滤”装置(图 5-14)设置自动排污口，请勿随意触碰，防止堵塞。

(六)压缩氧供氧系统

在压风管路被破坏的情况下启用压缩氧供氧系统。

(1)完全打开每一个氧气瓶(图 5-15)阀门(逆时针为打开，顺时针为关闭)。

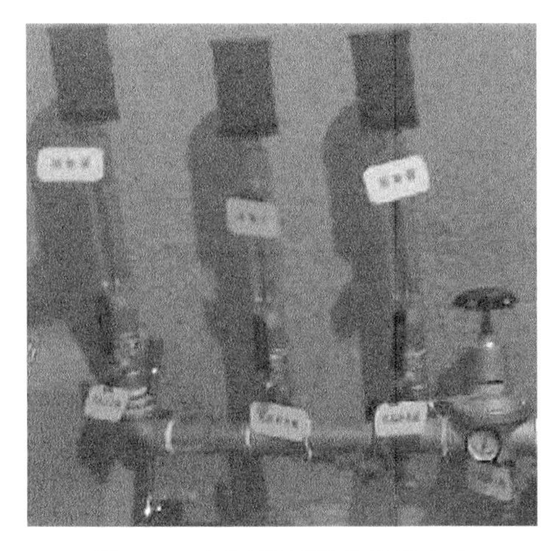

图5-13 压风供氧管路的压力表

图5-14 压风"三滤"装置

(2)检查压力表(图5-16)是否为正压状态，如为正压时减压器已经预设气压至0.3～0.4MPa，请勿改动！如果压力低于0.3～0.4MPa，调整减压器使低压表数值到0.4MPa。

(3)打开供氧控制箱上的控制球阀(图5-17)，根据0.5L/min/人，按总人数调节供氧箱供氧流量。

(七)正压维持系统

(1)在压风管路没有压风的情况下，打开硐室中空气瓶组的空气瓶阀门。

(2)调节空气管路二级减压阀到0.3MPa。

(3)打开手动补气管路，根据硐室内外压差调节补气量。

(八)空气净化及降温除湿系统

(1)硐室中配有两套蓄冰空调和两套空气净化系统。

图 5-15 氧气瓶

图 5-16 氧气瓶的压力表

图 5-17 供氧控制箱

(2)打开压缩空气瓶阀门，调节每个瓶的减压阀出口压力至 0.6MPa。

(3)打开空气总阀，调节空气管道减压阀至 0.3～0.4MPa；可根据实际需要调节压力控制气动马达风压。

(4)打开控制管路的空气流量控制阀调节空气流量；可根据实际需要调节流量控制气动马达的转速。

(5)使用过程中如果压差超过500Pa打开手动泄压阀，提高泄压速度由两组直流调速风机带动。

(九)环境监测系统

在硐室侧面设置甲烷传感器、二氧化碳传感器、一氧化碳传感器、氧气传感器、压力传感器。可通过读取各个传感器(图5-18)读数来确认生存硐室环境。

图5-18　传感器

(十)通信电话

防爆电话(图5-19)可以直接与矿调度指挥中心进行通话，以便救援人员及时了解硐室内情况。

图5-19　防爆电话

启动救灾通信电话，与矿调度指挥中心取得联系，并及时、准确地汇报遇险人员数量、健康情况、硐室内设备运行及事故发生情况等相关信息，并保持和救援指挥中心的联系。

(十一)卫生间

(1)卫生间坐便使用完毕后踩下踏板，完成机械打包后关闭坐便。

(2)储便盒装满后抽出，把里面打包好的塑料袋取出放到指定位置。

(十二)压缩氧自救器

在座椅下面备有压缩氧自救器(图 5-20)，当外部环境允许逃离硐室时，或生存硐室内系统不足以保证员工生命时，避险人员须佩戴好自救器转移。

图 5-20　压缩氧自救器

在逃离或转移时应仔细观看挂在生存硐室墙壁上的避灾路线图，以便能迅速逃离灾难或转移到安全地点。

(十三)其他物品

在座椅下面配备矿泉水、压缩干粮、急救包、担架、常用工具。注意：食品为军用压缩饼干，一包 250g(约为 5 200kJ)每人每天 1 块。饮用水为矿泉水，一瓶 550mL，每人每天饮水量为 1 500mL。

(十四)避难硐室电气设备

(1)进入硐室后，在有交流电源的情况下，要先后启动照明电源以供日常照明及采集和显示硐室内、外灾害气体浓度。

(2)图 5-21 为照明综合保护开关，为避难硐室内照明开关。启动方式如下：将箱体右侧面的隔离开关向右旋转至合闸状态。

图 5-21　照明综合保护开关

【本章小结】

本章主要介绍了煤矿安全生产的相关内容。对矿井的“一通三防”进行了详细的描述。

矿井通风系统是矿井通风方式、通风方法和通风网络的总称。矿井通风系统由通风机和通风网络两部分组成。矿井通风方法以风流获得的动力来源不同，可分为自然通风和机械通风两种。矿井通风系统由影响矿井安全生产的主要因素决定。根据相关因素将矿井通风系统划分为不同类型。矿井瓦斯主要有四个来源：①从采落下来的煤炭中放出瓦斯；②从采掘工作面煤壁内放出瓦斯；③从煤巷两帮及顶底板放出瓦斯；④从采空区及围岩煤壁中放出瓦斯。对于瓦斯的防治除了瓦斯抽放泵站之外还有综合性的防治措施，即突出危险性预测、防治突出措施、防止突出措施的效果检验、安全防护措施的“四位一体”防突措施。矿井火灾是直接威胁矿井安全生产的主要灾害之一。防治矿井火灾的措施主要有惰化防灭火技术、阻燃物质防灭火技术、堵漏风防灭火技术和综合的防灭火技术。综合性防火灭火路线，综合采用集注阻化剂泥浆、胶体、注氮和均压的防火灭火方法，有效解决自然发火。在煤矿生产各作业环节中，都会产生大量的煤尘和岩尘，统称为粉尘。例如，炮式采掘、机械采掘、综合采掘、打眼放炮、锚喷、装运、选煤等工序，均可产生大量的粉尘。粉尘一方面会危害矿工的身体健康造成尘肺病，另一方面可能会发生粉尘爆炸危害。防治粉尘的措施主要包括采煤工作面和掘进工作面的除尘控尘措施。综合的防尘措施包括煤层注水、喷雾降尘和利用除尘器除尘。

在矿井生产过程中，由于自然条件复杂、作业环境较差、违章指挥麻痹大意等均会发生事故。矿山救护队、矿山救护设备可以大大减少伤亡的发生，同时学习一些矿山救护知识。例如，有害气体的中毒和察看、中毒窒息急救、机械性外伤的急救等也可以减少伤害。避难硐室是事故发生之时能够为矿工提供一个相对安全的密闭空间，硐室分为过渡室和生存室两部分。硐室内设置12个功能系统，即风淋系统、供氧系统、制冷系统、净化系统、压风系统、除湿系统、通信系统、监测监控系统、供水系统、人员定位系统、动力照明系统和辅助系统。同时本章还介绍了临时避难硐室和永久避难硐室的建设要求。永久避难硐室的应急预案是指当事故发生时如何正确地使用避难硐室。

【思考题】

1. 煤矿的“一通三防”是指什么？
2. 防治瓦斯、火灾、粉尘的措施有哪些？
3. 矿山救护装备有哪些？
4. 紧急避难硐室的组成包括哪几部分？建设要求是什么？
5. 针对避难硐室你还能制订其他的应急预案吗？

参考文献

[1]秦明武，李荣福，牛京考．露天深孔爆破[M]．西安：陕西科学科技出版社，1995.
[2]秦明武．控制爆破[M]．北京：冶金工业出版社，1993.
[3]何辉．土木工程概论[M]．西安：陕西科学技术出版社，2004.
[4]史国华．采煤概论[M]．徐州：中国矿业大学出版社，2003.
[5]翟宏新．露天煤矿开采工艺及设备的新进展[J]．矿山机械，2008，36(19)：1～7.
[6]姬长生．我国露天煤矿开采工艺发展状况综述[J]．采矿与安全工程学报，2008，25(3)：297～300.
[7]杨殿海．露天煤矿开采的研究[J]．科技创新与应用，2013，(15)：34.
[8]王林堂．露天煤矿开采工艺探讨[J]．河南科技，2013，5(10)：29～30.
[9]孙伯辉．我国露天煤矿开采工艺发展状况综述[J]．科技创新与应用，2013，(30)：133.
[10]范正祥．露天煤矿开采工艺与设备现状及发展趋势[J]．矿业装备，2012，(3)：40～42.
[11]崔国伟．金属矿山安全管理体系的探讨[J]．科技视界，2015，(19)：226，245.
[12]王晓鸣．采煤概论[M]．北京：煤炭工业出版社，2005.
[13]烧结厂职工的劳动安全保护[EB/OL]．http://www.safehoo.com/San/Theory/201302/302485.shtml，2013-02-05.
[14]谭丽君，杨宏刚，赵江平．轧钢企业作业场所职业危害因素分析[J]．安全，2009，(9)：17～20.
[15]李德成．采矿概论[M]．北京：煤炭工业出版社，2005.
[16]刘峰，叶义成，黄勇．金属矿山安全管理体系的探讨[J]．工业安全与环保，2007，33(9)：58～61.
[17]朱易春，王乃斌，黄洪祥．中小金属矿山地下开采安全评价研究与实践[J]．金属矿山，2007，(11)：102～105.
[18]左红艳．地下金属矿山开采安全机理辨析及灾害智能预测研究[D]．中南大学博士学位论文，2012.
[19]杨光，付碧峰，郑卫琳，等．对我国金属矿山安全生产现状的分析与研究[J]．中小企业管理与科技(下旬刊)，2010，(4)：197.
[20]毛春雷，许晖．金属矿山安全避险“六大系统”设计思路[J]．金属矿山，2012，(5)：126～129.
[21]张琳琳．金属矿山井下火灾预警监测体系研究[D]．东北大学硕士学位论文，2009.
[22]李国才．金属矿山通风系统安全问题分析与对策[J]．科技与企业，2013，(1)：164～165.
[23]朱明伟，付苏刚．炼钢厂安全生产管理浅析[J]．中国钢铁业，2014(增刊)：4.
[24]缪光明．浅谈炼钢厂危险辨识与隐患排查[A]//中国金属学会冶金安全与健康分会．2012 中国金属学会冶金安全与健康年会论文集[C]．中国金属学会冶金安全与健康分会，2012：9.
[25]刘振清，李天祥．武钢炼钢厂落实安全生产责任制的几点经验[J]．工业安全与防尘，1999，(2)：38～39.
[26]孙继先，邢志刚，樊章新．工伤事故规律在企业安全管理中的研究与应用[J]．山东冶金，2003，(2)：160～163.
[27]柏晓梅，卓红．电炉炼钢企业安全生产标准化建设的实践[J]．四川建材，2013，39(6)：239～241.
[28]马文明．探析焦化厂机电设备的安全管理[J]．电子测试，2013，(5)：127～128.

[29]邓志伟，马志远．焦化厂设备内作业安全防范措施[J]．煤炭加工与综合利用，2008，(5)：40～41.
[30]毕雅梅．焦化厂生产工艺安全对策[J]．科技信息，2010，(12)：326.
[31]王水成．焦化厂安全生产技术[J]．劳动保护，2010，(9)：94～95.
[32]王艳俊，闫丽岗，胡永钢，等．焦化区苯污染状况及风险评价研究[J]．中国环境监测，2009，25(2)：57～60.
[33]李润求，施式亮，念其锋，等．近10年我国煤矿瓦斯灾害事故规律研究[J]．中国安全科学学报，2011，21(9)：143～151.
[34]申宝宏，刘见中，张泓．我国煤矿瓦斯治理的技术对策[J]．煤炭学报，2007，32(7)：673～679.
[35]程远平，俞启香．中国煤矿区域性瓦斯治理技术的发展[J]．采矿与安全工程学报，2007，24(4)：383～390.
[36]程远平，俞启香，周红星，等．煤矿瓦斯治理“先抽后采”的实践与作用[J]．采矿与安全工程学报，2006，23(4)：389～392，410.
[37]熊权湘，王志文，张卓慧，等．湖南省煤与瓦斯突出灾害防治对策浅探[J]．科技展望，2015，(21)：108～109.

附表　实习日志

安全工程专业生产实习每日活动记录表

<table>
<tr><td>姓名</td><td></td><td>班级</td><td></td><td>组别</td><td></td></tr>
<tr><td>时间</td><td colspan="5"></td></tr>
<tr><td>地点</td><td colspan="5"></td></tr>
<tr><td>目的</td><td colspan="5"></td></tr>
<tr><td>内容</td><td colspan="5"></td></tr>
<tr><td>实习记录</td><td colspan="5"></td></tr>
<tr><td colspan="6">指导教师评阅
指导教师(签字)：
年　　月　　日</td></tr>
</table>

索　引

A

安全生产的指导方针 13

B

边坡失稳 11

C

穿孔作业 4

产率 17

磁选法 24

粗苯蒸馏工段 153

除尘器 191

D

硐室爆破 6

电选法 27

惰化技术 188

硐室 196

F

富矿比 17

分级 19

风力选矿 22

G

高炉炼铁 86

H

回收率 17

J

机械通风 176

L

冷轧 131

硫铵工段 152

M

磨矿作业 18

磨矿比 19

煤层注水 190

P

喷雾降尘 191

品位 17

Q

球团工艺 59

R

润磨机 60

热轧 131

S

“三同时”管理制度 14

筛分 17

烧结 70

烧结机系统 72

烧结抽风系统 73

烧结矿筛分系统 73

烧结矿供料系统 73

四脱、两去、两调整 106

“四位一体”防突措施 186

T

特种作业 14

W

瓦斯抽放 178

X

选矿 16

选矿方法 17

选矿过程 17

选矿比 17

Y

应急预案 15

Z

重选法 21

终冷洗苯工段 152

自然通风 176